C 语言程序设计
(项目教学版)

梁　爽　吴　瑕　赵云鹏　主　编
蒋方美　张　岩　罗万波　副主编

清华大学出版社
北　京

内 容 简 介

本书面向工作过程并按职业能力递进的顺序安排内容，以"项目导向，任务驱动"的教学模式，将各个知识点和各项教学活动紧密联系，以培养学生的自主开发能力。

全书共分 10 个项目：项目 1 为通讯录信息输出，主要介绍 C 程序宏观架构、开发过程及环境、数据类型、顺序结构程序设计、C 程序的输入输出；项目 2 为银行存款期限及利率计算，主要介绍分支结构设计；项目 3 为小学生计算机辅助教学系统，主要介绍循环结构设计；项目 4 为选秀节目选手排序，主要介绍数组设计和使用；项目 5 为学生成绩分析系统，主要介绍函数设计与实现；项目 6 为计件工资管理程序，主要介绍指针的使用；项目 7 为生日祝贺程序，主要介绍结构体与共用体；项目 8 为家庭理财程序，主要介绍文件的使用；项目 9 为通讯录管理程序；项目 10 为学生成绩管理系统程序，综合应用 C 语言中涉及的相关内容，完成完整的项目需求分析、设计和实现。

本书程序代码均在 Visual C++6.0 运行环境中调试通过。C 源文件、书中所有项目程序的源代码和相关课件均有提供。

本书适合作为应用型本科学生的教材，也可以作为高职学生及其他培训班的 C 语言课程的教学用书，还可以作为等级考试的辅导用书。

图书在版编目(CIP)数据

C 语言程序设计：项目教学版/梁爽，吴瑕，赵云鹏主编. —北京：清华大学出版社，2020.4（2025.2 重印）
ISBN 978-7-302-54780-8

Ⅰ. ①C… Ⅱ. ①梁… ②吴… ③赵… Ⅲ. ①C 语言—程序设计—高等学校—教材 Ⅳ. ①TP312.8

中国版本图书馆 CIP 数据核字(2020)第 001934 号

责任编辑：汤涌涛
装帧设计：杨玉兰
责任校对：李玉茹
责任印制：宋　林
出版发行：清华大学出版社
网　　址：https://www.tup.com.cn, https://www.wqxuetang.com
地　　址：北京清华大学学研大厦 A 座　　邮　编：100084
社 总 机：010-83470000　　邮　购：010-62786544
投稿与读者服务：010-62776969, c-service@tup.tsinghua.edu.cn
质量反馈：010-62772015, zhiliang@tup.tsinghua.edu.cn
课件下载：https://www.tup.com.cn, 010-83470236
印 装 者：涿州市般润文化传播有限公司
经　　销：全国新华书店
开　　本：185mm×260mm　　印　张：17.75　　字　数：430 千字
版　　次：2020 年 4 月第 1 版　　印　次：2025 年 2 月第 6 次印刷
定　　价：45.00 元

产品编号：084268-01

前　　言

目前，很多高等院校都选用 C 语言作为程序设计基础课程的学习语言。传统的 C 语言教材比较注重按照知识的体系结构组织内容，不能将理论知识与实际的软件开发结合起来，学生普遍反映学习难度较大，影响学习的积极性和主动性。针对这种情况，我们在教学内容、教学方法的改革和创新方面进行了大胆尝试，本着"项目导向，任务驱动"的教学原则，组织长期从事 C 语言教学的老师精心编写了本书。

本书以培养学生的 C 语言程序设计应用能力为主线，强调理论与实践相结合。通过各项目的学习，可掌握 C 语言的知识和语法。本书在编写过程中有以下特点。

1. 面向工作过程和职业能力递进设计课程内容体系

针对企业使用 C 语言程序设计的工作过程，与企业专家共同重构课程内容体系，围绕 C 语言程序设计需要的知识、能力、素质，我们搭建了项目工作场景，细化出相应的课程单元，保障了(项目)工作任务实施与实际工作过程的一致。学生在完成(项目)工作任务的过程中，构建知识体系，发展职业能力。

2. 全面实施"项目导向，任务驱动"

项目导向，我们与企业专家共同选择了通讯录信息输出、银行存款期限及利率计算、小学生计算机辅助教学系统、选秀节目选手排序、学生成绩分析系统、计件工资管理程序、生日祝贺程序、家庭理财程序、通讯录管理程序和学生成绩管理系统程序共 10 个项目作为背景。任务驱动，我们将每个项目分解成多个任务，通过对任务的分析和实现，引导学生由浅入深、由简到难地学习，使学生的编程能力在 10 个项目的实施中逐步得到提高，达到学以致用的目的。

3. 基础知识与延展知识相结合，保证知识的覆盖面

本书选用的 10 个项目包含 C 语言中的大部分知识点，对于少部分没有涉及的内容，在延展知识中加以补充。教师可以根据教学要求，灵活分配和组织教学内容。

4. 强化训练，注重动手能力培养

为了更好地掌握程序开发，本书按照教学全过程实施技能训练的思路，设置了大量的训练任务，通过"学用结合，理实一体"，实现同步训练、小组活动和任务拓展训练，强化学生的动手能力。

本书由梁爽策划，吴瑕、赵云鹏、蒋方美、张岩和罗万波参加了部分编写和校验工作，并由梁爽完成统稿。本书在编写过程中，得到沈阳工学院领导、同事、朋友的帮助和支持，在此表示衷心的感谢！

由于编者水平有限，书中难免有疏漏和错误之处，恳请广大读者批评指正。

编　者

目 录

项目 1 通讯录信息输出

(一)项目导入

现代社会,每个同学都会有各种各样的通讯录,如电话、QQ、微信等。这些通讯录主要是为方便查询同学、朋友、亲戚和同事的联系方式而建立的。那么通讯录是如何在程序中实现的呢?接下来我们就仔细分析一下。

(二)项目分析

本项目编写一个能够录入通讯录信息并能将其显示输出的程序。

本项目根据通讯录的具体情况,分析需要输出的数据和数据类型,以及定义变量。根据提示录入通讯录信息,并在屏幕上显示输出。

程序结构设计如下:

```
主函数()
{
    声明变量、变量赋值;
    根据提示录入通讯录信息;
    在屏幕上显示输出通讯录信息;
}
```

该程序的结构是顺序结构。使用格式化输入输出函数,实现录入和显示不同格式的通讯录信息。

(三)项目目标

1. 知识目标

(1) 掌握 C 语言的宏观程序结构。

(2) 掌握 C 程序的开发过程和环境。

(3) 掌握 C 语言的基础知识。

(4) 了解 C 语言的数据类型。

(5) 了解常量和变量的概念。

(6) 掌握变量的定义以及为它们赋值的方法。

(7) 熟悉输入/输出函数、库函数的使用。

(8) 了解 C 语言程序的特点。

(9) 掌握编辑、编译、链接和运行一个 C 语言程序的方法和步骤。

2. 能力目标

培养学生利用集成开发环境进行软件开发、调试的综合能力。

3. 素质目标

使学生养成良好的编程习惯,具有团队协作精神,具备岗位需要的职业能力。

(四)项目任务

本项目的任务分解如表 1-1 所示。

表 1-1　通讯录信息输出项目任务分解表

序　号	名　称	任务内容	方　法
1	认识 C 程序宏观结构	了解 C 语言程序宏观框架结构及其特点	演示+讲解
2	了解程序开发的过程和环境	了解在 Visual C++6.0 软件开发环境下，C 语言程序开发过程	演示+讲解
3	分析输出数据及类型	根据需求分析需要使用的数据类型	讲解
4	声明变量并赋值	整型变量和字符型变量的定义方法	演示+讲解
5	录入通讯录信息	掌握 printf 和 scanf 函数的使用方法	演示+讲解
6	显示通讯录信息	掌握 printf 函数的使用方法	演示+讲解

任务 1.1　认识 C 程序宏观结构

 # 任务实施

1.1.1　程序框架结构

　　程序设计是软件开发人员的基本能力，懂得程序设计，才能进一步了解计算机，进而真正了解它是如何工作的。通过学习程序设计，进一步了解计算机的工作原理，培养分析问题和解决问题的能力。即使将来不是计算机专业的从业人员，但掌握了程序设计，了解软件的特点和运行过程，也有助于与程序开发人员更好地沟通和合作，从而有利于开展本领域内的相关业务。

1. 两个实例

　　学习一门程序设计语言的途径就是阅读程序或使用该语言写程序。下面先通过几个简单的实例认识一下 C 语言程序。

　　【例 1-1】计算机或一些智能终端在启动时，经常会出现欢迎界面或提示语，本例将实现在计算机屏幕上显示"欢迎进入 C 语言的世界！"提示信息。

```
#include <stdio.h>                    //包含标准输入输出头文件
void main()                          //主函数
{
    printf("欢迎进入C语言的世界!\n");    //调用输出函数在屏幕上显示提示信息
}
```

　　例 1-1 看上去简单，却体现了 C 语言程序最基本的程序框架。一个程序分为两部分：第一部分称为"编译预处理"，形如本例中的程序段：

```
#include <stdio.h>
```

　　第二部分称为"函数组"，形如本例中的程序段：

```
void main()
{
    printf("欢迎进入C语言的世界!\n");
}
```

"编译预处理"以"#"开头，其作用是为程序的编写预先准备一些资源信息，供后续程序使用。

例1-1中的编译预处理部分只有一条命令#include <stdio.h>，其含义是在程序中包含标准输入输出头文件 stdio.h，该头文件中声明了输入和输出库函数及其他信息，这意味着在后面的程序中将用到该文件中的库函数以实现数据信息的输入和输出。换句话说，如果把 stdio.h 看作是一个电工的工具箱，那么每个"输入输出函数"就是工具箱中的工具，如果电工上岗前不带工具箱，在工作时就没有工具使用。

"函数组"由多个函数构成，函数是构成 C 语言程序的基本单位，多个函数共同协作完成程序要实现的功能。在函数组中有且仅有一个主函数 main()，整个程序的执行从主函数开始，以主函数为核心展开，函数组中除了主函数外，还包括库函数和用户自定义的函数。

例1-1中的"函数组"只有一个函数，即主函数 main()，主函数调用库函数 printf()，在屏幕上输出"欢迎进入 C 语言的世界！"提示信息。如同电工带上工具箱才能使用工具一样，要使用库函数 printf()必须提前做好准备工作，所以在程序的开始位置出现了编译预处理命令——头文件包含命令#include　<stdio.h>。

除了主体框架的"编译预处理"和"函数组"外，在程序中允许为程序添加注释，以增强程序的可读性。例1-1中以"//"为起始的文字描述是程序中的注释。

【例1-2】通过键盘输入矩形的长和宽，进行计算，并在屏幕上显示该矩形的周长。

```
#include "stdafx.h"    // <stdio.h>       //包含标准输入输出头文件
int main(int argc, char* argv[])          //主函数
{
    int a,b,c;                     //数据准备，定义整型变量，长为a，宽为b，周长为c
    printf("请输入矩形的长和宽：");         //调用输出函数，显示提示语
    scanf("%d%d",&a,&b);           //数据输入，从键盘输入a、b值
    c=2*(a+b);                     //数据计算，将计算的周长赋值给c
    printf("该矩形周长为：%d.\n",c);       //输出结果，调用输出函数输出结果
    return 0;
}
```

通过上述程序可以看出，例1-2中程序框架依然是由编译预处理和函数组两部分组成，只是稍微复杂些。其中编译预处理部分有一条包含了所有当前工程文件需要的 MFCinclude 文件。函数组部分只有一个主函数 main()，主函数通过数据准备、数据输入、数据计算、结果输出等语句完成题目的要求。

2. C 语言程序的宏观框架

通过例 1-1 和例 1-2 的解读，C 语言程序宏观框架总结如下。

1)　程序由函数组成

一个 C 语言程序至少且仅有一个 main()函数，也可以包含若干个其他函数。因此，函数是 C 语言程序的基本单位，以使其容易实现程序的模块化。C 程序有三种类型的函数：main()函数、库函数和自定义函数。

> **注意**
>
> 在使用库函数之前，必须使用预编译命令 "#include" ，将以.h 为后缀名的头文件包含到用户文件中，一般应置于源程序的开始部位，且预处理命令末尾不要加分号。

2) 函数由函数首部和函数体构成

(1) 函数首部。函数首部是函数的定义部分，即函数的第 1 行，包括函数类型、函数名、函数参数名和参数类型。其中，函数名及其后紧跟的圆括号对 "()" 是必需的，而其他内容(即 "[]" 括号对中的内容)为可选项。对于 main 函数的函数首部只有函数名 "main" 和一对圆括号 "()" ，没有书写函数类型，也没有形式参数。其他函数的内容与格式为：

[函数类型] 函数名 (形式参数类型 1 形式参数名 1[, 形式参数类型 2…])

例如：

```
void main ()
int  f(int x)
int max(int a, int b)
```

(2) 函数体。函数体是函数的主体部分，即函数首部下面由花括号对 "{}" 括起来的部分。如果函数内有多个嵌套的花括号对，则最外层的一对花括号对为函数体的范围，函数体一般包括两个部分：声明部分和执行部分。声明部分是对函数中新用到的变量(局部变量)的定义和所调用的函数的声明；执行部分则由可执行语句序列组成。

3) 一个 C 程序从 main()函数开始执行

main()函数是程序的主控函数，称为主函数，"main()"是 C 语言编译系统使用的专用名字，main()后面由花括号对 "{}" 括起来的部分是函数的主体。无论 main()写在程序的什么位置，程序运行时总是从 main()函数的第一条可执行语句前的左花括号 "{" 开始，到main()函数最外层的右花括号 "}" 处终止。

4) 语句末尾必须有分号

分号 ";" 是 C 程序中各条语句结束的标志，是语句的必需组成部分。不管语句位于何处，均须以分号结束，即使是程序中最后一条语句也是如此。

5) 程序书写自由

C 语言源程序的书写十分自由，既可以在一行内写几条语句，也可以将一条语句分写成连续的多行(注意其间不能夹有其他语句)。C 程序中没有行号。

6) 可以且应当对每行书写注释/*   */

为了增强程序的可读性，可以在语句末尾 "/*" 和 "*/" 符号内就程序的操作内容进行注释。注释是计算机文档的重要组成部分，是程序员与日后读者之间通信的重要工具，一个好的程序员应当养成及时书写和修正注释的良好习惯。

7) 变量先定义后使用

C 语言的变量在使用前必须先定义其数据类型，即必须在使用该变量的第 1 条语句之前进行。

1.1.2 程序构成

如同格式规范的文章由字、词、句子、段落逐级构成一样，C 语言程序由标识符、语句、函数等表述形式构成，最终形成完整的 C 语言程序代码。

1. 标识符的定义

在例 1-1 和例 1-2 等程序代码中，由 void、main、int、printf、scanf、a、b、c 等一系列符号构成了程序中的语句和函数，这些符号统称为标识符。标识符是用来标识程序中的某个对象的名字的字符序列，这些对象可以是语句、数据类型、函数、变量、常量等。

2. 标识符的种类

标识符有关键字、预定义标识符和用户自定义标识符 3 类。

1) 关键字

在 C 语言程序中，为了定义变量、表达语句功能、对信息进行预处理，需要用到一些具有特殊意义的标识符，如 void、int，这些标识符就是关键字。

C 语言中的关键字主要有以下两类。

(1) 类型说明符：用来说明变量、函数的类型，如 int、float、char、void 等。

(2) 语句定义符：用来标识一个语句的功能，如 if、for、while、return 等。

除关键字外，C 语言还有编译预处理命令，用于在编译前对源程序做预处理，如头文件包含预处理命令#include 等。

2) 预定义标识符

预定义标识符是指已经被 C 语言系统预先定义好的具有特定含义的标识符，如程序代码中的函数名 printf、scanf。

3) 用户自定义标识符

在编写程序的过程中，用户需要给自定义的符号常量、变量、函数、数组、类型等起名字，这就是用户自定义标识符。用户自定义标识符必须先定义，然后再使用。

(1) 用户自定义标识符的命名规则：用户标识符由字母(A～Z，a～z)、数字(0～9)、下划线"_"组成，并且首字符不能是数字。

(2) 用户自定义标识符在使用时还应注意以下几点。

① C 语言对大小写字符敏感，所以在编写程序时要注意大小写字符的区分。例如，max 和 Max，C 语言会认为这是两个完全不同的标识符。

② 不能把 C 语言关键字作为用户自定义标识符。

③ 通常不使用预定义标识符作为用户自定义标识符，这样会失去系统规定的原意，造成歧义。

④ 用户自定义标识符的命名应做到简洁明了，尽量做到"见名知意"，以利于程序的阅读和维护。例如，用 length 表示长度，用 sum 表示求和。

任务 1.2　程序开发过程和环境

 任务实施

1.2.1　程序开发过程

用 C 语言编写的程序称为源程序，不能被计算机直接识别和执行，需要一种担任翻译工作的程序，即编译程序。通过编译程序把 C 语言程序代码转换为计算机能够处理的二进制目标代码。

从编写 C 语言源程序到运行程序需要经过以下 4 个步骤。

第 1 步　编辑源程序。

编辑是指在文本编辑工具软件中输入和修改 C 语言源程序，最后以文本文件的形式存放在磁盘中。编辑可以使用记事本等字处理软件，但通常使用专用的软件开发工具，如 Turbo C 和 Visual C++等，用 Visual C++编辑的源程序存入磁盘后，系统默认文件的扩展名为.cpp。

第 2 步　编译源程序，生成目标程序。

编译是将已编辑好的源程序翻译成二进制目标程序。编译是由系统本身的编译程序完成的，编译过程将对源程序进行语法检查，当发现错误时，会提示错误的类型和出错的位置，以便用户修改。直至没有语法错误时，会自动生成扩展名为.obj 的目标程序。

第 3 步　连接目标程序及其相关模块，生成可执行文件。

一个 C 语言程序，包含 C 语言标准库函数和模块，各个模块往往是单独编译的，因此，经编译后得到的目标程序不能直接执行，需要把编译好的各个模块的目标程序与系统提供的标准库函数进行连接，生成扩展名为.exe 的可执行文件。连接过程由系统提供的连接程序完成，如果连接过程中出现错误信息，则需要修改错误后重新进行编译和连接，直到生成可执行文件。

第 4 步　运行可执行文件。

运行程序并检查运行结果。如果结果错误，则需要回到第 1 步检查并修改源程序，再重新编译、连接和运行，直到得到正确的结果。

C 语言程序开发主要经过编辑、编译、连接和运行 4 个步骤，其完整过程如图 1-1 所示。

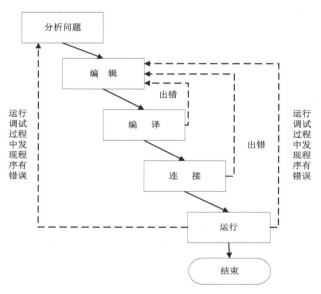

图 1-1　C 语言程序开发步骤

1.2.2　程序开发环境

如同文字编辑处理可以使用 Microsoft Office、WPS Office 等办公软件一样，C 语言程序开发也有许多软件开发工具，如 Visual C ++、Turbo C、Borland C/C++等。本书以常用的 Visual C++ 6.0(简称 VC++6.0)作为程序开发环境。VC++6.0 是微软公司推出的一个基于 Windows 系统平台、可视化的软件开发工具，提供了集编辑、编译、连接和运行于一身的集成开发环境。目前，VC++6.0 已经成为专业程序员使用 C 语言进行软件开发的首选工具。

使用 VC++6.0 开发应用程序的步骤如图 1-2 所示。

图 1-2　VC++6.0 开发应用程序的步骤

1. 启动 VC++6.0

选择"开始"→"程序"→Microsoft Visual Studio 6.0 →Microsoft Visual C++6.0 菜单命令，即可打开 VC++6.0 的初始用户界面，如图 1-3 所示。

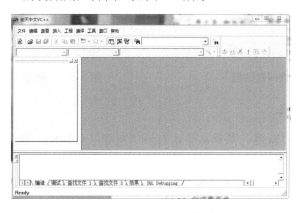

图 1-3　VC++6.0 初始界面

2. 新建工程文件

选择"文件"→"新建"菜单命令，打开"新建"对话框，如图 1-4 所示，在"工程"选项卡的列表框中选择 Win32 Console Application(Win32 控制台应用程序)选项，在"工程"文本框中输入项目名称，如 test，在"位置"文本框中输入或选择项目存放的位置，如"D:\C 语言\源代码\test"，然后单击"确定"按钮。

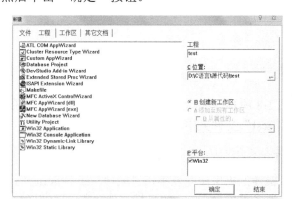

图 1-4　"新建"对话框

在弹出的询问对话框中选中 An empty project(一个空工程)单选按钮,单击"完成"按钮,如图 1-5 所示。

在弹出的"新建工程信息"对话框中单击"确定"按钮,完成建立工程。此时可看到 D 盘的 C 语言文件夹将出现新建的工程文件夹 test,文件夹中有工程初始文件,如图 1-6 所示。

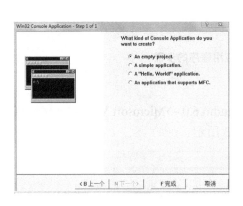

图 1-5　询问对话框　　　　　　　　图 1-6　"新建工程信息"对话框

3. 新建源程序文件

选择"文件"→"新建"菜单命令,打开"新建"对话框,选择"文件"选项卡,如图 1-7 所示,在其列表框中选择 C++ Source File(C++源文件)选项,在"文件"文本框中输入文件名称,如 c1-1,在"目录"文本框中输入或选择文件存放的文件夹,单击"确定"按钮后进入程序编辑窗口。

图 1-7　"新建"对话框的"文件"选项卡

程序编辑窗口如图 1-8 所示,编辑完成后选择"文件"→"保存"菜单命令保存文件。此时可看到"D:\C 语言\test"文件夹中增加了 c1-1.cpp 文件。

4. 编译源程序文件

选择"编译"→"编译"菜单命令或单击"编译"工具按钮,开始对文件进行编译,若未出现编译错误,则生成扩展名为 obj 的目标文件;若出现编译错误,则需要根据编辑窗口下方的信息提示栏中的"错误信息"对文件继续进行编辑和修改,直到编译通过为止。

此时可看到"D:\C 语言\源代码\test\Debug"文件夹中增加了 c1-1.obj 文件。

图 1-8　程序编辑窗口

5. 生成可执行文件

选择"组建"→"组建"菜单命令或单击工具按钮，即可生成扩展名为 .exe 的可执行文件。此时可看到"D:\C 语言\源代码\test\Debug"文件夹中增加了 test.exe 文件。

6. 执行文件

选择"组建"→"执行"菜单命令或单击工具按钮！，执行可执行文件。此时，显示程序运行结果，如图 1-9 所示。

图 1-9　程序运行结果界面

在程序开发过程中，可以通过工作空间视图 ClassView(类视图)和 FileView(文件视图)查看工程信息，在工程中删除或添加文件，如图 1-10 和图 1-11 所示。

图 1-10　ClassView 工作空间视图

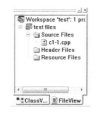

图 1-11　FileView 工作空间视图

任务 1.3　分析输出数据及类型

 ## 任务实施

根据通讯录中涉及的数据，整理结果见表 1-2。

表 1-2   通讯录信息输出中涉及的数据

需要输出的基本信息	对应的英文	需要输出的值
编号	id	1
姓名	name	lihong
性别	sex	female
年龄	age	19
电话号码	tel_num	18911880030
QQ 号码	qq_num	123456
微信号码	wechat_num	lihongwechat
电子邮箱	email	Lihong@163.com
城市	city	Shenyang
职业	profession	Teacher
通信地址	address	Shenyanggongxueyuan

任务 1.4   声明变量并赋值

 任务实施

1.4.1   输出数据分析

该任务涉及的知识点有整型变量和字符型变量的定义方法。通过以下格式把表 1-2 中的各字段用相应类型的变量定义出来，以方便后续程序的编写。

```
int  id;
char name[20];
char sex[6];
int  age;
char tel_num[12];
long qq_num;
char wechat_num[20];
char e_mail[20];
char city[20];
char profession[20];
char address[60];
```

1.4.2   变量声明与赋值

在 C 语言中若输出这些变量，需要首先定义这些变量并分析其数据类型。在定义变量并选择合适的数据类型之前，先来了解一下 C 语言中的常量、变量以及数据类型的特点和作用。

1.4.2.1　常量和变量

任何数据在程序中呈现的形式只有两种：常量和变量。常量，指在程序运行过程中其值不可以改变的量；变量，指在程序运行过程中其值可以更新的量。常量和变量都必须从属于某一数据类型。

1. 常量和符号常量

在 C 语言中，根据类型的不同可以将常量分为以下 5 种。

(1) 整型常量：以整数形式存在的常量，如 5、0、-9 等。

(2) 实型常量：以浮点数形式存在的常量，即带有小数点的数，如 3.14，6.8×10^3。

(3) 字符型常量：以单引号括起来的单个字符形式存在的常量，如'a'，'m'，'\n'。

(4) 字符串常量：以双引号括起来的字符序列形式存在的常量，如"abc"，"string"。

(5) 符号常量：用一个符号来代表程序中多次使用的常量，如 PI 代表 3.14。定义符号常量的一般格式为：

```
#define 标识符 常量
```

这是一条预编译命令，通常放在程序的最前面。格式中的标识符就是符号常量。例如：#define PI 3.14。

一般情况下，符号常量名用大写，变量名用小写，以示区别。使用符号常量的好处是"见名知意"和"修改方便"。例如，在上例中，要将圆周率用更精准的 3.1415 替代，如果没有使用符号常量，而是直接使用数值常量 3.14，那么在程序中所有使用 3.14 的地方均要修改，容易产生遗漏，而使用符号常量则只需要修改定义时的常量值。

2. 变量

变量可分为整型变量、实型变量、字符变量(注意：C 语言中没有字符串变量，而是使用字符数组来解决字符串变量问题)。在 C 程序设计中，变量的本质是计算机内存中的某一存储空间，不同的数据类型被分配的存储空间不同。变量命名遵循标识符命名规则，习惯上，变量名用小写字母表示，以增加可读性。

定义变量的一般格式为：

```
类型标识符    变量名表；    /*多个变量名之间以逗号隔开*/
```

例如：

```
int a,b,c;       /*定义 3 个整型变量，变量名为 a,b,c*/
float x,y,z;     /*定义 3 个实型变量，变量名为 x,y,z*/
char ch1,ch2;    /*定义 2 个字符变量，变量名为 ch1,ch2*/
```

【例 1-3】假设圆锥体的底半径 r=h=2cm，求底面积和体积，保留 2 位有效数字。

源程序：

```
#include <stdio.h>
#define  PI 3
void main()
{
```

C 语言程序设计(项目教学版)

```
    int r,h,s;
    float v;
    r=2;
    h=2;
    s=PI*r*r;
    v=1.0/3*s*h;
    printf("输出圆锥体的底面积 s=%dcm^2\n",s);
    printf("输出圆锥体的体积 v=%.2fcm^3\n",v);
}
```

运行结果：

例 1-3 的运行结果如图 1-12 所示。

图 1-12　例 1-3 程序的运行结果

结果分析：

通过这个例题，可以看出将 PI 定义为 3，那么底面积 s 可以是整型。如果需要精确到百分位，可以改变 PI 的值。只需要将#define　PI 3 改为#define　PI 3.14，即可"一改全改"。那么此时底面积 s 应使用 float 类型来定义。这里的体积 v 是 float 类型，但是由于公式中有 1.0/3，这里不能用 1/3。

1.4.2.2　整型数据

在 C 语言中，用于表达和处理整数的数据称为"整型数据"。整型数据分为整型常量和整型变量。

1. 整型常量

整型常量即整数常量。在 C 语言中，整型常量可以用以下 3 种形式表示。

(1)　十进制整数：如 158、-37542。

(2)　八进制整数：如 0234、0568。

(3)　十六进制整数：如 0x123、0xabc。

> **注意**
>
> C 语言规定，八进制整数以数字 0 开头，数码范围为 0～7。十六进制整数以 0x 开头，数码范围为 0～F，其中 A、B、C、D、E、F(或小写的 a、b、c、d、e、f)表示十进制中的 10、11、12、13、14、15。

【例 1-4】整型常量 3 种形式的应用。

源程序：

```
#include <stdio.h>
void main()
```

12

```
{
    int a,b,c;
    a=125;
    b=0125;
    c=0x125;
    printf("a 为十进制 125，b 为八进制 0125，c 为十六进制 0x125\n");
    printf("均按十进制格式输出为：a=%d,b=%d,c=%d\n",a,b,c);
    printf("均按八进制格式输出为：a=%o,b=%o,c=%o\n",a,b,c);
    printf("均按十六进制格式输出为：a=%x,b=%x,c=%x\n",a,b,c);
}
```

运行结果：

例 1-4 的运行结果如图 1-13 所示。

图 1-13　例 1-4 程序的运行结果

结果分析：

(1) 程序中使用了 3 个整型常量 125、0125 和 0x125，分别存放在变量 a、b、c 中。其中八进制和十六进制分别以 0 和 0x 开头。

(2) 程序中输出函数 printf()中使用了 3 种格式符：%d、%o、%x，分别表示将变量的值以十进制、八进制和十六进制形式输出。

2．整型变量

整型变量是用来存放整型数据的变量，可以分成以下 4 种。

1) 有符号基本整型变量

有符号基本整型变量是用 signed int 定义，或直接用 int 定义。每个变量的字节长度为 2，表示数的范围为-32768～32767。

例如：

```
[signed]int a,b;
a=-345;b=678
```

2) 无符号基本整型变量

无符号基本整型变量是用 unsigned int 定义，或直接用 unsigned 定义。每个变量的字节长度为 2，表示数的范围为 0～65535。

例如：

```
unsigned [int] a;
a=-345
```

3) 有符号长整型变量

有符号长整型变量是用 signed long int 定义，或直接用 long 定义。每个变量的字节长度为 4，表示数的范围为-2147483648～2147483647。

例如：

```
[signed] long [int] a;
a=-1024*1024;
```

4）无符号长整型变量

无符号长整型变量是用 unsigned long int 定义，或直接用 unsigned long 定义。每个变量的字节长度为 4，表示数的范围为 0～4294967295。

例如：

```
unsigned long [int] a;
a=-1024*1024;
```

整型变量存放数据的范围由各 C 语言程序编译系统而定。以上数据范围都是运行在 16 位机下的，而现在使用的 32 位机中，int 型数据在内存中占 4 字节，其取值范围为-2147483648～2147483647。同时注意在微机上用 long 型可以得到较大范围的整数，但同时会降低运算速度，因此应尽量避免使用 long 型。如定义一个变量存放 10！，可以将其变量定义为 long。

1.4.2.3 实型数据

在 C 语言中，用于表达和处理带小数点的数据称为实型数据。实型数据分为实型常量和实型变量。

1. 实型常量

实型常量有两种表示形式。

1）小数形式

由数字和小数点组成，如 3.14、2.98。

若整数部分为 0，可省略整数部分，如.314 与 0.314 等价；若小数部分为 0，可省略小数部分，如 7.与 7.0 等价。但不能没有小数点，且小数点两边至少有一边要有数字。

2）指数形式

如 1.43E16 表示 1.43×10^{16}。字母 E(或 e)之前、之后都必须要有数字，并且 E(或 e)后面的数必须为整数。

2. 实型变量

实型变量分为单精度型和双精度型。

1）单精度实型变量

用类型标识符 float 定义的是单精度实型变量。其字节长度为 4 字节，取值范围是-3.4E-38～3.4E38。有效位数为 7 位。

2）双精度实型变量

用类型标识符 double 定义的是双精度实型变量。其字节长度为 8 字节，取值范围是-1.7E-308～1.7E308。有效位数为 15～16 位。

3)　长双精度实型变量

用类型标识符 long double 定义的是长双精度实型变量。其字节长度为 16 字节，取值范围是−1.7E-4932～1.7E4932。有效位数为 18～19 位，此数据类型一般不用。

【例 1-5】实型变量应用示例。

源程序：

```
#include <stdio.h>
void main()
{
    float x,y,z;  /*定义单精度实型变量*/
    x=3.14;
    y=3.14e-2;
    z=1.23456789;
    printf("x=%f\ny=%f\nz=%.4f\n",x,y,z);
}
```

运行结果：

例 1-5 的运行结果如图 1-14 所示。

图 1-14　例 1-5 程序的运行结果

结果分析：

(1)　"%f"表示数据以实数形式输出，小数点后保留 6 位有效数字。

(2)　"%.4f"中的 4 用来指定输出数据中的小数位数(按四舍五入规则)。

1.4.2.4　字符型数据

用于表达处理字符类的数据称为字符型数据。字符型数据分为字符常量和字符变量。

1. 字符常量

字符常量是用一对单引号括起来的一个字符，如'A'，'!'，'*'，'9'等。在 C 语言中，除了键盘上那些可显示的字符外，还把一些"控制字符"作为字符常量使用，如回车、空格、制表符 Tab 等。转义字符通常表示特定意义的字符。常用转义字符见表 1-3。

表 1-3　常用转义字符表

转义字符	代表的字符	ASCII 码	八进制表示
\n	换行符(使光标移到下一行开头)	10	012
\r	回车符(使光标回到本行开头)	13	015
\b	退格符(使光标左移一列)	8	010
\t	水平制表符	9	011
\v	垂直制表符	11	013

续表

转义字符	代表的字符	ASCII 码	八进制表示
\'	单引号	39	047
\"	双引号	34	042
\\	反斜线	92	0114
\ddd	ddd：1～3 位八进制数形式的 ASCII 码所代表的字符		
\xhh	hh：1～2 位十六进制数形式的 ASCII 码所代表的字符		

转义字符的含义是将反斜杠"\"后面的字符转换成另外的含义。如：'\n'作为换行符，也可用'\012'表示；'\t'表示水平制表符，也可用'\011'表示。

注意

转义字符表示的是一个字符，不是两个字符。

【例 1-6】转义字符应用示例。

源程序：

```c
#include <stdio.h>
void main()
{
    printf("0123456789abcdef\n"); /*显示列数*/
    printf("ABCD \n");
    printf("AB\012CD \n");
    printf("AB\rCD \n");
    printf("AB\bCD \n");
    printf("AB\tCD \n");
    printf("\65\t\x22 \n");
}
```

运行结果：

例 1-6 的运行结果如图 1-15 所示。

图 1-15 例 1-6 的运行结果

结果分析：

(1) 第一个输出语句输出列数，从 0～f 共 16 列，在运行结果中，可以清晰地分辨出下面输出的内容所在的位置。

(2) 第二个输出语句输出的"ABCD"中无任何转义字符,但是要注意空格符号。

(3) 第三个输出语句中的字符"BC"中间有一个回车换行符"\012",从而得到运行结果中"AB"与"CD"之间多个换行符。

(4) 第四个输出语句中的"B"与"C"中间有一个回车符'\r',从而使得回车后的"CD"显示在了"AB"的位置上,即"CD"覆盖了"AB",从而得到运行结果中只显示"CD"。

(5) 第五个输出语句中的字符"BC"中间有一个退格符"\b",从而使光标退格后的"C"显示在了"B"的位置上,即"C"覆盖在"B"上,从而得到运行结果中显示"BCD"。

(6) 第六个输出语句中的"B"与"C"中间有一个制表符"\t",从而使光标前进了一个制表位,使得字符"AB"占 8 列,空出 6 个空格输出"CD"。

(7) 第七个输出语句用八进制和十六进制数形式的 ASCII 码输出字符,"\65"和"\x22"分别对应 ASCII 码表中的字符"5"和字符""""。

2. 字符变量

字符变量用来存放字符常量,每个字符变量只能放 1 个字符,在内存中占 1 字节,以其 ASCII 码的二进制补码形式存储。字符变量的基本类型定义符为 char。

字符变量的定义形式如下:

```
char c1,c2;
```

它表示 c1 和 c2 为字符型变量,可以各放 1 个字符,定义了 c1、c2 之后,可以用下面语句对 c1、c2 赋值:

```
c1='a';c2='b'; //将字符常量'a'和'b'赋给字符变量 c1 和 c2
```

在输出时,用"%c"的格式来输出其与 ASCII 值对应的一个字符;反之,也可以把字符变量中的存储内容用"%d"的格式来输出其对应的 ASCII 值。也可以对字符变量进行算术运算,如英文字母的大小写转换(A 的 ASCII 值是 65,a 的 ASCII 值是 97)。

【例 1-7】字符变量的应用示例。

源程序:

```
#include <stdio.h>
void main()
{
    int i;
    char c='B';
    i=c*c;
    printf("%c,%c,%c,%c\n",c,c-1,c+1,c+32);
    printf("%d,%d,%d,%d\n",c,c-1,c+1,c+32);
    printf("%d,%c\n",i,i);
    printf("%6d\n",i%256);
}
```

运行结果:

例 1-7 的运行结果如图 1-16 所示。

图 1-16　例 1-7 的运行结果

结果分析：

(1) 第一个输出语句按字符格式输出字符变量存储的字符 B 以及前一个字符、后一个字符和小写字符(大写字母字符的 ASCII 值比小写字母字符小 32)。

(2) 第二个输出语句按整数格式输出字符变量对应的 ASCII 值，指定的输出宽度 1 列(格式符前面的数)小于数据的实际宽度，就按其实际宽度输出。

(3) 第三个输出语句按整数格式输出字符变量的 ASCII 值的平方值 4356 以及对应的字符。最后一个输出语句按整数格式输出该平方值除以 256 所得的余数 4，指定的输出宽度为 6 列，大于数据的实际宽度，前面补上 5 个空格字符的位置。

1.4.2.5　类型转换

在 C 语言中，整型、实型和字符型数据间可以进行混合运算(因为字符数据与整型数据可以通用)。如果一个运算符两侧的操作数的数据类型不同，如：'a'+1.5*3.14+1.7E+008，系统将数据自动转换成同一类型，然后在同一类型数据间进行运算。类型转换有自动进行的，也有强制进行的。前者称为隐式类型转换，后者称为强制类型转换。

1. 隐式类型转换

隐式类型转换又可分为两类：算术转换和赋值转换。

(1) 算术转换主要出现在算术运算过程中，转换规则如图 1-17 所示。

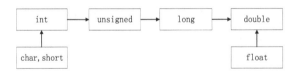

图 1-17　类型转换规则

图 1-17 中向上的箭头表示必定的转换，如字符型数据必定先转换为整数，short 型必定先转换为 int 型，float 型数据在运算时一律转换成双精度型，以提高运算精度(即使是两个 float 型数据相加，都要化成 double 型，然后再相加)。

横向的箭头表示当运算对象为不同类型时转换的方向。例如 int 型与 double 型数据进行运算，先将 int 型的数据转换成 double 型，然后将两个同类型(double 型)数据进行运算，结果为 double 型。

提示

箭头方向只表示数据类型级别的高低，是由低向高转换，不要理解为 int 型先转换成 unsigned 型，再转换成 long 型，再转换成 double 型。如果一个 int 型数据与一个 double 型数据进行运算，是直接将 int 型转换成 double 型。同理，一个 int 型与一个 long 型数据进行运算，是先将 int 型转换成 long 型。

假设定义 ch 为字符型变量，i 为整型变量，f 为 float 型变量，d 为 double 型变量，则下式：10+ch/i+f*d-(f+d)，运算过程如图 1-18 所示。

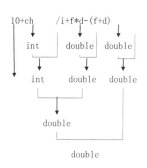

图 1-18 类型转换过程

上述的类型转换由系统从左向右自动扫描，运行次序为：

由于运算符"/"比"+"优先级高，因此先将 ch 转换成整型，然后执行 ch/i，结果为整型。之后执行加 10 运算。执行 f*d 时，先将 f 转换成 double 型，运算的结果为 double 型。同理，f+d 的结果也是 double 型。最后，10+ch/i 的结果整型再变成 double 型，以执行后续计算，最终结果是 double 型。

在进行隐式类型转换时，总是将表示范围数值小的数据类型转换成表示范围数值大的数据类型。

(2) 赋值转换主要出现在赋值表达式中，不管赋值运算符右边是什么类型，都要转换为赋值运算符左边的类型。若赋值运算符右边的值表示范围更大，则左边赋值所得到的值将失去右边数据的精度。

【例 1-8】赋值转换应用示例。

源程序：

```
#include <stdio.h>
void main()
{
    int i=3.18;
    char ch='a';
    float f=5;
    printf("%f\n",i+ch+f);
}
```

运行结果：

例 1-8 的运行结果如图 1-19 所示。

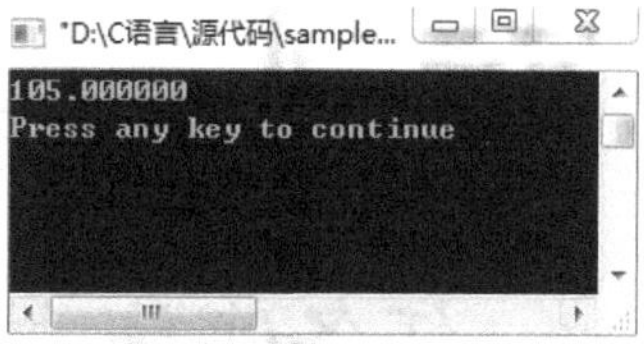

结果分析：

定义了 3 个变量 i、ch、f，分别赋值为 3.18、'a' 和 5，在实际的运算中，i 的值变成了 3，ch 的值变成了 97，f 的值变成了 5.000000，最后运算结果是 105.000000。

```
105.000000
Press any key to continue
```

图 1-19 例 1-8 的运行结果

2. 强制类型转换

C 语言提供了强制类型转换运算符来实现强制类型转换。在进行类型转换时，操作数的值并不发生改变，改变的只是表达式值的类型。

格式：

(类型) 表达式

例如：

float x=6.5; i=(int)x;   //x 的值是 6.5，i 的值是 6

使用强制转换类型得到的是一个所需类型的中间量，原表达式类型并不发生变化。例如(double)a 只是将 a 的值转换成一个 double 型的中间量，其数据类型并未转换成 double 型。

【例 1-9】强制类型转换应用示例。

源程序：

```
#include <stdio.h>
void main()
{
    int a=2;
    float x,y;
    x=6.9;y=7.3;
    printf("%d\t",(int)(x+y)%2);    //将 x+y 的值强制转换为 int 类型,再执行余 2 运算
    printf("%d\t",(int)x+a%2);      //将 x 的值强制转换为 int 类型,再加上 a 余 2 的值
    printf("%d\t",((int)x+a)%2);    //将 x 的值强制转换为 int 类型,与 a 求和后再执
                                    //行余 2 运算
}
```

运行结果：

例 1-9 的运行结果如图 1-20 所示。

图 1-20   例 1-9 的运行结果

结果分析：

第一个输出语句是将 x 和 y 的和值 14.2，强制转换成整型 14 后再进行余 2 运算，输出值为 0。第二个输出语句是先将 x 的值强制转换成整型 6 后，再加上 a 余 2 运算的值 0，结果输出 6。第三个输出语句是先将 x 的值强制转换成整型 6 后，再加上 a 得到和值 8，然后执行余 2 运算，结果输出值为 0。

任务 1.5   录入通讯录信息

 任务实施

1.5.1   任务分析与实现

该任务涉及的知识点有 printf 函数和 scanf 函数的使用方法，通过 printf 函数输出一个

提示输入的字符串，紧接着利用 scanf 函数来实现变量的输入。通过 scanf 函数输入时，分别用到了"%s""%d""%ld"等格式控制符。相关的代码如下：

```
printf("请输入编号:\n");
scanf("%d",&id);
printf("请输入姓名:\n");
scanf("%s",name);
printf("请输入性别：\n");
scanf("%s",&sex);
printf("请输入年龄：\n");
scanf("%d",&age);
printf("请输入电话号码：\n");
scanf("%s",tel_num);
printf("请输入 QQ 号码：\n");
scanf("%ld",&qq_num);
printf("请输入微信号码：\n");
scanf("%s",wechat_num);
printf("请输入电子邮箱：\n");
scanf("%s",e_mail);
printf("请输入城市：\n");
scanf("%s",city);
printf("请输入职业：\n");
scanf("%s",profession);
printf("请输入通信地址：\n");
scanf("%s",address);
```

1.5.2　数据的输入和输出

数据的输入和输出是以计算机为主体而言的。在 C 语言中，不提供输入/输出语句，输入和输出的操作是由库函数来实现的。在 C 语言标准函数库中提供了一些输入输出函数，例如：printf 函数和 scanf 函数。printf 和 scanf 不是 C 语言的关键字，只是函数名。C 语言提供的函数程序代码被保存在库文件(.obj 或.lib)中，它们不是 C 编译器负责编译的 C 语言成分。因此，在使用 C 语言中标准 I/O 库函数时，要用预编译命令"#include"将有关"头文件"包括到源文件中。使用标准输入输出库函数时要用到"stdio.h"文件，因此源文件开头应有以下预编译命令：

```
#include <stdio.h>
```

或

```
#include "stdio.h"
```

1. printf()函数

前面已经用到过多次 printf()函数，主要用于向终端(输出设备)输出若干个任意类型的数据。

1)　printf 函数的一般格式

```
printf("格式控制", 输出表列);
```

例如：

```
printf("i和c的值分别是%d,%c\n",i,c);
```

格式控制部分是由引号括起来的字符串,由"格式说明"和"普通字符"组成。"格式说明"的作用是将输出的数据转换为指定的格式输出,格式说明符由"%"和格式字符组成,如%d、%c等,输出表列中每一项对应一个格式说明符,它们按照这种格式输出。"普通字符"将原样输出,例如上例"i和c的值分别是%d,%c\n"中的"i和c的值分别是"以及",""\n"都是普通字符。

输出表列指需要输出的一些数据,可以是变量、表达式。

2) 格式说明符

格式控制(转换控制字符串)部分是双引号括起来的字符串,主要包括3种:格式说明符、转义字符和普通字符。格式说明符主要如下。

(1) d格式符:用来输出带符号的十进制整数。

%d:按整型数据的实际长度输出。

%md:按指定的长度输出。如果数据位数小于m,则左端补以空格,若大于m,则按实际位数输出。

%-md:按指定的长度输出。如果数据位数小于m,则右端补以空格,若大于m,则按实际位数输出。

%ld:输出长整型数据,也可使用%mld指定长整型输出宽度。对于长整型数据输出应采用%ld格式,如果采用%d输出,则会出错。

【例1-10】格式说明符应用示例。

源程序:

```
#include <stdio.h>
void main()
{
    int a=79,b=3460;
    long c=123456;
    printf("0123456789\n");
    printf("%d\n%3d\n%-3d\n%3d\n",a,a,a,b);
    printf("%ld\n%8ld\n%-8ld\n",c,c,c);
}
```

运行结果:

例1-10的运行结果如图1-21所示。

结果分析:

程序中定义了3个变量a、b、c,分别赋值为79、3460、123456。将a、b、c分别以%md形式输出,实际位数小于m则左补空格。

(2) o格式符:以八进制形式输出整数,是一种无符号数。可以使用"%lo"输出长整型,使用"%8o"进行定长输出。

图1-21 例1-10的运行结果

(3) x 格式符：以十六进制形式输出整数，是一种无符号数。可以使用 "%lx" 输出长整型，使用 "%8x" 进行定长输出。

(4) u 格式符：输出 unsigned 数据，是一种无符号数，以十进制形式输出。一个 int 型数据可以使用 "%d" 格式输出；反之，一个 unsigned 型数据也可以用%d 格式输出。这取决于内存中实际存储形式相互赋值。

【例 1-11】格式说明符实现不同进制形式的输出示例。

源程序：

```c
#include <stdio.h>
void main()
{
    unsigned a1=65535,b1=65534;
    int a2=-1,b2=-2;
    printf("十进制          八进制          十六进制          无符号十进制\n");
    printf("a1=%d\t%o\t\t%x\t\t%u\n",a1,a1,a1,a1);
    printf("a1=%d\t\t%o\t%x\t%u\n",a2,a2,a2,a2);
    printf("a1=%d\t%o\t\t%x\t\t%u\n",b1,b1,b1,b1);
    printf("a1=%d\t\t%o\t%x\t%u\n",b2,b2,b2,b2);
}
```

运行结果：

例 1-11 的运行结果如图 1-22 所示。

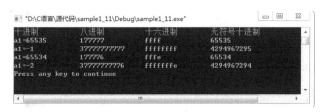

图 1-22 例 1-11 的运行结果

结果分析：

65535 是以二进制形式$(1111111111111111)_2$存放在内存中，它的八进制形式是 177777，十六进制形式是 ffff。为变量 a2 所赋的值-1 在内存中以补码形式存放，其补码的二进制形式为$(11111111111111111111111111111111)_2$，它的最高位为符号位 1，表示负数。它的八进制形式是 37777777777，十六进制形式是 ffffffff，无符号的十进制是 4294967295。65534 和 -2 也是以同样的道理输出。

(5) c 格式符：用于输出一个字符。整数也可以用字符形式输出；反之，字符数据也可以用整数形式输出。可以用 "%mc" 指定字符输出的宽度，原理同前。例如：

```c
int i=321;
printf("%c,%d\n",i,i);
```

输出结果为：A,321

输出字符 'A' 是因为字符为无符号整数，仅能表达 0～255 的整数，则模数为 256，所以 321%256=65 为字符 'A' 的 ASCII 码。

(6) s 格式符：用于输出一个字符串。有 5 种方法。

%s：例如 printf("%s"，"CHINA")；输出为 CHINA。

%ms：指定输出字符串的宽度，如字符串本身长度大于 m，则突破限制；若小于 m，则左补空格。

%-ms：在 m 列范围内，字符串向左靠，右补空格。

%m.ns：输出占 m 列，但只取待输出字符中左端 n 个字符。这 n 个字符输出在 m 列的右侧，左补空格。

%-m.ns：含义同上，只是 n 个字符靠左对齐，右补空格。

如果 n>m，则 m 自动取 n 值，即保证 n 个字符正常输出。

例如：   printf("%3s,%7.2s,%.4s,%-5.3s\n","CHINA","CHINA","CHINA","CHINA");

结果：CHINA,   CH, CHIN, CHI

注意：%.4s 中只给出了 n，没给 m，自动使 m=n=4。

(7) f 格式符：以小数形式输出实数(包括单双精度)，其用法如下。

%f：不指定输出宽度。整数部分全部输出，小数部分占 6 位。注意：输出的数字并非全部是有效数字。单、双精度实数的有效数字分别为 7、16 位。

%m.nf：输出的总长度为 m 列，且包含 1 位小数点及 n 位小数。当数据位数小于 m 时，则左补空格。当数据位数多于 m 时，则整数部分按实际长度输出，小数部分按指定长度的 n 值输出。当没有指定小数部分位数 n 时，则小数部分默认为 6 位。

%-m.nf：含义同上，只是输出数值靠左对齐，当数据位数小于 m 时，右补空格。

(8) e 格式符。

%e：系统自动指定小数位数为 6 位，指数部分为 5 位(如 e+002)，数值按规范和指数形式输出(即小数点前必须有且只有 1 位非零数字)，因此，%e 输出正实数时，总位数为 13 位(含小数点 1 位及整数 1 位)，输出负实数时，总位数为 14 位(多出 1 位符号位)。

例如：printf("%e %e\n",123.45,123.456789);

输出结果：1.234500e+002 1.234568e+002

%m.ne 及%-m.ne：m、n 及 "-" 的含义与前相同。此外，n 是指数形式中的尾数位数且含小数点 1 位。

(9) g 格式符：用来输出实数，根据数值的大小自动选 f 格式或 e 格式，选择两者中占位较少的一种，且不输出无意义的 0。此格式较少使用。

【例 1-12】格式说明符实现实型数据的输出示例。

源程序：

```c
#include <stdio.h>
void main()
{
    float x,y,f;
    double a,b;
    x=123456.1234;y=654321.6543;
    a=123456789.987654321;
    b=987654321.123456789;
    f=x+y;
    printf("%f,%e\n",f,f);
    printf("%10.2f\n%-10.2f\n%.3f\n%2.1f\n",f,f,f,f);
```

```
    printf("%15e\n%10.2e\n%-10.2e\n%.2e\n%7.1e\n",f,f,f,f,f);
    printf("%f\n",a+b);
}
```

运行结果：

例 1-12 的运行结果如图 1-23 所示。

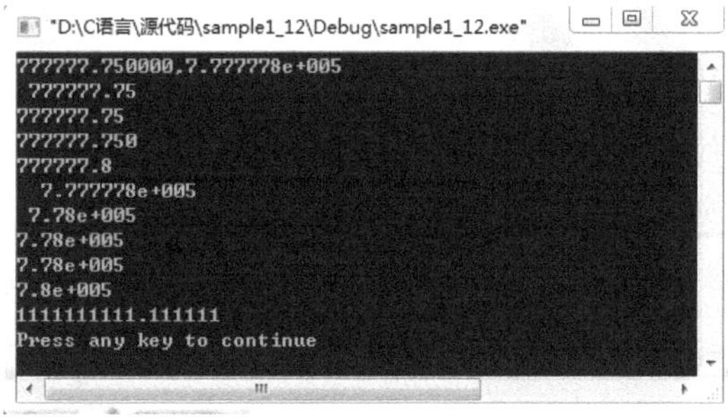

```
"D:\C语言\源代码\sample1_12\Debug\sample1_12.exe"
777777.750000,7.777778e+005
 777777.75
777777.75
777777.750
777777.8
    7.777778e+005
 7.78e+005
7.78e+005
7.78e+005
7.8e+005
1111111111.111111
Press any key to continue
```

图 1-23　例 1-12 的运行结果

结果分析：

由于单精度数前 7 位有效，双精度数前 16 位有效，小数部分均占 6 位，所以上述结果中超出有效位数的小数部分均存在无效数字，如最后一个小数部分的.111111110 中的 11110 是无意义的。

以上介绍的 printf 函数的格式字符见表 1-4。

表 1-4　printf 函数的格式字符

格式字符	说　明
d,i	输出带符号的十进制整数(正数不带符号)
u	输出无符号的十进制整数
o	输出无符号的八进制整数(不输出前缀 0)
x,X	输出无符号的十六进制整数(不输出前缀 0x)，用 x 则输出十六进制数 a~f 时以小写形式输出，用 X 时，则以大写形式输出
c	以字符形式输出单个字符
s	输出字符串，与其对应的输出项应为以 "\0" 结尾的字符数组名、字符串常量或指向字符串的指针变量名
f	以小数形式输出单、双精度实数，隐含输出 6 位小数
e,E	以规范化指数形式输出单、双精度实数，用 e 时指数以 "e" 表示(如 1.2e+02)，用 E 时指数以 "E" 表示(如 1.2E+02)
g,G	选用%f 或%e 格式中输出宽度较短的一种，不输出无意义的 0；用 G 时，若以指数形式输出，则指数以大写表示
p	输出变量或数组的地址

在格式说明中，在%和上述格式字符间可以插入以下几种附加符号(或修饰符)，见表 1-5。

表1-5　printf 函数的格式修饰符

格式字符	说　明
字母 l	输出长整型数据(可用%ld、%lu、%lo、%lx)以及 double 型数据(可用%lf 或%le)
m(一个正整数)	指定输出数据的最小宽度。当实际数据宽度大于 m 时，以实际宽度为准
n(一个正整数)	对实数，表示输出 n 位小数；对字符串，表示截取的字符个数
−	输出的数字或字符在域内向左靠
+	输出的结果总是带有 "+" 号或 "−" 号
0	当域宽 m 大于实际数据长度时，不足数位以 0 补足

提示

修饰符可以多个一起使用。

例如:

```
printf("%+08d\n",2345);
```

输出结果为:

```
+0002345
```

可见，3 个修饰符 "+、0、8(域宽)" 一起使用，使输出数据带有"+"号，且总宽度为 8，不足数位补 0。

2. scanf()函数

scanf()函数称作格式输入函数，是一个标准库函数，其作用是用户按指定的格式从键盘输入一定类型的数据到指定的变量存储单元中。使用时需要预编译头文件:

```
#include <stdio.h>
```

1) scanf()函数的一般形式

```
scanf("格式控制",地址表列);
```

格式控制:用于控制输入数据的类型、个数、间隔符等，是由""括起来的字符串，由"格式说明"和"普通字符"组成。"格式说明"的作用是将输入的数据转换为指定的格式输入，总是由 "%" 字符开始，并由%及格式字符组成，例如%d、%f 等。而"普通字符"则必须原样输入，例如在 scanf("a=%d",&a);语句中，"a=%d"为格式控制，其中的 "a=" 为普通字符，从键盘输入数据时必须原样输入。

地址表列:由若干个地址组成的表列，可以是变量的地址，或字符串的首地址。例如 scanf("%d%d%d",&a,&b,&c);其中&为取地址运算符，&a 是指取出变量 a 在内存中的地址，该地址将作为从键盘输入数据存放的内存地址。而变量 a、b、c 的地址是在编译连接阶段分配的。如上例所示格式说明之间没有普通字符隔开，那么在运行界面中输入的数据之间可以用空格分隔，也可以用回车键(Enter ↙)或跳格键 Tab。输入形式如下:

```
  3 4 5↙
3↙
4 5 ↙
```

```
3(按 Tab 键) 4 ✓
5 ✓
```

以上三种输入方式均是正确的。但是 3,4,5✓方式不允许。输入数据时，不能加入多余的普通字符。如果上面的语句改为 scanf("%d,%d,%d",&a,&b,&c);则输入数据时，必须采用加入 "," 的方式，即只有 3,4,5✓才是被允许的输入方式。

2) 格式符使用说明

以%开头，以一个格式符结束，中间可以插入格式修饰符，如 1、h、*等。格式符见表 1-6。

表 1-6　scanf 函数的格式字符

格式字符	说　　明
d,i	用来输入有符号的十进制整数
u	用来输入无符号的十进制整数
o	用来输入无符号的八进制整数。键入数据时不能出现 8 及以上数字，否则出错。键入的数据可不必加前缀 0
x,X	用来输入无符号的十六进制整数(大小写作用相同)，键入的数据可不必加前缀 0x
c	用来输入单个字符
s	用来输入字符串，将字符串送到一个字符数组中，在输入时以非空格字符开始，以第一个空格字符结束；字符串末尾自动添加 "\o" 作为字符串结束标志
f,F,e,E,g,G	用来输入实数，可用小数形式或指数形式输入

格式修饰符见表 1-7。

表 1-7　scanf 函数的格式修饰字符

格式字符	说　　明
l	用于输入长整型数据(可用%ld、%lo、%lx)以及 double 型数据(用%lf 或%le)
h	用于输入短整型数据(可用%hd、%ho、%hx)
域宽	指定输入数据所占宽度(列数)，系统自动截取所需数据，域宽应为正整数
*	表示本输入项在读入后不赋给相应的变量，即跳过该输入值，可称禁止赋值符

(1) 对 unsigned 型变量所需数据，可用%u(无符号十进制)、%d(有符号十进制)、%o(八进制)和%x(十六进制)格式输入。

(2) 可指定输入数据所占列数，系统自动对其截取所需数据。例如：

```
scanf("%3d,%3u",&a,&b);
```

输入 123456，则 123 赋值给 a，456 赋值给 b。

此方法也可用于字符型：

```
scanf("%3c",&ch);
```

输入：abc，由于字符型变量 ch 只能容纳一个字符，系统把第 1 个字符 "a" 赋给 ch。

(3) 如果使用禁止赋值符"*",则表示跳过它指定的列数。例如:

```
scanf("%2d%*3d%2d",&a,&b);
```

输入信息如下:

```
123456789↙
```

则 12 赋值给 a,%*3d 表示读入 3 位整数但不赋给任何变量,也即跳过 345 不用,67 赋值给 b。

(4) 输入实数不能指定精度,在 f 前不能对输入数据进行精度限制。例如:

```
scanf("%7.2f",&a);
```

是不合法的。

(5) 输入字符串时只能用%s,输入字符串用数组存放,输入结束标志是空格符。例如:

```
char a[20],b;
scanf("%s%c",a,&b);
```

若使字符数组 a 中存放字符串"abcd",字符变量 b 中存放"A",则键入内容为:

```
abcd A↙
```

字符串与字符之间有一个空格表示字符串输入结束,并且在 scanf 中的 "%s%c" 之间也要有空格。

3) 使用 scanf 函数时应注意的问题

(1) scanf 函数中的"地址列表"中的变量名前的&(取地址运算符)不能丢。例如:
scanf("%d,%f",a,f);中变量 a、f 前未加&,所以会出错。

(2) 若"格式控制"字符串中除了格式说明外,还有其他普通字符,则在输入数据时对应输入与这些字符相同的字符,不能用空格来代替。

例如:

```
scanf("%d,%d",&a,&b);
```

应输入:

```
3,4↙
```

(3) 用"%c"格式输入字符时,空格、回车、tab 等字符以及转义字符都作为有效字符输入。

例如:

```
scanf("%c%c%c",&c1,&c2,&c3);
```

应输入:

```
a↙ b c↙
```

系统自动将"a"字符送入 c1 中,回车符 "↙" 送入 c2 中,"b"则送入 c3 中,后面的空格和 c 字符就没有意义了。注意%c 只能接收一个字符,所以%c%c 之间无须空格。

(4) 在输入数据时,有以下情况时认为一个数据输入结束:

遇空格,或按"回车"或"跳格"(Tab)键。

按指定的宽度结束，如"%3d "，只取 3 列。

遇非法输入。

例如：

```
scanf("%d%c%f",&a,&b,&c);
```

输入：

1234a123O.26✓ (注意输入的各种类型数据之间无须空格)

1234 后为一个字符 a，则 1234 遇非法输入 a 时会自动停止赋值。同理，123 后为字母 O，认为遇非法输入，则 O 后的小数省略。则 1234 赋值给 a，'a'字符赋值给 b，123 赋值给 c。

```
printf("%d%c%f\n",a,b,c);
```

结果：

```
1234  a  123.000000
```

3. getchar()函数和 putchar()函数

getchar()函数和 putchar()函数是两个标准的库函数，在使用时，源程序首行要有预编译命令：#include <stdio.h>

1）getchar()函数(字符输入函数)

该函数的作用是从标准的输入设备(如键盘)输入一个字符，函数值可以存放在字符型或者整型变量中。该函数无参数，其一般格式为：

```
变量=getchar();
```

例如：

```
char ch;
ch=getchar();
```

2）putchar()函数(字符输出函数)

该函数的作用是向终端设备输出一个字符，该字符存放在 putchar()函数的参数中，参数可以是字符型常量、变量或整型变量。输出内容可以是字符或转义字符。其一般格式为：

```
putchar(ch);
```

例如：

```
    char ch;
    ch='a';
    putchar('A');
    putchar('\n');
    putchar('\101');
```

【例 1-13】字符输入输出函数应用示例。

源程序：

```
#include <stdio.h>
void main()
{
    int a;
```

```
    printf("请输入一个字符：");
    a=getchar();
    putchar(a);
    putchar('\n');
    printf("a 中的字符是%c，其 ASCII 码值是%d\n",a,a);
}
```

运行结果：

例 1-13 的运行结果如图 1-24 所示。

结果分析：

该程序中使用函数 putchar()和 printf()分别输出变量 a 中的值。putchar(a)是将变量 a 中的值以字符形式输出，函数 printf()中使用格式控制符可以将变量 a 中的值以整型和字符型两种形式输出，以整型形式输出的是该字符的 ASCII 码值。

图 1-24　例 1-13 的运行结果

任务 1.6　显示通讯录信息

 任务实施

该任务利用多个 printf 函数来实现最终通讯录的显示输出，为了美观，printf 函数中还用到了"*"，作为表头装饰字符。相关代码如下：

```
    printf("\n*************************\n");
    printf(" tongxunlu --------%s \n",name);
    printf("\n*************************\n");
    printf("ID:\t\t%d\n",id);
    printf("Name:\t\t%s\n",name);
    printf("Sex:\t\t%s\n",sex);
    printf("Age:\t\t%d\n",age);
    printf("Tel_Number:\t%s\n",tel_num);
    printf("QQ Number :\t%ld\n",qq_num);
    printf("Wechat Number:\t%s\n",wechat_num);
    printf("E_mail:\t\t%s\n",e_mail);
    printf("Profession:\t%s\n",profession);
    printf("E_mail:\t\t%s\n",e_mail);
    printf("Address:\t%s\n",address);
    printf("\n*************************\n");
```

1.7　上 机 实 训

1.7.1　输出学生成绩训练

1. 训练内容

本程序需要输出学生成绩：学生成绩包括学号、姓名以及各科成绩、总分和平均成绩。

首先定义字符型数组存放学生的姓名和学号，再定义多个实型变量用来存放学生各科成绩，最后利用输出变量值的方式输出各科成绩，直接输出表达式值的方式输出总分和平均分。

2. 源程序

根据上面的训练内容分析，可以用如下源程序实现。

```c
#include <stdio.h>
#include <stdlib.h>
void main()
{
    char name[10];          //用来存放学生姓名
    char id[10];            //用来存放学号
    float yuwen;            //用来存放语文成绩
    float yingyu;           //用来存放英语成绩
    float shuxue;           //用来存放数学成绩
    float jisuanji;         //用来存放计算机成绩
    float zhengzhi;         //用来存放政治成绩
    float tiyu;             //用来存放体育成绩
    float zongfen;          //用来存放总分
    float pingjunfen;       //用来存放平均分
    system("cls");          //清屏
    printf("请输入学生姓名\n");
    scanf("%s",name);
    printf("请输入学号\n");
    scanf("%s",id);
    printf("请输入语文成绩\n");
    scanf("%f",&yuwen);
    printf("请输入英语成绩\n");
    scanf("%f",&yingyu);
    printf("请输入数学成绩\n");
    scanf("%f",&shuxue);
    printf("请输入计算机成绩\n");
    scanf("%f",&jisuanji);
    printf("请输入政治成绩\n");
    scanf("%f",&zhengzhi);
    printf("请输入体育成绩\n");
    scanf("%f",&tiyu);
    zongfen=yuwen+yingyu+shuxue+jisuanji+zhengzhi+tiyu;
    pingjunfen=zongfen/6;
    printf("***********************\n");
    printf("姓名: \t%s\n",name);
    printf("学号: \t%s\n",id);
    printf("语文: \t%f\n",yuwen);
    printf("英语: \t%f\n",yingyu);
    printf("数学: \t%f\n",shuxue);
    printf("计算机: \t%f\n",jisuanji);
    printf("政治: \t%f\n",zhengzhi);
    printf("体育: \t%f\n",tiyu);
    printf("总分: \t%f\n",zongfen);
    printf("平均分: \t%f\n",pingjunfen);
    printf("***********************\n");
}
```

1.7.2 输出职工工资表训练

1. 训练内容

本程序需要输出职工工资表：职工工资的计算方法是基本工资、岗位津贴、加班费和奖金 4 个项目的和，再扣除水电费和个人所得税。

2. 源程序

根据上面的训练内容分析，可以用如下源程序实现。

```c
#include <stdio.h>
void main()
{
    char name[10];
    char id[10];
    float jbgz;
    float gwjt;
    float jbf;
    float jj;
    float sdf;
    float grsds;
    float sfgz;
    printf("请输入职工姓名：\n");
    scanf("%s",name);
    printf("请输入职工编号：\n");
    scanf("%s",id);
    printf("请输入基本工资：\n");
    scanf("%f",&jbgz);
    printf("请输入岗位津贴：\n");
    scanf("%f",&gwjt);
    printf("请输入加班费：\n");
    scanf("%f",&jbf);
    printf("请输入奖金：\n");
    scanf("%f",&jj);
    printf("请输入水电费：\n");
    scanf("%f",&sdf);
    printf("请输入个人所得税：\n");
    scanf("%f",&grsds);
    sfgz=jbgz+gwjt+jbf+jj-sdf-grsds;
    printf("*************************\n");
    printf("姓名：\t%s\n",name);
    printf("编号：\t%s\n",id);
    printf("基本工资：\t%f\n",jbgz);
    printf("岗位津贴：\t%f\n",gwjt);
    printf("加班费：\t%f\n",jbf);
    printf("奖金：\t%f\n",jj);
    printf("水电费：\t%f\n",sdf);
    printf("个人所得税：\t%f\n",grsds);
    printf("实发工资：\t%f\n",sfgz);
    printf("*************************\n");
}
```

项 目 小 结

(1) C 语言的基本数据类型。整型：又称整数，指没有小数的数值。在内存中以二进制补码形式存储。实型：又称为浮点数，指带小数点的实数。在内存中以浮点数形式存储。字符型：包括字符常量、字符变量、字符串常量 3 种。在内存中以字符的 ASCII 码的二进制补码形式存储。注意字母的大小写意义不同。

(2) 在 C 语言中，数据的表现形式有常量和变量。常量是指在程序运行中，其数值不能被改变的量。主要有整型常量、实型常量、字符常量、字符串常量。变量是以变量名标识的程序运行过程中值可改变的量。它的本质是计算机内存中的某一存储空间，变量名的本质是由其标识的变量存储空间的地址符号。

(3) C 语言中用标识符标识一个对象(包括变量、符号常量、函数、数组、文件等)，其以字母或下划线开头，由字母、数字或下划线构成。变量名必须符合标识符的命名规则，并做到"见名知意"。

(4) 在运算中，系统自动将表达式中不同类型数据转换成同一类型的数据。其中，强制转换是指使用强制类型转换运算符对一个表达式进行的数据类型转换，用于将表达式的结果类型转换为类型说明符所指定的类型。强制转换时系统不直接对表达式中的变量进行类型转换。

(5) C 语言中没有提供输入输出语句，在库函数中提供了一组输入输出函数 scanf()和 printf()。按结构中的语句先后顺序执行就是顺序结构。

 **知识补充**

1.8 C 语言程序代码编写规范

一个好的程序编写规范是编写高质量程序的保证。清晰、规范的源程序不仅方便阅读，更便于检查错误，提高调试效率，从而保证程序的质量和可维护性。对于刚刚开始接触编程的初学者来说，尤其要遵循编程规范，培养良好的职业素养。以下是一些最基本的代码编写规范。

1. 命名规范

1) 常量命名

(1) 符号常量的命名用大写字母表示，如#define LENGTH 10。

(2) 如果符号常量由多个单词构成，两个不同的单词之间可以用下划线连接，如#define MAX_LEN 50。

2) 变量和函数命名

(1) 可以选择有意义的英文(小写字母)组成变量名，使读者看到该变量就能大致清楚其含义。

(2) 不要使用人名、地名和汉语拼音。

(3) 如果使用缩写,应该使用那些约定俗成的,而不是自己编造的。

(4) 多个单词组成的变量名,除第一个单词外,其他单词首字母应该大写,如 dwUserInputValue。

(5) 对于初学者,函数命名可以采用类似 FunctionName 的形式。

2. 代码书写规范

1) 空格的使用

(1) 在逗号后面和语句中间的分号后面加空格,如 int i,j;和 for(i=0;i<n;i++)。

(2) 在二目运算符的两边各留一个空格,如 a>b 写成 a > b。

(3) 关键字两侧,如 if()...,写成 if() ...。

2) 缩进的设置

根据语句间的层次关系采用缩进格式书写程序,每进一层,往后缩进一层。有两种缩进方式,分别是使用 Tab 键和采用 4 个空格。整个文件内部应该统一,不要混用 Tab 和 4 个空格,因为不同的编辑器对 Tab 键的处理方法不同。

3) 嵌套语句(语句块)的格式

对于嵌套式的语句,即语句块(如 if、while、for、switch 等)应该包括在花括号中。花括号的左括号应该单独占一行,并与关键字对齐。建议即使语句块中只有一条语句,也应该使用花括号,这样可以使程序结构更清晰,也可以避免出错。建议在比较长的程序块末尾的花括号后加上注释,以表明该语句块结束。

4) 函数定义

每个函数的定义和说明应该从第 1 列开始书写。函数名(包括参数表)和函数体的花括号应该各占一行。在函数体结尾的括号后面可以加上注释,注释中应该包括函数名,以方便进行括号配对检查,并可以清晰地看出函数是否结束。

3. 注释书写规范

注释必须做到清晰,准确地描述内容。对于程序中复杂的部分必须用注释加以说明。注释量要适中,过多或过少都易导致阅读困难。

1) 注释风格

(1) C 语言中使用一组/*...*/或//作为注释界定符。

(2) 注释应该出现在要说明的内容之前。

(3) 除了说明变量的用途和语言块末尾使用的注释,尽量不使用行末的注释方式。

2) 何时需要注释

(1) 如果变量的名字不能完全说明其用途,应该使用注释加以说明。

(2) 如果为了提高性能而使某些代码变得难懂,应该使用注释加以说明。

(3) 对一个比较长的程序段落,应该加注释予以说明。如果设计文档中有流程图,则程序中对应的位置应加注释予以说明。

(4) 如果程序中使用了某个复杂的算法,建议注明其出处。

(5) 如果在调试中发现某段落容易出现错误,应该注明。

4. 其他一些小技巧和要求

(1) 源程序中，除了字符串信息和注释外，代码要使用英文符号。

(2) 函数一般情况下应该少于 100 行。

(3) 函数定义一定要包含返回值类型，没有返回值则用 void。

(4) 指针变量总是要初始化或赋值为 NULL。

(5) 对于选择结构和循环结构，要使用{}包含复合语句，即使语句只有一行。

以上介绍的这些适用于初学者的最基本的代码编写规范，希望在学习过程中严格遵守，形成习惯。需要说明的是，想成为专业的程序员，建议学习完整的程序代码编写规范。另外，有些大型公司有自己的代码编写规范，如华为公司就有内部的代码编写规范，这就需要程序员适应公司内部的技术规范要求。

 # 项目任务拓展

(1) 编写程序实现功能：输入一个三角形的两条边和对应的角，然后输出另一条边和角的大小，同时输出三角形的面积。

(2) 编写程序实现功能：输入一个三位数，输出这个三位数各个位上面的数字之和。然后交换个位和百位，再输出交换后的三位数。

(3) 编写程序实现功能：输入一个华氏温度(F)，要求输出摄氏温度，公式为 C=5/9(F-32)，结果取两位小数。

(4) 编写程序实现功能：将一个 3 位整数，正确分离出它的个位、十位和百位数字，并分别在屏幕上输出。

项目 2　银行存款期限及利率计算

(一)项目导入

很多人会把大部分资金存储到银行。银行存款根据期限的不同利息会有所不同，银行存款期限一般分为三个月、六个月、一年、两年、三年、五年等，各期限的存款利率见表 2-1。

表 2-1　存款期限及利率表

存款期限	利　率	本金(元)	本息合计(元)
三个月	1.1%	10000	10011
六个月	1.3%	10000	10013
一年	1.5%	10000	10015
两年	2.1%	10000	10021
三年	2.75%	10000	10027.5
五年	2.75%	10000	10027.5

本项目要求提示用户输入存款金额和存款期限，根据存款金额和利率计算本息合计金额。

(二)项目分析

本项目编写一个银行存款期限及利率计算的程序，该程序能够根据存款金额和利率计算本息合计金额。

现实生活中经常会遇到多分支的情况，例如人口统计分类(按年龄分为老、中、青、少、儿童)、工作统计分类、学生成绩分类(90 分及以上为 A 等；80~89 分为 B 等；70~79 分为 C 等；60~69 分为 D 等；59 分及以下为 E 等)和银行存款分类等。这些问题都可以使用嵌套的 if 语句来处理，如果分支较多，嵌套的层次太多，就显得程序冗长且可读性降低。switch 语句就是专门为了解决多分支的问题而设计的。本项目是利用 if 语句和 switch 语句对各种选择进行判断和相应处理，实现银行存款期限和利率计算程序。

该程序的结构是分支结构。使用 if 语句和 switch 语句，实现计算利率并输出利率计算表。

(三)项目目标

1. 知识目标

(1) 掌握 C 语言程序设计知识。

(2) 熟悉选择结构程序设计的方法。

(3) if 语句及嵌套使用。

(4) 掌握分支结构程序设计。

(5) 掌握 switch 语句的使用。

(6) 进一步熟悉 Visual C++集成环境的程序编辑、编译、连接、运行和调试方法。

2. 能力目标

培养学生使用开关语句开发程序，解决多分支情况。

培养学生使用集成开发环境进行软件开发、调试的综合能力。

3. 素质目标

使学生养成良好的编程习惯，具有团队协作精神，具备岗位需要的职业能力。

(四)项目任务

本项目的任务分解如表 2-2 所示。

表 2-2　银行存款期限及利率计算项目任务分解表

序　号	名　称	任务内容	方　法
1	定义项目中的数据结构	运算符和表达式	演示+讲解
2	将非标准数据转化成标准存储月数	实现选择结构的 if 语句	演示+讲解
3	根据存款期限确定存款利率	实现选择结构的 switch 语句	演示+讲解

任务 2.1　定义项目中的数据结构

 # 任务实施

2.1.1　项目数据结构

定义存款期限，本金数据类型为整型，利率、本息合计数据类型为 double。输入存款金额和存款期限，涉及格式化输入内容；根据存款期限确定存款利率，涉及数据比较等数据操作。

```
int m,n;
double r,sum;
```

下面要判断输入的存款期限 m 是否为表格中的数据，以区分不同数据对利率 r 赋不同的值，这里的判断和赋值在 C 语言中均需要使用运算符来实现。下面就来介绍一下 C 语言中的一些典型运算符和表达式。

2.1.2　运算符和表达式概述

C 语言中的运算符可以把除了控制语句和输入输出以外的几乎所有的基本操作都作为运算符处理，例如将 "=" 作为赋值运算符，方括号作为下标运算符等。C 语言的运算符见表 2-3。

表 2-3 C 语言中的运算符

运算符的类型	运算符的具体形式
算术运算符	+、-、*、/、%
关系运算符	>、<、==、>=、<=、!=
逻辑运算符	!、&&、||
位运算符	<<、>>、~、|、^、&
赋值运算符	=及其扩展赋值运算符
条件运算符	?:
逗号运算符	,
指针和地址运算符	*和&
求字节数运算符	sizeof
强制类型转换运算符	类型
分量运算符	.和->
下标运算符	[]
其他	如函数调用运算符()

在 C 语言中,用各种运算符将常量连接在一起就是表达式,表达式主要有算术表达式、关系表达式、逻辑表达式、赋值表达式、逗号表达式。表达式在运算过程中要注意运算符的优先级和结合性。

运算符的优先级别从高到低依次为:

初等运算符→单目运算符→算术运算符(先乘除,后加减)→关系运算符(先>、>=、<、<=,后==和!=)→逻辑运算符(不包括!)→三目运算符→赋值运算符→逗号运算符。

所谓结合性是指当一个操作数两侧的运算符具有相同的优先级时,该操作数是先与左边的运算符结合,还是先与右边的运算符结合。自左至右的结合方向,称为左结合性。反之,称为右结合性。结合性是 C 语言的独有概念。除单目运算符、赋值运算符和条件运算符是右结合性外,其他运算符都是左结合性。

2.1.3 赋值运算符和赋值表达式

1. 赋值运算符

符号"="是赋值运算符,它的作用是将一个数据赋给一个变量。如 x=5 的作用是执行一次赋值操作,将常量 5 赋给变量 x。给变量赋值称为变量初始化。

格式:变量标识符=表达式

功能:将"="右侧的常量或表达式计算所得的值赋给左侧的变量。

结合方向:从右向左。

例如:

```
int a=8;          //指定 a 为整型变量,初值为 8
float f=8.36;     //指定 f 为实型变量,初值为 8.36
char  c='b';      //指定 c 为字符变量,初值为'b'
```

也可以给被定义的变量的一部分赋初值。如：

```
int  a=1,b=-6,c;
```

表示 a、b、c 为整型变量，只对 a,b 初始化，a 的值为 1，b 的值为-3。如果对几个变量赋予同一个初值，切记赋值与定义不能同时进行，但可以分开操作。

```
int a=b=c=8;
```

应写成：

```
int a=8,b=8,c=8;
```

或

```
int a,b,c;a=b=c;
```

初始化不是在编译阶段完成的(只有静态存储变量和外部变量的初始化是在编译阶段完成的)，而是在程序运行执行本函数时赋予初值的，相当于有一个赋值语句。

例如：

```
int a=2;
```

相当于：

```
int a;   //指定 a 为整型变量
a=2;     //赋值语句，将 2 赋予 a
```

又如：

```
int a,b,c=9;
```

相当于：

```
int a,b,c;         //指定 a、b、c 为整型变量
c=9;               //将 9 赋给 c
```

在 C 语言中，变量必须先定义后使用，赋值后即可参与运算。

2. 复合赋值运算符

在赋值符"="之前加上其他双目运算符，可以构成复合赋值运算符。

格式：变量 双目运算符=表达式

其中，"双目运算符="即是复合赋值运算符。它等价于：变量=变量双目运算符表达式。表示该变量的值与表达式的值执行运算后，将结果存放在该变量中。

例如：

```
a+=3     //等价于 a=a+3
x*=y+8   //等价于 x=x*(y+8)
x%=3     //等价于 x=x%3
```

以"a+=3"为例来说明，它相当于 a 进行一次自加 3 的操作。即先使 a 加 3，再赋给 a。同样，"x*=y+8"的作用是使 x 乘以(y+8)，再赋给 x，运算时，表达式的值是作为一个整体计算的。

为便于记忆，可以这样理解：

(1)　a+=b(其中 a 为变量，b 为表达式)

a+=b

　　　(将有下划线的"a+"移到"="右侧)

(2)　a=a+b　(在"="左侧补上变量名)

提示

a=a+b，如果 b 是包含若干项的表达式，则相当于它有括号。如：

①x%=y+3

②x%=y+3

(3)　x=x%(y+3) (不要理解为 x=x%y+3)

C 语言规定的 10 种复合赋值运算符如下：

```
+=、-=、*=、/=、%=          //复合算术运算符 5 个
&=、^=、|=、<<=、>>=        //复合位运算符 5 个
```

3. 赋值表达式

由赋值运算符将一个变量和一个表达式连接起来的式子称为"赋值表达式"。
它的一般形式为：

```
<变量><(复合)赋值运算符><表达式>
```

如"a=5"是一个赋值表达式。对赋值表达式求解的过程是：将赋值运算符右侧的"表达式"的值赋给左侧的变量。赋值表达式的值就是被赋值的变量的值。例如，"a=5"，是赋值表达式的值为 5(变量 a 的值也是 5)。

上述一般形式的赋值表达式中的"表达式"，又可以是一个赋值表达式。如：

```
a=(b=5)
```

括号内的"b=5"是一个赋值表达式，它的值等于 5，因此，"a=(b=5)"相当于"a=5"，a 的值等于 5，整个赋值表达式的值也等于 5。赋值运算符按照"自右至左"的综合顺序，因此，"b=5"外面的括号可以不要，即"a=(b=5)"和"a=b=5"等价，都是先求"b=5"的值(得 5)，然后再赋给 a，下面是赋值表达式的例子：

```
a=b=c=5;        //赋值表达式值为 5，a、b、c 值均为 5
a=5+(c=6);      //表达式值为 11，a 值为 11，c 的值为 6
a=(b=4)+(c=6);  //表达式值为 10，a 值为 10，b 等于 4，c 等于 6
a=(b=10)/(c=2); //表达式值为 5，a 值为 5，b 等于 10，c 等于 2
```

赋值表达式也可以包含复合的赋值运算符。如：

```
a+=a-=a*a;
```

也是一个赋值表达式。如果 a 的初值为 12，此赋值表达式的求解步骤如下：

①　先进行"a-=a*a"的运算，它相当于 a=a-a*a，a 的值=12-144=-132。

②　再进行"a+=a"的运算，相当于 a=a+a=-132-132=-264。

将赋值表达式作为表达式的一种，使赋值操作不仅可以出现在赋值语句中，而且可以以表达式形式出现在其他语句(如循环语句)中，这是 C 语言灵活性的一种表现。

【例 2-1】赋值运算应用示例。

源程序：

```
#include <stdio.h>
void main()
{
    int a=7,b=3;
    a+=b+5;  //复合语句相当于执行了 a=a+(b+2)
    a+=a-=a*a;
    printf("a 的结果是%d\n",a);
}
```

运行结果：

例 2-1 的运行结果如图 2-1 所示。

图 2-1　例 2-1 的运行结果

结果分析：

程序中定义两个变量 a,b，值分别为 7 和 3。在执行符合算术赋值运算后，a 中存放 15。语句"a+=a-=a*a"的执行按照自右至左的结合顺序。

2.1.4　算术运算符和算术表达式

1. 基本的算术运算符

基本的算术运算符有 5 种，见表 2-4。

表 2-4　五种基本算术运算符

算术运算符	说　明	备　注
+	加法运算符，如 3+8	双目运算符
	正值运算符，如+4	单目运算符
-	减法运算符，如 9-4	双目运算符
	负值运算符，如-4	单目运算符
*	乘法运算符，如 2*9	双目运算符
/	除法运算符，如 8/2	双目运算符
%	求余运算符(或称模运算符)，如 7%3，两侧均应为整数	双目运算符

算术运算符是双目运算符，其中+、-、*、/运算符两侧操作数用于所有数据类型，最后一种只用于整型、长整型、字符型。具体执行操作须注意以下几点。

(1) 对于运算符"*""/"，只有在两侧操作数都是整型时，所得结果才是整型。如 10/3=3。

(2) 对于运算符 "%"，两侧必须都是整型操作数，若不是，必须将操作数强制转换成整型再进行求余运算，否则将出现编译错误。

(3) 若操作数中有负值，求余的原则为：先取绝对值求余数，余数取与被除数相同的符号。例如：-10%3 的结果为-1；10%-3 的结果为 1，即采取 "向零取整" 的方法。

2. 算术运算符的优先级、结合性和算术表达式

算术表达式是指用算术运算符和括号将运算对象(也称操作数，如常量、变量、函数等)连接起来，符合 C 语法规则的式子。例如：

```
a*b/c-1.5+'a'
```

算术运算符的优先级：先乘除、后加减；括号优先。

运算符的结合性是指运算对象两侧的运算符优先级相同时，运算符的左右结合方向。C 语言规定了不同运算符可能有不同的结合性。

左结合性：结合方向为从左至右(先左后右，简称左结合)。算术运算符结合性为左结合。

例如：a-b+c

由于算术运算符为左结合，故先执行 a-b，再执行加 c 的运算。

右结合性：结合方向为从右至左(先右后左，简称右结合)。赋值运算符 "=" 和下面将学习的自增运算符和自减运算符都是右结合。

例如：a=b+c

由于赋值运算符=为右结合，先执行右边的 b+c，再赋值给 a。

3. 自增运算符和自减运算符

自增运算符(++)和自减运算符(--)都是单目运算符，其作用是使单个变量的值增 1 或减 1。自增与自减运算符种类都有前置和后置两种，分别表示如下：

前置自增 ++i，先执行 i+1，再使用 i 值；

后置自增 i++，先使用 i 值，再执行 i+1。

前置自减--i，先执行 i-1，再使用 i 值；

后置自减 i--，先使用 i 值，再执行 i-1。

【例 2-2】自增自减运算符应用示例。

源程序：

```
#include <stdio.h>
void main()
{
    int a=3,b=6,i,j;
    printf("a=%d,b=%d\n",a,b);
    i=a++;
    printf("i=%d,a=%d\n",i,a);
    j=++a;
    printf("j=%d,a=%d\n",j,a);
    i=b--;
    printf("i=%d,b=%d\n",i,b);
    j=--b;
    printf("j=%d,b=%d\n",j,b);
}
```

运行结果：

例 2-2 的运行结果如图 2-2 所示。

图 2-2　例 2-2 的运行结果

结果分析：

执行语句 i=a++后，是先使用 a 的值再执行 a=a+1，结果输出 i 的值是 3，a 的值是 4。执行语句 j=++a;后，是先执行 a=a+1 得到 a 的值是 5，然后执行 j=a，结果输出 j 的值是 5，a 的值是 5。执行语句 i=b--;后，是先使用 b 的值再执行 b=b-1，结果输出 i 的值是 6，b 的值是 5。执行语句 j=--b 后，是先执行 b=b-1 得到 b 的值是 4，然后执行 j=b，结果输出 j 的值是 4，b 的值是 4。

> **提示**
>
> (1) 自增运算符(++)、自减运算符(--)，只能用于变量，不能用于常量和表达式。例如，5++、--(a+b)等都是非法的。因为 5 是常量，常量的值不能改变。(a+b)++也不可能实现，假如 a+b 的值为 5，那么自增后得到的 6 放在什么地方呢？无变量可供存放。
>
> (2) ++和--的结合方向是"自右至左"，其优先级高于算术运算符。例如 i=3，-i++相当于-(i++)，因此表达式的值为-3，i=4。
>
> (3) 自增运算符、自减运算符，常用于循环语句中，使循环控制变量加(或减)1，以及在指针变量中，使指针指向下(或上)一个地址。

2.1.5　关系运算符和关系表达式

1. 关系运算符及其优先次序

所谓"关系运算"实际上就是"比较运算"，即将两个数据进行比较，判定两个数据是否符合给定的关系，它是一个逻辑值，而不是普通的数值。例如，"a>b"中的">"表示一个大于关系运算。如果 a 的值是 3，b 的值是 2，则大于关系运算">"的值是"真"，即条件满足；如果 a 的值是 2，b 的值是 3，则大于关系运算">"的值为"假"，即条件不满足。

C 语言提供了以下 6 种关系运算符：

<	小于
<=	小于或等于
>	大于
>=	大于或等于
==	等于
!=	不等于

C语言中"等于"关系运算符是双符号"=="，而不是单等号"="(赋值运算符)。要特别注意关系运算符的写法。

优先级：

(1) 在关系运算符中，前4个优先级相同，后2个也相同，且前4个高于后2个。

(2) 与其他种类运算符混合在一起运算时，关系运算符的优先级低于算术运算符，但高于赋值运算符。

例如：

a>b!=c　　等效于　(a>b)!=c

a>b+c　　等效于　a>(b+c)

a=b<=c　　等效于　a=(b<=c)

2. 关系表达式

关系表达式是指用关系运算符将两个表达式连接起来，进行关系运算的式子。表达式中可以包含算术运算符、逻辑运算符、赋值运算符等。例如，下面表达式都是合法的关系表达式：

a>b，a+b>c==d，(a=3)<=(b=5)，'a'>='b'，(a>b)!=(b>c)，a&&b<c

由于C语言没有逻辑型数据(用true和false分别表示真和假)，所以关系运算的结果为"逻辑真"，用整数"1"表示，结果为"逻辑假"用整数"0"表示。例如，假设num1=1，num2=2，num3=3，则有：

(1) 关系表达式"num1>num2"的值为假，用"0"表示。

(2) 关系表达式num1<num2!=num3，在执行计算时，先计算num1<num2，值为真，用"1"表示，然后计算1!=num3，值为真，结果用"1"表示。

(3) 关系表达式f=num1<num2>num3，在执行计算时，先计算num1<num2，值为真，用"1"表示，然后计算1>num3，值为假，用"0"表示。最后将值0赋给变量f。

(4) 关系表达式num1<num2+num3，在执行计算时，先计算算术运算num2+num3，值为5，然后计算num1<5，值为真，用"1"表示。

【例2-3】关系运算符应用示例。

源程序：

```
#include <stdio.h>
void main()
{
    int num1=1,num2=2,num3=3,f;
    f=num1<num2>num3;
    printf("%d\n",f);
    printf("%d,%d\n",(num1<num2)+num3,num1<num2+num3);
}
```

运行结果：

例2-3的运行结果如图2-3所示。

图 2-3　例 2-3 的运行结果

结果分析：

程序中定义 4 个变量 num1=1，num2=2，num3=3，其中 f 存放的是一个关系表达式传递的值。"<" 和 ">" 的优先级是一样的，自左至右执行 num1<num2 为 1，1>num3 为 0，故 f 中存放值为 0。第二个输出语句中，执行(num1<num2)+num3 的结果是 num1<num2 的值为 1，再与 num3 的和是 4。而执行 num1<num2+ num3 的结果时，先执行 num2+ num3，值为 5，num1，5 为真，值为 1。

2.1.6　逻辑运算符和逻辑表达式

1. 逻辑运算符及其优先次序

关系表达式主要描述单一条件，例如 "x>=0"。如果需要描述既要 "x>=0" 又要 "x<10" 的复合条件时，就要借助于逻辑表达式。C 语言提供以下 3 种逻辑运算符：

&&	逻辑与(相当于"并且")
||	逻辑或(相当于"或者")
!	逻辑非(相当于"否定")

例如，下面的表达式都是逻辑表达式：

```
(x>=0)&&(x<10)
(x<1)||(x>5)
!(x==0)
(year%4==0)&&(year%100i=0)||(year%400)==0)
```

由上面的逻辑运算符可以看出，"&&" 和 "||" 是双目运算符，它的两侧可以是一个操作数或者其他形式的运算式。逻辑运算符 "！" 和算术运算符 "+" "-" 是单目运算符，它的右侧只有一个操作数。对于只有一个逻辑运算符号的表达式运算规则如下。

逻辑与&&：当且仅当两个运算量的值都为 "真" 时，运算结果为 "真"，否则为 "假"。

```
0&&0=0
0&&1=0
1&&0=0
1&&1=1
```

逻辑或||：当且仅当两个运算量的值都为 "假" 时，运算结果为 "假"，否则为 "真"。

```
0||0=0
0||1=1
1||0=1
1||1=1
```

逻辑非!：当运算量的值为 "真" 时，运算结果为 "假"；当运算量的值为 "假" 时，运算结果为"真"。

逻辑运算真值见表2-5。

表2-5　逻辑运算真值表

a	b	!a	a&&b	a||b
真	真	假	真	真
真	假	假	假	真
假	真	真	假	真
假	假	真	假	假

例如，假定 x=3，则(x>=0)&&(x<5)的值为"真"，(x<-1)||(x>5)的值为"假"。

当逻辑表达式中包含多个逻辑运算符时，运算优先级别如下。

(1) 逻辑非的优先级最高，逻辑与次之，逻辑或最低，即：

! (非)→&&(与)→||(或)

(2) 与其他种类运算符的优先关系如下：

! →算术运算符→关系运算符→&&→||→赋值运算符

2. 逻辑表达式

逻辑表达式是指用一个或若干逻辑运算符将一个或多个表达式连接起来，进行逻辑运算的式子。在 C 语言中，用逻辑表达式表示多个条件的组合。

例如，(year%4==0)&&(year%100!=0)||(year%400==0)就是判断某个年份是否是闰年的逻辑表达式。

逻辑表达式的值也是一个逻辑值(非"真"即"假")。在逻辑运算中，C 语言用整数"1"表示"逻辑真"，用"0"表示"逻辑假"。但在判断一个数据的"真"或"假"时却以 0 或非 0 来表示，如果为 0，则判定为"逻辑假"；如果为非 0，则判定为"逻辑真"。

例如：假设 num=5，则！num 的值为 0，num>=1&&num<=31 的值为 1。

提示

(1) 逻辑运算符两侧的操作数，除可以是 0 和非 0 的整数外，也可以是其他任何类型的数据，如实型、字符型等。如：'a'&&'b'的值为 1，在执行运算过程中，'a'和'b'的 ASCII 码值是大于零的整数，按"真值"处理，因此 1&&1 的值为 1。

(2) 在计算逻辑表达式时，只有在必须执行下一个表达式才能求解时，才求解该表达式(即并不是所有的表达式都被求解)。换句话说，对于逻辑与运算，如果第一个操作数被判定为"假"，系统不再判定或求解第二个操作数。对于逻辑或运算，如果第一个操作数被判定为"真"，系统不再判定或求解第二个操作数。

【例2-4】逻辑运算符应用示例。

源程序：

```c
#include <stdio.h>
void main()
{
    int x,y,z;
```

```
    x=y=z=1;
    ++x||++y&&++z;
    printf("x=%d,y=%d,z=%d\n",x,y,z);
    x=y=z=1;
    ++x&&++y||++z;
    printf("x=%d,y=%d,z=%d\n",x,y,z);
    x=y=z=1;
    ++x&&++y&&++z;
    printf("x=%d,y=%d,z=%d\n",x,y,z);
}
```

运行结果：

例 2-4 的运行结果如图 2-4 所示。

图 2-4　例 2-4 的运行结果

结果分析：

程序中使用三个整型变量 x、y 和 z，初值均为 1。执行语句++x||++y&&++z 时，表达式++x 是先加 1 然后再使用，值为真后再执行逻辑或运算。对于逻辑或运算，只要表达式中有一个为真值，那么整个表达式的值为真，该逻辑表达式后面的语句++y&&++z 就不需要执行了，因此输出"x=2,y=1,z=1"。执行语句++x&&++y||++z 时，++x&&++y 的值为真，那么后面表达式++z 就不需要执行，因此输出"x=2,y=2,z=1"。执行语句++x、++y 和++z 先加 1 后使用，值均为真，整个表达式的值为真，因此输出 "x=2,y=2,z=2"。

2.1.7　条件运算符和条件表达式

条件运算符是 C 语言中唯一的三目运算符。含有条件运算符 "?:" 的表达式称为条件表达式，它有 3 个操作对象。

格式： 表达式 1?表达式 2:表达式 3

运算规则： 当表达式 1 为真时，整个表达式的值为表达式 2 的值；表达式 1 的值为假时，整个表达式的值为表达式 3 的值。

例如： 当 a=3，b=2 时，执行表达式后 a>b?a:b，条件表达式的值为 3。

结合方向： 自右至左。

例如： a>b?a:c>d?c:d 等价于 a>b?a:(c>d?c:d)

提示

(1) 条件表达式的功能相当于条件语句，但不能取代一般 if 语句，仅当 if 语句中内嵌的语句为赋值语句时，才能取代 if 语句。

(2) 表达式 1、表达式 2、表达式 3 类型可不同，此时条件表达式的值取精度较高的类型。例如：a>b?2:5.5。

若a>b，条件表达式的值为2.0，而不是2；如果a<b，则条件表达式的值为5.5。原因是5.5为浮点型，比整型精度要高，条件表达式的值应取精度较高的类型。

(3) 条件运算符的优先级，高于赋值运算符，但低于关系运算符和算术运算符。其结合性为"从右到左"(即右结合性)。

例如：max=(a>b)?a:b　等于 max=a>b?a:b

　　　a>b?a:b+1　　等价于　a>b?a:(b+1)

【例2-5】从键盘上输入一个字符，如果为大写字母，将其转换成小写字母输出，否则，直接输出。

源程序：

```
#include <stdio.h>
void main()
{
    char ch;
    printf("请输入字符: ");
    scanf("%c",&ch);
    ch=(ch>='A'&& ch<='Z')?(ch+32):ch;
    printf("ch=%c\n",ch);
}
```

运行结果：

例2-5的运行结果如图2-5所示。

图2-5　例2-5的运行结果

结果分析：

程序中使用了三目运算符"ch=(ch>='A'&& ch<='Z')?(ch+32):ch;"，当输入的值为字符n时，由于n不满足条件ch>='A'&& ch<='Z'，因此执行语句ch，得到小写字母r的ASCII码值，以%c输出与该ASCII码值对应的字符。

2.1.8　逗号运算符和逗号表达式

在C语言中，逗号","可以作为一种特殊的运算符使用。用逗号运算符连接的表达式称为逗号表达式，例如：2+3,2*3。

一般格式：表达式1,表达式2

扩展形式：<表达式1>,<表达式2>…<表达式n>

结合性：从左向右

逗号表达式的值：等于最后一个表达式n的值

逗号表达式的求解过程是：从左向右先求解表达式1，再求解表达式2，以此类推，最后求解表达式 n，整个逗号表达式的值是表达式 n 的值。

(1)　逗号运算符在所有运算符中级别最低。例如：a=3*5,a*4，应该先求 a=3*5，结果 a=15，然后再求 a*4，使得逗号表达式值为 60，但是 a 的值依然是 15。

(2)　表达式可以嵌套，即表达式 1 和表达式 2 都可以是逗号表达式。例如：(x=2*r,x-3),x*4。先求出 x=10，再进行 x-3 运算，得到 7，最后进行 x*4 运算，此时的 x 值仍然是 10，最后逗号表达式的值就是 x*4 的值为 40。

(3)　并不是任何地方出现的逗号都是作为逗号运算符，函数参数也是用逗号来间隔的。例如：printf("%d,%d,%d",a,b,c);

上一行中的"a,b,c"并不是一个逗号表达式，它是 printf 函数的 3 个参数，参数间用逗号间隔。

任务 2.2　将非标准数据转化成标准存储月数

 # 任务实施

2.2.1　存款期限转换成固定月份

输入随机的整数为存款期限，而存款期限固定为 3/6/12/24/36/60 个月，这部分程序主要实现将随机输入的整数转换为固定的存款月数，这需要判断输入的数据范围，确定最终的存款期限。相关代码如下：

```
printf("请输入存款期限为整数个月：\n");
scanf("%d",&m);
if(m<=3) m=0;
if(m>3 && m<6) m=3;
if (m>=6 && m<12) m=6;
if(m>=12 && m<24) m=12;
if(m>24 && m<36) m=24;
if(m>=36 && m<60) m=36;
if(m>60) m=60;
```

2.2.2　实现选择结构的 if 语句

顺序结构的程序虽然能解决计算、输出等问题，但不能做判断再选择。对于要先做条件判断再选择的问题就要使用选择结构(或分支结构)。选择结构的执行是依据一定的条件选择后再执行分支结构，而不是严格按照语句出现的物理顺序。关键在于构造合适的选择条件，根据不同的程序流程选择适当的选择语句，主要由逻辑或关系运算符来表示。

2.2.2.1　if 语句的三种形式

用 if 语句可以构成选择结构。它根据给定的条件进行判断，以决定执行某个分支程序。If 语句主要有三种形式。

1. 第一种形式(if 形式)

```
If (表达式)  语句
```

或

```
if (表达式) {语句组}
```

功能：如果表达式的值为真，则执行其后的语句组，否则不执行该语句组。

例如：

```
max=x;
if(max<y) max=y;
```

第一种形式的执行过程如图 2-6 所示。

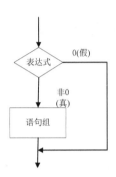

图 2-6 if 语句第一种形式流程图

这一种形式只表示条件成立时执行具体的操作，而当条件不成立时，什么也不执行。通常可以解决满足一定特殊情况下，或者当时设计时没有考虑的情况下，需要执行的操作。

【例 2-6】输入一个三位数，然后交换个位和百位，再输出交换后的三位数。如果个位是 0 时，就不需要交换。

源程序：

```
#include <stdio.h>
void main()
{
    int n,a,b,c,t;
    printf("请输入 n:");
    scanf("%d",&n);
    printf("输入的三位数是:%d\n",n);
    a=n/100;
    b=(n-a*100)/10;
    c=n%10;
    if(c!=0)
    {
        t=a;
        a=c;
        c=t;
        printf("百位与个位交换后得到的三位数是%d\n",100*a+10*b+c);
    }
}
```

运行结果：

例 2-6 的运行结果如图 2-7 所示。

图 2-7　例 2-6 的运行结果

结果分析：

在顺序结构的例题中已经有求三位数的个位、十位和百位的方法，这里不再赘述。如果这个三位数的个位是 0，交换后就不能成为三位数。对于这种具备一定特殊情况下的执行操作时，可以使用分支结构，使得满足个位不是 0 的情况下，执行交换、输出。

2. 第二种形式(if-else 形式)

```
if (表达式)
语句或{语句组1}
Else
语句或{语句组2}
```

功能：如果表达式的值为真，则执行语句组 1，否则执行语句组 2。

例如：

```
if(x<y) max=y; else  max=x;
```

第二种形式的执行过程如图 2-8 所示。

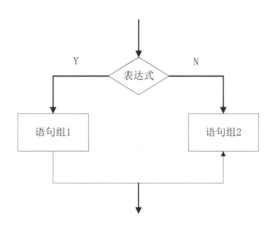

图 2-8　if 语句第二种形式流程图

【例 2-7】如果输入三位数且个位不是 0 时，交换个位和百位再输出交换后的三位数。否则输出"输入不符合条件"。

源程序：

```
#include <stdio.h>
void main()
```

```
{
    int n,a,b,c,t;
    printf("请输入 n:");
    scanf("%d",&n);
    a=n/100;
    b=n/10%10;
    c=n%10;
    if(c!=0&&n>=100&&n<=999)
    {
        printf("输入的三位数是%d\n",100*a+10*b+c);
        t=a;
        a=c;
        c=t;
        printf("百位与个位交换后得到的三位数是%d\n",100*a+10*b);
    }
    else
    printf("输入不符合条件\n");
}
```

运行结果：

例 2-7 的运行结果如图 2-9 所示。

图 2-9　例 2-7 的运行结果

结果分析：

该程序在上面例题的前提下添加了详细的条件设计：c!=0&&n>=100&&n<=999。要求满足输入的 n 是一个三位数，并且三位数的个位不能是 0，两个条件都满足才执行下面的操作。这个条件用到了条件表达式和逻辑表达式。注意运算的优先级。

3. 第三种形式(if-else-if 形式)

如果选择多个分支，可采用 if-else-if 语句，其一般形式为：

```
if  (表达式 1)
    语句或语句组 1
else if  (表达式 2)
    语句或语句组 2
else if  (表达式 3)
    语句或语句组 3
……
else if  (表达式 m)
    语句或语句组 m
else 语句或语句组 n
```

功能：由上而下，依次判断表达式的值，当某个表达式的值为真时，就执行其对应的语句，然后跳到 if-else-if 语句之外继续执行。如果所有的表达式全为假，则执行语句组 n。

例如：

```
if(grade>90)  printf("优秀");
else if(grade>90)  printf("良好");
else if(grade>90)  printf("中等");
else if(grade>90)  printf("及格");
else printf("不及格");
```

在实际操作中，经常用到多分支结构。其中，分段函数是典型的多分支结构。

【例 2-8】求分段函数的值。

$$Y=\begin{cases} x^2 & (x>0) \\ 0 & (x=0) \\ |x| & (x<0) \end{cases}$$

源程序：

```
#include <stdio.h>
#include <math.h>
void main()
{
    int x,y;
    printf("请输入 x:");
    scanf("%d",&x);
    if(x>0)
    {
        y=pow(x,2);
        printf("y=x*x=%d\t(x>0)\n",y);
    }
    else if (x==0)
        printf("y=%d\t(x=0)\n",x);
    else
    {
        y=fabs(x);
        printf("y=|x|=%d\t(x<0)\n",y);
    }
}
```

运行结果:

例 2-8 的运行结果如图 2-10 所示。

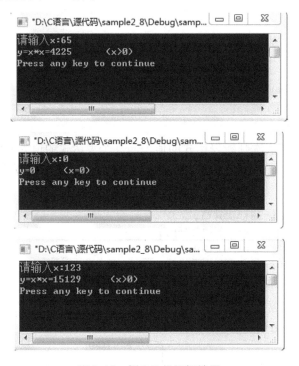

图 2-10 例 2-8 的运行结果

结果分析:

例 2-8 的程序中使用了数学函数 pow(x,y)和 fabs(x),其中 pow(x,y)表示 x 的平方,fabs(x)表示 x 的绝对值。

通过上面的例题,可以对 if 语句的三种形式进行说明:

(1) if 后面括号中的表达式是判断的"条件",它不仅可以是逻辑表达式或关系表达式,还可以是其他表达式。例如:

```
if(x=10)  语句;
if(x)  语句;
```

都是合法的语句。第一个 x=10 表示条件为真,执行后面语句。第二个 x 是非 0 值,则表示真,否则为假。

(2) if 语句中,条件的表达式必须用括号括起来,在括号中不能加分号,if 语句中的内嵌语句必须加分号。如果是复合语句,就需要加上花括号。

(3) if-else-if 语句中 else 不能单独使用,需要和 if 配对使用,有多少个 if 就有多少个 else。

2.2.2.2　if 语句的嵌套

处理多分支情况时,C 语言允许在"if(表达式)语句组 1;else 语句组 2;"的语句组部分中再使用 if 或 if-else 语句,这种设计方法称为"嵌套"。

例如：

```
if()
    if()    语句 1;
    else    语句 2;
else
    if()    语句 3;
    else    语句 4;
```

在 if 语句的嵌套中，else 部分总是与前面最靠近、还没有配对的 if 配对。为避免匹配措施错误，最好将内嵌的 if 语句用花括号括起来。

【例 2-9】求分段函数的值。

$$Y = \begin{cases} x^2 & (x>0) \\ 0 & (x=0) \\ |x| & (x<0) \end{cases}$$

源程序：

```
#include <stdio.h>
#include <math.h>
void main()
{
    int x,y;
    printf("请输入 x:");
    scanf("%d",&x);
    if(x!=0)
    {
        if (x>0)
        {
        y=pow(x,2);//求 x 的平方
        printf("y=x*x=%d\t(x>0)\n",y);
        }
        else
        {
          y=fabs(x);//求 x 的绝对值
            printf("y=|x|=%d\t(x<0)\n",y);
        }

    }
    else
        printf("y=%d\t(x=0)\n",x);
}
```

运行结果：

例 2-9 的运行结果与例 2-8 的运行结果相同。

结果分析：

该程序的实现使用了 if 语句的嵌套，在条件 x!=0 成立的情况下，嵌套了一个 if-else-实现大于 0 和小于 0 的两种情况。在使用 if 嵌套时要十分小心，可以添加"{}"将语句分开。

任务 2.3　根据存款期限确定存款利率

 任务实施

2.3.1　给定存款期限，输出本息合计

根据计算的存款期限判断存款利率，加上输入的存款本金，分情况判断存款到期后的本息合计金额。

输入随机的整数为存款期限，存款期限固定为 3/6/12/24/36/60 个月，这部分程序主要实现将随机输入的整数转换为固定的存款月数，这需要判断输入的数据范围，确定最终的存款期限。相关代码如下：

```
printf("请输入本金: \n");
scanf("%d",&n);
switch (m)
{
case 0:  r=0.0015;break;
case 3:  r=0.026; break;
case 6:  r=0.028; break;
case 12: r=0.033; break;
case 24: r=0.0375;break;
case 36: r=0.0425;break;
default: r=0.0475;
}
sum=n*m*(1+r);
printf("存款期限: %d 个月\n",m);
printf("利率: %f\n",r);
printf("本金: %d 元\n",n);
printf("本息合计: %f 元\n",sum);
```

2.3.2　switch 语句的结构及应用

if 语句常用于两个分支的选择，对于多分支则使用 if 语句的嵌套来实现，但是这种实现多路分支处理的程序结构可能层数太多，没有可读性。为此，C 语言提供了直接实现多分支结构的语句——switch 语句，又叫开关语句。它的使用比用 if 语句的嵌套更加简单。switch 语句的一般格式：

```
switch(表达式)
{
  case  常量表达式1;语句组1;[break;]
  case  常量表达式2;语句组2;[break;]
  ……
  case  常量表达式n;语句组n;[break;]
   [default: 语句组n+1;[break;]]
}
```

例如：

```
switch(grade/10)
{
    case   10:
    case   9: printf("优秀\n");break;
    case   8: printf("良好\n");break;
    case   7: printf("中等\n");break;
    case   6: printf("合格\n");break;
    default: printf("不合格\n");break;
}
```

说明：

(1) switch 后面"表达式"的值可以是任何类型，它的值与某个 case 后面的"常量表达式"的值相同时(注意常量表达式的值互不相同)，就执行该 case 后面的语句组；如果都不相同，就执行 default 后面的语句组。

(2) 每个 case 最后有 break 语句时，就会跳出 switch 语句，如果没有 break 语句，将继续执行 switch 语句中的下一条，一直到结束。格式中的[]表示该语句可以不用。

(3) 每个 case 及 default 子句的先后次序不影响程序执行结果。系统自动找到表达式的值与常量表达式的值相匹配。这里的 default 子句也可以省略不用。

(4) 多个 case 可以共用一组执行语句。如上例"case 10："和"case 9："可共用 printf 输出语句。

【例 2-10】计算器程序。用户输入运算数和四则运算符，输出计算结果。

源程序：

```
#include <stdio.h>
void main()
{
    float a,b;
    char c;
    printf("请输入表达式：a+(-,*,/)b\n");
    scanf("%f%c%f",&a,&c,&b);
    switch(c)
    {
        case '+':printf("结果是：%7.2f\n",a+b);break;
        case '-':printf("结果是：%7.2f\n",a-b);break;
        case '*':printf("结果是：%7.2f\n",a*b);break;
        case '/':if (b!=0) printf("结果是：%7.2f\n",a+b);
                    else printf("除数不能为零\n");break;
        default:printf("输入错误");
    }
}
```

运行结果：

例 2-10 的运行结果如图 2-11 所示。

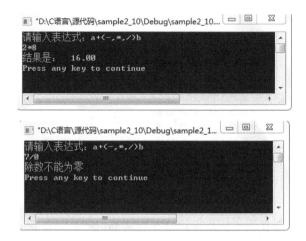

图 2-11　例 2-10 的运行结果

结果分析：

switch 语句用于判断运算符，然后输出运算符。当输入运算符不是+，－，＊，/时，给出错误提示。

2.4　上 机 实 训

2.4.1　个人所得税计算

1. 训练内容

本程序首先从键盘输入个人全部工资，根据工资情况，分别利用超额累进税率的计算方法计算应缴个人所得税额。我国现行的个人所得税计算方法如下：个人取得的工资、薪金所得，是指个人因任职或者受雇而取得的工资、薪金、奖金、年终加薪、劳动分红、津贴、补贴以及与任职或受雇有关的其他所得。个人所得税税率表见表 2-6。

表 2-6　个人所得税税率表

级　数	全月应纳税所得额	税率(%)	速算扣除法(元)
1	不超过 1500 元的部分	3	0
2	超过 1500 至 4500 元的部分	10	105
3	超过 4500 至 9000 元的部分	20	555
4	超过 9000 至 35000 元的部分	25	1005
5	超过 35000 至 55000 元的部分	30	2755
6	超过 55000 至 80000 元的部分	35	5505
7	超过 80000 元的部分	45	13505

程序要随机输入个人所得收入值，通过运行后，在系统界面上显示个人应缴纳的个人所得税额以及个人除税后的金额。

每月取得工资收入后，先减去个人承担的基本养老保险金、医疗保险金、失业保险金，以及按省级政府规定标准缴纳的住房公积金，再减去费用扣除额 1600 元/月，为应纳税所得额，按 5%～45%的九级超额累进税率计算缴纳个人所得税。计算公式是：应纳个人所得税税额=应纳税所得额×适用税率-速算扣除数。

例如，王某当月取得工资收入 9000 元，个人承担住房公积金、基本养老保险金、医疗保险金和失业保险金共计 1000 元，费用扣除额为 1600 元，则王某当月应纳税所得额=9000-1000-1600 元，应纳个人所得税税额=6400×20%-555。

2. 源程序

根据上面的训练内容分析，可以用如下源程序实现。

```c
#include <stdio.h>
void main()
{
    float income,taxincome,tax; //定义变量收入、应税所得、个人所得税
    printf("请输入你的收入:\n");
    scanf("%f",&income);
    taxincome=income-1600;
    if (taxincome<0)  tax=0;
    if (taxincome<1500)  tax=taxincome*0.03;
    if (taxincome>=1500 && taxincome<4500)  tax=taxincome*0.1-105;
    if (taxincome>=4500 && taxincome<9000)  tax=taxincome*0.2-555;
    if (taxincome>=9000 && taxincome<35000)  tax=taxincome*0.25-1005;
    if (taxincome>=35000 && taxincome<55000)  tax=taxincome*0.3-2755;
    if (taxincome>=55000 && taxincome<80000)  tax=taxincome*0.35-5505;
    if (taxincome>=80000 )  tax=taxincome*0.45-13505;
    printf("你的收入：%8.2f\n",income);
    printf("你的个人所得税:%8.2f\n",tax);
}
```

2.4.2　企业员工年终奖管理程序

1. 训练内容

某企业发放的年终奖金根据职工该年的积分计算。积分等于或低于 0 分的，奖金为 0；积分在 1～19 分之间的，奖金为积分数乘以 100；积分在 20～29 分之间的，奖金为积分数乘以 150；积分在 30～39 分之间的，奖金为积分数乘以 200；积分在 40～49 分之间的，奖金为积分数乘以 250；积分在 50 分以上的，奖金都为积分数乘以 300。编写程序，从键盘输入积分数，可以求出该职工的年终奖。

2. 源程序

根据上面的训练内容分析，可以用如下源程序实现。

```c
#include <stdio.h>
void main()
{
    int accu ;//积分
    float bonus;//奖金
    printf("请输入积分：\n");
```

```
    scanf("%d",&accu);
    switch(accu/10)
    {
        case 0:bonus=0;break;
        case 1:bonus=accu*100;break;
        case 2:bonus=accu*150;break;
        case 3:bonus=accu*200;break;
        case 4:bonus=accu*250;break;
        default:bonus=accu*300;break;
    }
    printf("年终奖为:%8.2f\n",bonus);
}
```

项 目 小 结

(1) 运算符和表达式。

运算符：是表明运算操作的符号。常用的运算符有算术运算符、关系运算符、逻辑运算符、赋值运算符等。运算符的优先级是指多个运算符出现在同一个表达式中时，各运算符所示操作的执行顺序。其结合性是指具有相同优先级的多个运算符出现在同一个表达式中时，各运算符所示操作的执行顺序。

表达式：是由操作数(操作对象)和运算符组成的序列。包括赋值表达式、算术表达式、逻辑表达式、关系表达式、条件表达式等。

(2) 基本与复合赋值运算符的使用以及赋值表达式按右结合性进行计算。

(3) 灵活使用算术运算符与算术表达式，其中，自增运算符"++"、自减运算符"--"的使用，让程序变得清晰和简练。++和--的操作数只能是一个变量，不能是其他任何表达式，且采用右结合性。

(4) 关系运算符与关系表达式。

① 关系运算符：包括"<""<="">"">=""==""!="6个。分别用于判断小于、小于等于、大于、大于等于、等于、不等于6种关系。

◎ 运算规则：关系成立时，关系运算的值为1；否则为0。

◎ 采用左结合性。

◎ 用"=="判断两个浮点数时，一般用两个浮点操作数的差的绝对值小于一个给定的足够小的数或利用区间判断方法实现。

② 关系表达式：指用关系运算符将两个表达式连接起来的式子。一般形式：<表达式>关系运算符<表达式>。

(5) 在C语言中，逻辑运算符与逻辑表达式以数据非0作为逻辑真，数据值为0作为逻辑假。逻辑表达式的值为真则用整型数1表示，为假则用整型数0表示。逻辑运算符有3个，包括逻辑非"！"、逻辑与"&&"、逻辑或"||"，采用左结合性。优先级顺序为"！"→"&&"→"||"。含多个相同逻辑运算符的逻辑表达式，运算时遵循"短路原则"。

(6) 条件表达式用于完成简单的双分支选择操作。采用右结合性。

(7) 逗号运算符"，"又称顺序求值运算符，用于将多个表达式连接起来并从左到右求解。采用左结合性。逗号运算符优先级最低，使用其结果时应在逗号表达式的首尾加上括号。

(8)　根据某种条件的成立与否而采用不同的程序段进行处理的程序结构称为选择结构。选择结构又可分为简单分支(两个分支)和多分支两种情况。

if 语句一般多用于简单分支结构，if 语句的控制条件通常用关系表达式或逻辑表达式构造，也可以用一般表达式表示。表达式的值非 0 为"真"，0 为"假"。

if 语句有简单 if、if-else、if-else if…else 三种形式，它们可以实现简单分支结构程序。采用嵌套 if 语句还可以实现较为复杂的多分支结构程序。在嵌套 if 语句中，else 与其前面最近的同一复合语句的不带 else 的 if 配对。书写嵌套 if 语句往往采用缩进的阶梯式写法。

switch 语句一般多用于实现多分支结构程序。switch 只有与 break 语句相结合，才能设计出正确的多分支结构程序。

 ## 知识补充

2.5　程序中的语法错误与逻辑错误调试

程序调试，是将编制的程序投入实际运行前，用手工或编译程序等方法进行测试，修正语法错误和逻辑错误的过程。这是保证计算机软件正确性必不可少的步骤。编写完计算机程序，必须输入计算机中进行测试，根据测试所发现的错误进一步诊断，找出原因和具体的位置进行修正。

程序中的错误一般包括语法错误和逻辑错误。

1. 语法错误

语法错误是 C 语言初学者出现最多的错误。例如，分号";"是每个 C 语句的结束标志，在 C 语句后忘记写";"就是语法错误。发生语法错误的程序，编译通不过，用户可以根据错误提示信息进行修改。

例如：在 VC++环境下，若提示如下错误信息：

```
D:\C 语言\源代码\project2_1\p2-1.cpp(8) : error C2143: syntax error : missing
';' before 'if'
```

其含义是：该错误的错误代码为 C2143，错误点位于程序 D:\C 语言\源代码\project2_1 的文件 p2-1.cpp 的第 8 行，错误的原因是 taxincome=income-1600 之后缺少";"。

又如：当 else 与 if 不匹配时，将提示如下信息：

```
D:\C 语言\源代码\sample2_9\c2-9.cpp(15) : error C2181: illegal else without
matching if
```

其含义是：该错误的错误代码为 C2181，错误点位于程序 D:\C 语言\源代码\sample2_9\c2-9.cpp 的第 15 行，错误的原因是非法的 else，没有匹配的 if。

C 语言初学者常见的语法错误还有：将英文符号输入成中文符号、使用未定义的变量、标识符(变量、常量、数组、函数等)不区分大小写、漏掉";"、大括号{}不配对、小括号()不配对、控制语句(选择、分支、循环)的格式不正确、调用库函数却没有包含相应的头文件、调用未声明的自定义函数、调用函数时实参与形参不匹配、数组的边界越界等。

在编程环境中调试语法错误，编译时会自动定位到第一条错误处，然后用鼠标双击错误信息即可自动定位到相应错误点位置。建议：

(1) 由于 C 语言语法比较自由、灵活，因此错误信息定位不是特别精确。例如，当提示第 10 行发生错误时，如果在第 10 行没有发现错误，从第 10 行开始往前查找错误并修改。

(2) 一条语句错误可能会产生若干条错误信息，只要修改了这条错误，其他错误会随之消失。特别提示：一般情况下，第一条错误信息最能反映错误的位置和类型，所以调试程序时务必根据第一条错误信息进行修改，修改后立即重新编译程序，也就是说，每修改一处错误就要重新编译一次程序。

2. 逻辑错误

逻辑错误就是用户编写的程序已经没有语法错误，可以运行，但得不到所期望的结果(或正确的结果)，也就是说由于程序设计者的原因，程序并没有按照程序设计者的思路来运行。一个最简单例子是：要求两个数的和，应该写成 z=x+y;，由于某种原因却写成了 z=x−y;，这就是逻辑错误。

发生逻辑错误的程序编译软件是发现不了的，要用户跟踪程序的运行过程才能发现，所以逻辑错误是最不易修改的。

常见的逻辑错误有以下几类：

(1) 运算符使用不正确。例如要表达 i 和 j 的相等关系，正确的语句为 i==j;却写成了 i=j;。

(2) 语句的先后顺序不对。例如要对 a、b 进行数值交换，正确的语句为{t=a;a=b;b=t;}，却写成了 {a=b;b=t;t=a;}。

(3) 条件判断表达式描述不正确。例如要表达数学上的 a>b>c 的关系，正确的表示为 a>b&&b>c，却写成了 a>b>c。

还有数据类型分析不准确、循环语句的初值与终值有误等。发生逻辑错误的程序是不会产生错误信息的，需要程序设计者细心地分析阅读程序，并具有程序调试经验。

不管是语法错误还是逻辑错误，在学习编写程序之初都要注意积累，将发生过的错误记下，了解相应英文信息的含义、分析错误原因及解决办法，在实践积累中提高程序调试能力。

 ## 项目任务拓展

(1) 一个三角形的三边分别用 a、b、c 表示，输入三个边长 a、b、c，判断该三角形是否为等腰三角形。

(2) 编写一段程序：输入一个整数，判断它的奇偶性。

(3) 用 if 语句和 switch 语句分别编写程序。某市出租汽车收费标准是：3 公里以内 6 元，10 公里以内每增加 1 公里加 1.2 元，10 公里以上每增加 1 公里加 1.4 元。试编写一段程序，输入公里数，算出出租车费用。

(4) 编写一段程序：根据用户输入的年龄计算他(她)的胖瘦并告诉用户，具体方法如下。

① 成人

体重指数(kg/m^2)=体重(kg)/身高(m)的平方

超重：体重指数=25～30

轻度肥胖：体重指数>30

中度肥胖：体重指数>35

重度肥胖：体重指数>40

②　儿童(7～16岁)

标准体重=年龄*2+8

轻度肥胖：超过标准体重20%～30%

中度肥胖：超过标准体重40%～50%

重度肥胖：超过标准体重50%以上

③幼儿(7岁以下)

体重指数(kg/m^2)=体重(kg)/身高(m)的平方

正常	超重	轻度肥胖	中度肥胖	重度肥胖
15～18	18～20	20～22	22～25	25以上

根据数据进行编程，要求程序可根据个人身高与实际体重，得出个人标准体重及体重是否正常的信息。

项目 3　小学生计算机辅助教学系统

(一)项目导入

把计算机系统的功能和教师的课堂讲授有机地结合在一起，既可以为学生提供系统学习指导的课程内容，也可以作为某一教学内容的有益补充，这种补充可以是教学模拟、游戏以及向学习者提供某种作业的辅导、操练和实践等。试编写一个程序来帮助小学生学习乘法。

(二)项目分析

本项目运用选择结构、循环结构程序设计的方法，开发小学生计算机辅助教学系统。

while、do-while 和 for 语句用于循环结构，其中，while 和 for 语句是在循环顶部进行循环条件测试，如果循环条件第一次测试就为假，则循环体一次也不执行，而 do-while 语句是在循环底部进行循环条件测试，所以 do-while 循环至少执行一次。因此，除非循环条件的第一次测试就为假，否则，这三种循环语句可以相互替代。其中，更为常用也更为灵活的是 for 语句，do-while 语句适合于构造菜单子程序，因此菜单子程序至少要执行一次，用户键入有效响应时，菜单子程序采取相应动作，键入无效响应时，则提示重新输入。

(三)项目目标

1. 知识目标

(1)　掌握选择结构、循环结构程序设计的方法。

(2)　使用条件语句和各种循环语句。

2. 能力目标

培养学生使用集成开发环境进行软件开发、调试的综合能力。

3. 素质目标

使学生养成良好的编程习惯，具有团队协作精神，具备岗位需要的职业能力。

(四)项目任务

本项目的任务分解如表 3-1 所示。

表 3-1　小学生计算机辅助教学系统项目任务分解表

序　号	名　称	任务内容	方　法
1	学生根据提示计算	条件控制循环的使用	演示+讲解
2	限制重做次数	条件+次数控制循环的使用	演示+讲解
3	连续 10 道乘法计算题	次数控制循环的使用	演示+讲解
4	随机产生 10 道四则混合运算，并计算分数	分支结构+循环结构的使用	演示+讲解

任务 3.1　学生根据提示计算

 任务实施

3.1.1　学生用辅助系统计算

程序首先随机产生两个 1～10 的正整数，在屏幕上显示出问题，例如：

6*7=?

然后让学生输入答案。程序检查学生输入的答案是否正确。若正确，则显示"正确！"，然后问下一个问题；否则显示"错误！请重新输入！"，提示学生重做，直到答对为止。

源程序：

```
#include <stdio.h>
/* 它的函数可以分为六组，整型数学、算法、文本转换、多字节转换、存储分配、环境接口 */
/*RAND_MAX，展开为整值常量表达式，表示 rand 函数返回的最大值*/
#include <stdlib.h>
#include <time.h>//time.h 是 C/C++中的日期和时间头文件。用于需要时间方面的函数
void main()
{
    int a,b,answer;
    int flag=0;    //置标志变量为假
    //time()函数的功能是返回从 1970/01/01 到现在的秒数
    srand(time(NULL));//初始化随机种子
    a=rand()%10+1;    //rand()产生随机数的一个随机函数
    b=rand()%10+1;    //任意一个随机数对 10 取余，以确保该数为 1-10 的整数
    while (flag!=1)  //循环，直到做对(标志变量为真)为止
    {
        printf("%d*%d=?\n",a,b);
        scanf("%d",&answer);
        if(answer==a*b)
        {
            printf("正确");
            flag=1;            //做对，将标志置为真
        }
        else
        {
            printf("错误！请重新输入!\n");
        }
    };
}
```

3.1.2　循环控制结构与循环语句

实际应用中，会出现重复执行一些操作的情况，如级数求和、穷举或迭代求解等。若需要处理的次数是已知的，则称为计数控制的循环；若重复处理的次数是未知的，是由给

定条件控制的，称为条件控制的循环。二者都需要用循环结构来实现。

顺序结构、选择结构和循环结构是用于结构化程序设计的三种基本结构。按照结构化程序设计的观点，任何复杂问题都可用这三种基本结构编程实现，它们是复杂程序设计的基础。

循环结构通常有两种类型。

(1) 当型循环结构，如图 3-1 所示，表示当条件 P 成立(为真)时，反复执行 A 操作，直到条件 P 不成立(为假)时结束循环。

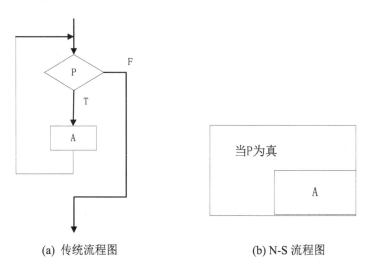

(a) 传统流程图　　　　　　　　　(b) N-S 流程图

图 3-1　当型循环结构

(2) 直到型循环结构，如图 3-2 所示，表示先执行 A 操作，再判断条件 P 是否成立(为真)，若条件 P 成立(为真)，则反复执行 A 操作，直到条件 P 不成立(为假)时结束循环。

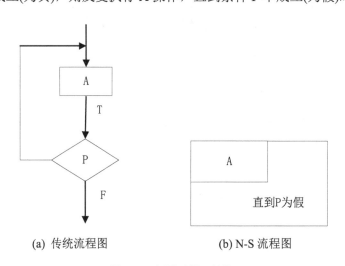

(a) 传统流程图　　　　　　　　　(b) N-S 流程图

图 3-2　直到型循环结构

C 语言提供 for、while、do-while 三种循环语句来实现循环结构。循环语句在给定条件为真的情况下，重复执行一个语句序列，这个被重复执行的语句序列称为循环体。

3.1.3　while 语句的结构及应用

1. while 语句的格式

```
while (表达式)　语句组
```

其中表达式是循环条件，语句组为循环体。

2. 执行过程

当条件表达式为真时，执行一次循环体，再检查条件表达式是否为真，若还为真，再执行循环体，以此类推，直到有一次执行循环体后条件表达式的值为假时终止。然后执行循环体后的其他语句。当一开始条件表达式就为假时，则循环体一次也不执行。其执行过程如图 3-3 所示。

说明：循环体语句是由若干条语句组成的。循环体中必须有修改条件表达式的语句，可以使条件由成立转为不成立，从而结束循环。否则，如果开始时条件为真，就会永远为真，使循环体永远重复执行下去，这被称为"死循环"。

【例 3-1】用 while 语句求 2+4+6+8+…+50 的值。

用 N-S 流程图表示算法，如图 3-4 所示。

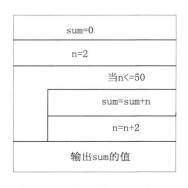

图 3-3　while 循环的 N-S 流程图　　　　图 3-4　例 3-1 的 N-S 流程图

设计思路：

(1) 初始化：sum 初值为 0，n 初值为 2。

(2) 循环条件：当 n<=50 时，继续循环累加。

(3) 循环体：累加 sum=sum+n；指向下一项 n=n+2。

(4) n=52 时循环结束。

(5) 输出 sum。

源程序：

```c
#include <stdio.h>
void main()
{
    int n=2,sum=0;
    while(n<=50)
    {
```

```
      sum=sum+n;
      n=n+2;
   }
   printf("sum=%d\n",sum);
}
```

运行结果：

例 3-1 的运行结果如图 3-5 所示。

图 3-5　例 3-1 的运行结果

结果分析：

由于 n 的初值为 2，sum 的初值为 0，在第一轮循环后，sum 的值变为 2，n 的值变为 4，如此循环下去，最终 n 变为 52，循环停止。sum 中则存储着 2+4+6+8+…+50 的和，即 650，所以输出结果为"sum=650"。

注意：循环体有多个语句时，要用括号"{"和"}"把它们括起来。

任务 3.2　限制重做次数

 任务实施

3.2.1　学生用辅助系统计算，最多算 3 次

在任务 1 的基础上，当学生回答错误时，最多给 3 次重做的机会，3 次仍未做对，则显示"计算错误！您已经尝试超过 3 次，没有机会了！"，程序结束。

源程序：

```
#include <stdio.h>
/* 它的函数可以分为六组，整型数学、算法、文本转换、多字节转换、存储分配、环境接口 */
/*RAND_MAX，展开为整值常量表达式，表示 rand 函数返回的最大值*/
#include <stdlib.h>
#include <time.h>//time.h 是 C/C++中的日期和时间头文件。用于需要时间方面的函数
void main()
{
   int a,b,answer;
   int flag=0;    //置标志变量为假
   int wrongTimes=0;
   //time()函数的功能是返回从 1970/01/01 到现在的秒数
   srand(time(NULL));//初始化随机种子
```

```
    a=rand()%10+1;    //rand()产生随机数的一个随机函数
    b=rand()%10+1;    //任意一个随机数对 10 取余，以确保该数为 1-10 的整数
    do{
        printf("%d*%d=?\n",a,b);
        scanf("%d",&answer);
        if(answer==a*b)
        {
            printf("正确");
            flag=1;                //做对，将标志置为真
        }
        else
        {
            wrongTimes++;
            if(wrongTimes<3)
                printf("错误！请重新输入.\n");
            else
                printf("计算错误！你已经尝试超过 3 次，没有机会了！");
        }
    }while (flag!=1 && wrongTimes<3) ;  //未做对且未超过 3 次时继续循环
}
```

3.2.2 do…while 语句的结构及应用

do…while 循环与 while 循环的不同之处仅在于：它是先执行循环中的语句，然后再判断表达式是否为真。如果为真，则继续循环；如果为假，则终止循环。因此 do…while 循环中的循环体语句至少要被执行一次。

```
do
    循环体语句
while(表达式);  //本行的分号不能省略
```

【例 3-2】用 do…while 语句求 2+4+6+8+…+50 的值。

用 N-S 流程图表示算法，如图 3-6 所示。

源程序：

图 3-6 例 3-2 的 N-S 流程图

```
#include <stdio.h>
void main()
{
    int n=2,sum=0;
    do
    {
        sum=sum+n;
        n=n+2;
    }  while(n<=50);
    printf("sum=%d\n",sum);
}
```

运行结果：

例 3-2 的运行结果如图 3-7 所示。

图 3-7 例 3-2 的运行结果

结果分析：

本例题的关键是直到型循环。在 do…while 循环过程中，n 值和 sum 值的变化为：第一次循环 n=4，sum=2；第二次循环 n=6，sum=6；待整个循环结束时，n=52，sum=650。

注意：

(1) 同样循环体有多个语句时，要用"{"和"}"把它们括起来。

(2) do-while 语句比较适用于不论条件是否成立，先执行一次循环体语句组的情况。

任务 3.3 连续 10 道乘法计算题

 任务实施

3.3.1 限制 10 道乘法计算题

在任务 1 的基础上，连续做 10 道乘法运算题，不给重做的机会，若学生回答正确，则显示"正确！"，否则显示"错误！"。10 道题全部做完后，按每题 10 分统计并输出总分，同时为了记录学生能力提高的过程，再输出学生的回答正确率(即答对题数除以总题数得到的百分比)。

源程序：

```c
#include <stdio.h>
/* 它的函数可以分为六组，整型数学、算法、文本转换、多字节转换、存储分配、环境接口 */
/*RAND_MAX，展开为整值常量表达式，表示 rand 函数返回的最大值*/
#include <stdlib.h>
#include <time.h>//time.h 是 C/C++中的日期和时间头文件。用于需要时间方面的函数
void main()
{
    int a,b,answer;
    int i;
    int rightnumber=0;//正确次数
    //time()函数的功能是返回从 1970 年 1 月 1 日到现在的秒数
    srand(time(NULL));//初始化随机种子
    a=rand()%10+1;    //rand()产生随机数的一个随机函数
    b=rand()%10+1;    //任意一个随机数对 10 取余，以确保该数为 1-10 的整数
    for(i=0;i<10;i++)
```

```
    {
      a=rand()%10+1;
      b=rand()%10+1;
      printf("%d*%d=?\n",a,b);
      scanf("%d",&answer);
      if(answer==a*b)
        {
            printf("正确!");
            rightnumber++;              //做对，正确标记+1
        }
      else
        {
            printf("错误! \n");
        }
    }
    printf("总成绩是：%d\n",rightnumber*10);
    printf("正确率是:%d%%\n",rightnumber*10);
}
```

3.3.2 for 语句的结构及应用

在 C 语言中，for 语句使用最为灵活，它完全可以取代 while 语句。

1. 一般语法格式

```
for([表达式 1];[表达式 2];[表达式 3])
语句块
```

说明：

(1) 表达式 1：给循环控制变量赋初值。

(2) 表达式 2：循环条件，一般是一个关系表达式或逻辑表达式，它决定什么时候退出循环。

(3) 表达式 3：循环变量增值，规定循环控制变量每循环一次后按什么方式变化。

(4) 这三个部分之间用 "；" 分开。

for 语句的格式还可以直观地描述为：

```
for([变量赋初值];[循环继续条件];[循环变量增值])
语句组
```

使用中括号 "[]" 表明其内的项是可以缺省的。

2. for 语句的执行过程

(1) 求解 "变量赋初值" 表达式。

(2) 求解 "循环继续条件" 表达式。如果其值非 0，执行(3)，否则转向(4)。

(3) 执行循环体语句组，并求解 "循环变量增值" 表达式，然后转向(2)。

(4) 执行 for 语句的下一条语句。

其执行过程如图 3-8 所示。

【例 3-3】用 for 语句求 2+4+6+8+···+50 的值。

源程序：

```c
#include <stdio.h>
void main()
{
    int n,sum=0;
    for(n=2;n<=50;n=n+2)  sum+=n;     //实现累加
    printf("sum=%d\n",sum);
}
```

图 3-8 for 语句的执行过程

运行结果：

例 3-3 的运行结果如图 3-9 所示。

图 3-9 例 3-3 的运行结果

结果分析：

(1) 先给 n 赋初值 2。

(2) 判断 n 是否不大于 50，若是则执行循环体语句。

(3) n 的值增加 2，再重新判断。

(4) 直到条件为假，即 i>50 时，结束循环。

(5) 输出结果"sum=650"。

3 种循环语句的语句功能相同，可以互相代替，但 for 语句结构简洁，使用起来灵活、方便，不仅可用于循环次数已知的情况，也可用于循环次数未知，但给出了循环继续条件的情况。

比较一下可以看出：

```c
for(n=2;n<=50;n=n+2)  sum+=n;
```

相当于：

```c
n=2;
while(n<=50)
{
    sum=sum+n;
    n=n+2;
}
```

其实，while 循环是 for 循环的一种简化形式(缺省"变量赋初值"和"循环变量增值"表达式)。

说明：

(1) "变量赋初值""循环继续条件"和"循环变量增值"部分均可缺省，甚至全部缺省，但其间的分号不能省略。

(2)　当循环体语句组由多条语句构成时，要用大括号括起来，即构成复合语句。

(3)　"循环变量赋初值"表达式，可以是逗号表达式，给循环变量赋初值，也可以是与循环变量无关的其他表达式。

(4)　"循环继续条件"一般是关系(或逻辑)表达式，也允许是其他表达式。

3.3.3　循环嵌套

循环嵌套即一个循环体内还包含另一个或几个完整的循环结构，当内嵌的循环中还嵌套其他循环时，称为多层循环。三种循环结构(for、while 和 do-while)可以互相嵌套，其合法形式见表 3-2。

表 3-2　三种循环互相嵌套的形式

嵌套 1	嵌套 2	嵌套 3	嵌套 4	嵌套 5	嵌套 6
while() { … while() {…} }	do{ … do{ …} while; … } while;	for(;;) { … for(;;) {… } … }	while() { … do{…} while; }	for(;;) { … while() {… } }	do{ … for(;;) {… } } while;

多重循环的使用与单一循环完全相同，但应特别注意内、外层循环条件的变化。表 3-2 中列出的是 6 种简单的情况，实际应用中可能是层层嵌套。

【例 3-4】编程从键盘输入 n 值(10>=n>=3)，然后计算并输出 1！+2！+3！+…+n！。

分析：

计算 1!+2!+3!+…+n!相当于计算 $1+1\times2+1\times2\times3+\cdots+1\times2\times3\times\cdots\times n$，可以用嵌套循环来实现。其中，外层循环控制变量 i 的值从 1 变化到 n，以计算从 1 到 n 的各个阶乘值的累加求和，而内层循环控制变量 j 的值从 1 变化到 i，以计算从 1 到 i 的累乘结果，即阶乘 i!。

源程序：

```
#include <stdio.h>
void main()
{
    int i,j,n;
    long p,sum=0;   //累加求和变量 sum 初始化为 0
    printf("输入 n:");
    scanf("%d",&n);
    for(i=1;i<=n;i++)
    {
        p=1;          //每次循环之前都要将累乘求积变量 p 赋值为 1
        for(j=1;j<=i;j++)
        {
            p=p*j;  //累乘求积
        }
        sum=sum+p;
    }
```

```
    printf("1!+2!+3!+…+%d!=%ld\n",n,sum);
}
```

运行结果：

例 3-4 的运行结果如图 3-10 所示。

图 3-10　例 3-4 的运行结果

结果分析：

本例中累加和与累加积变量的初始化位置，程序在外层循环语句前面，即第 5 行将累加和变量 sum 初始化为 0，在外层循环的循环体内、内层循环语句之前，即第 10 行对累乘积变量 p 赋初值为 1，也就是说，在内层循环每次计算 i 的阶乘之前都要对 p 重新赋初值为 1，这样才能保证每当 i 值变化后都是从 1 开始累乘来计算 i 的阶乘值。

说明：

编写累加求和程序的关键在于寻找累加项(即通项)的构成规律。通常，当累加的项较为复杂或者前后项之间无关时，需要单独计算每个累加项。而当累加项的前项与后项之间有关时，则可以根据累加项的后项与前项之间的关系，通过前项计算后项。

任务 3.4　随机产生 10 道四则混合运算，并计算分数

 任务实施

3.4.1　随机计算四则运算题

在任务 3.3 的基础上，通过计算机随机产生 10 道四则运算题，两个操作数为 1~10 的随机数，运算类型为随机产生的加、减、乘、除中的任意一种，不给机会重做。如果回答正确，则显示"正确"，否则显示"错误！"。10 道题全部做完后，按每题 10 分统计总得分，然后显示出总分和回答正确率。

源程序：

```
#include <stdio.h>
/* 它的函数可以分为六组，整型数学、算法、文本转换、多字节转换、存储分配、环境接口 */
/*RAND_MAX，展开为整值常量表达式，表示 rand 函数返回的最大值*/
#include <stdlib.h>
#include <time.h>//time.h 是 C/C++中的日期和时间头文件。用于需要时间方面的函数
void main()
{
    int a,b,useranswer,systemanswer,op,i,rightnumber=0;
    char opchar;
```

```
//    int ;//正确次数
      //time()函数的功能是返回从1970年1月1日到现在的秒数
      srand(time(NULL));//初始化随机种子
//    a=rand()%10+1;      //rand()产生随机数的一个随机函数
//    b=rand()%10+1;      //任意一个随机数对10取余,以确保该数为1-10的整数
      for(i=0;i<10;i++)
      {
         a=rand()%10+1;
         b=rand()%10+1;
         op=rand()%4+1;
         switch(op)
         {
         case 1: opchar='+';
                 systemanswer=a+b;
                 break;
         case 2:opchar='-';
                 systemanswer=a-b;
                  break;
         case 3:opchar='*';
                 systemanswer=a*b;
                 break;
         case 4:opchar='/';
                  systemanswer=a/b;
                 break;
         default:printf("不能识别的操作符! ");
         }
         printf("%d%c%d=?\n",a,opchar,b);
         scanf("%d",&useranswer);
         if(useranswer==systemanswer)
           {
              printf("正确!");
              rightnumber++;                //做对,正确标记+1
           }
           else
           {
              printf("错误! \n");
           }
      }
    printf("总成绩是: %d\n",rightnumber*10);
    printf("正确率是: %d%%\n",rightnumber*10);
}
```

3.4.2　goto 语句的结构及应用

goto 语句、break 语句、continue 语句和 return 语句是 C 语言中用于控制流程转移的跳转语句。

goto 语句为无条件转向语句,它既可以向下跳转,也可以往回跳转。其一般形式为:

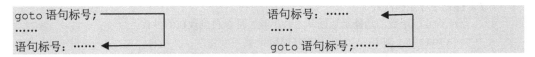

它的作用是在不需要任何条件的情况下直接使程序跳转到该语句标号所标识的语句去执行，其中语句标号代表 goto 语句转向的目标位置，应使用合法的标识符表示语句标号，其命名规则与变量名相同。尽管 goto 语句是无条件转向语句，但通常情况下 goto 语句与 if 语句联合使用。其形式为：

```
if(表达式) goto 语句标号;              语句标号：……
……                                  ……
语句标号：……                        if(表达式) goto 语句标号;
```

编程时建议少用和慎用 goto 语句，尤其是不要使用往回跳转的 goto 语句，即使是使用向下跳转的 goto 语句，也要注意不要让 goto 制造出永远不会被执行的代码(即死代码)。

【例 3-5】使用 goto 语句实现求解 2+4+6+8+…+50 的值。

源程序：

```c
#include <stdio.h>
void main()
{
    int sum=0,n=2;              //初始化，循环开始前的准备工作
loop:sum+=n;                    //累加求和
    n=n+2;                      //指向下一项
    if(n<=50) goto loop;        //转到 loop 标识的行，执行对应的语句
    printf("sum=%d\n",sum);     //输出结果
}
```

运行结果：

例 3-5 的运行结果如图 3-11 所示。

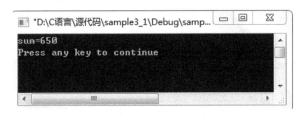

图 3-11 例 3-5 的运行结果

结果分析：

(1) 首先要设置一个累加器 sum，其初值为 0，也叫加法器。

(2) 利用 sum=sum+n 来累加。

(3) n 依次取 2,4,…,50。

> **提示**
>
> 初学者容易轻视初始化，导致结果面目全非。循环结束时 n=52。

3.4.3 break 语句的结构及应用

break 语句除用于退出 switch 结构外，还可以用于由 while、do-while 和 for 构成的循环语句的循环体中。当执行循环体遇到 break 语句时，循环将立即终止，从循环语句后的第一条语句开始继续执行。break 语句对循环执行过程的影响示例如下：

```
while(表达式1)              do                     for(;表达式1;)
{                          {                      {
  ……                         ……                     ……
if(表达式2)break;            if(表达式2)break;        if(表达式2)break;
  ……                         ……                     ……
}                          } while(表达式1);        }
循环后的第一条语句           循环后的第一条语句         循环后的第一条语句
```

可见，break 语句实际是一种有条件的跳转语句，跳转的语句位置限定为紧接着循环语句后的第一条语句。若希望跳转的位置就是循环语句后的语句，则可以用 break 语句代替 goto 语句。

【例 3-6】输出 100~200 的全部素数(所谓素数是指除 1 和 n 之外，不能被 2~(n-1)的任何整数整除)。

源程序：

```c
#include <stdio.h>
void main()
{
    int i,n;
    for(n=101;n<200;n+=2)              //外循环：为内循环提供一个整数 n
    {
        for(i=2;i<=n-1;i++)           //内循环：判断整数 n 是否是素数
            if(n%i==0)                //n 不是素数
                break;                //n 不是素数时，强行退出内循环，回到外循环继续
        if(i>=n)printf("%5d",n);      //n 是素数时，输出 n
    }
}
```

运行结果：

例 3-6 的运行结果如图 3-12 所示。

图 3-12 例 3-6 的运行结果

结果分析：

(1) 内循环执行的是判断某一个数 n 是否是素数的算法。

(2) 判断某数 n 是否是素数的算法：根据素数的定义，用 2~(n-1)的每一个数去整除 n，如果都不能被整除，则表示该数是一个素数。

(3) 外循环：被判断数 n，从 101 循环到 199。

C 语言程序设计(项目教学版)

提示

外循环控制变量 n 的初值从 101 开始，增量为 2，这样做节省了一半的循环次数。

3.4.4 continue 语句的结构及应用

continue 语句与 break 语句都可用于对循环进行内部控制，但二者对流程的控制效果是不同的。当在循环体中遇到 continue 语句时,程序将跳过 continue 语句后面尚未执行的语句,开始下一次循环,即只结束本次循环的执行,并不终止整个循环的执行。continue 语句对循环执行过程的影响示意如下:

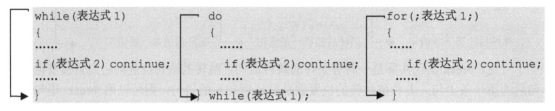

break 语句和 continue 语句在流程控制上的区别可从图 3-13 和图 3-14 的对比中看出。

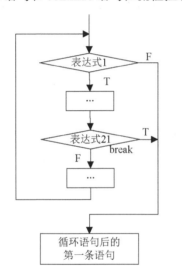

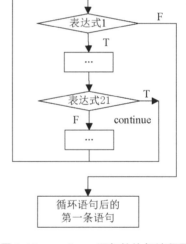

图 3-13 break 语句的执行流程图   图 3-14 continue 语句的执行流程图

【例 3-7】输出 1～20 不能被 3 整除的数。
源程序:

```c
#include <stdio.h>
void main()
{
    int n;
    for(n=1;n<=20;n++)
    {
        if (n%3==0) continue;    //n 可以被 3 整除时，继续下一次循环的判断
        printf("%3d",n);         //n 不可以被 3 整除时，输出
    }
}
```

运行结果：

例 3-7 的运行结果如图 3-15 所示。

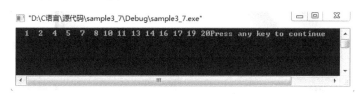

图 3-15　例 3-7 的运行结果

结果分析：

(1)　给变量 n 赋初值 1。

(2)　判断 n 是否不大于 20，若是，则执行循环体。

(3)　执行循环体时，若遇到 n 能够被 3 整除，则不输出该 n 值，而是直接转去执行 n++。

(4)　最终该程序输出 1～20 不可以被 3 整除的数。

3.5　上 机 实 训

3.5.1　百元百鸡问题

1. 训练内容

百元百鸡问题。我国古代数学家张丘建在《算经》中出了一道题：鸡翁一，值钱五；鸡母一，值钱三；鸡雏三，值钱一。百钱买百鸡，问鸡翁、鸡母、鸡雏各几何？这是一个古典数学问题，意思是说用一百个铜钱买了一百只鸡，其中，公鸡一只 5 钱，母鸡一只 3 钱，小鸡一钱 3 只，问一百只鸡中公鸡、母鸡、小鸡各多少只。

分析：

设一百只鸡中公鸡、母鸡、小鸡分别为 x、y、z，问题化为三元一次方程组如下：

$$\begin{cases} 5x+3y+z/3=100(百钱) \\ x+y+z=100(百鸡) \end{cases}$$

这里 x、y、z 为正整数，且 z 是 3 的倍数；由于鸡和钱的总数都是 100，可以确定 x、y、z 的取值范围：

(1)　x 的取值范围为 1～20。

(2)　y 的取值范围为 1～33。

(3)　z 的取值范围为 3～99，步长为 3。

对于这个问题可以用穷举的方法，遍历 x、y、z 的所有可能组合，最后得到问题的解。

2. 源程序

根据上面的训练内容分析，可以用如下源程序实现。

```
#include <stdio.h>
void main()
{
```

```
    int gongji,muji,xiaoji;
    printf("百元买百鸡问题可能的解有：\n");
   printf("公鸡\t 母鸡\t 小鸡\n");
   for(gongji=1;gongji<=20;gongji++)    //公鸡可能的数量范围
    {
        for(muji=1;muji<=33;muji++)        //母鸡可能的数量范围
        {
            for(xiaoji=3;xiaoji<=100;xiaoji=xiaoji+3)   //小鸡可能的数量范围
            {
                //条件判断，钱数=百元&&鸡数=百只
                if((xiaoji/3+muji*3+gongji*5==100) && (xiaoji+muji+gongji
==100))
                    printf("%4d\t%4d\t%4d\n",gongji,muji,xiaoji);
            }
        }
    }
}
```

3.5.2　猜数字游戏

1. 训练内容

编程设计一个简单的猜数游戏：先由计算机"想"一个数请用户猜，如果用户猜对了，计算机提示"正确"，否则提示"错误"，并告诉用户所猜的数是大还是小，重新输入数字，与被猜数进行比较，直至与被猜数相等为止。

2. 源程序

根据上面的训练内容分析，可以用如下源程序实现。

```
/* 猜数字游戏*/
#include <stdio.h>
/* 它的函数可以分为六组，整型数学、算法、文本转换、多字节转换、存储分配、环境接口 */
/*RAND_MAX，展开为整值常量表达式，表示 rand 函数返回的最大值*/
#include <stdlib.h>
#include <time.h>//time.h 是 C/C++中的日期和时间头文件。用于需要时间方面的函数
void main()
{
  // int c;
   int number;
   int guess;
   char ans;
   printf("***************游戏说明****************\n\n");
   printf("这是一个猜数字游戏，希望大家喜欢。本游戏将随机产生一个数，\n");
   printf("需要你猜出这个数，当然我们不可能让你乱猜的，我们会在每次\n");
   printf("猜测之后给出提示，你的猜测结果大了还是小了。\n");
   printf("希望大家喜欢，谢谢！\n\n");
   do
    {
        /*rand()函数每次产生的随机数都是一样的，通过调用初始化随机数发生器改变这种
          情形，调用函数 srand((unsigned)time(NULL));以 time 函数值作为种子数，
```

```
        两次调用 rand 函数的时间通常是不同的，这就可以保证随机性了*/
    srand((unsigned)time(NULL));
    number=rand()%100;   //产生 0~99 的随机数
    do
    {
        printf("\n 请您输入数字：\n");
        fflush(stdin);    //清空输入缓冲区
        scanf("%d",&guess);
        if(guess-number<-10)
        {
            printf("可惜，太小了！\n");
        }
        else if((guess-number>=-10) && (guess-number<0))
        {
            printf("可惜，稍微小了点！\n");
        }
        else if((guess-number>=0) && (guess-number<10))
        {
            printf("可惜，稍微大了点！\n");
        }
        else if (guess-number>10)
        {
            printf("可惜，太大了！\n");
        }
        else
        {
            printf("\n 太棒了，您猜中了！\n 答案正是%d\n",number);
        }
    }while(guess!=number);
    printf("\n 默认设置为继续游戏，输入 n 离开游戏！\n");
    printf("您是否还再玩一次？");
    fflush(stdin);
    ans=getchar();
}while (ans!='n'&& ans!='N');
printf("\n 谢谢，再见!\n");
}
```

项 目 小 结

(1) 在程序设计中对于那些需要重复执行的操作应该采用循环结构完成。利用循环结构处理各类重复执行的操作既简单又方便，循环结构又称"重复结构"，C 语言中有 3 种可以构成循环的循环语句类型：while、do-while 和 for。

(2) 几种类型循环的比较：while 循环和 do-while 循环的循环体中应包括使循环趋于结束的语句。for 语句功能最强。用 while 循环和 do-while 循环时，循环变量初始化的操作应在 while 和 do-while 语句之前完成，而 for 语句可以在表达式 1 中实现循环变量的初始化。

(3) break 语句：用于 switch 和循环语句。

(4) continue 语句：只用于循环语句，针对所在层(本层)操作。

(5) goto 语句：尽量少用，可以针对多层循环。

分支和循环之间可以相互嵌套，但无论分支和循环之间，还是分支之间、循环之间的嵌套，都只能内嵌套，不能交叉。

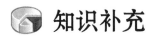 知识补充

3.6 算法的时间复杂度

同一问题可以用不同的算法解决，而一个算法的质量优劣将影响到算法乃至整个程序的效率。算法分析的目的在于选择合适的算法和改进算法。

算法的复杂性体现在运行该算法时计算机所需资源的多少，计算机资源最重要的是时间资源和空间资源，因此算法复杂度分为时间复杂度和空间复杂度。时间复杂度是指执行算法所需要的计算工作量；而空间复杂度是指执行这个算法所需要的内存空间。这里主要讲述时间复杂度，空间复杂度将在下一项目的知识补充中讲述。

一个算法执行时所耗费的时间，从理论上是算不出来的，必须上机运行测试才能知道。但程序设计员不可能也没有必要对每个算法都上机测试，只需知道哪个算法花费的时间多，哪个算法花费的时间少就可以了。一个算法花费的时间与算法中语句的执行次数成正比，该执行次数被称为语句频度或时间频度。

华为公司曾经为面试者出过这样一道笔试题：当 n 值比较大时，编程计算 1+2+3+…+n 的值(假定结果不会超过长整型变量的范围)。看到这个题目后，很多面试者毫不犹豫地写出了下面的答案：

```
long i,n,sum=0;
scanf("%ld",&n);
for(i=1;i<=n;i++)
   sum+=i;
printf("sum=%ld",sum);
```

也有一些面试者略做思考之后写出了如下答案：

```
long i,n,sum=0;
scanf("%ld",&n);
sum=(1+n)*n/2;
printf("sum=%ld",sum);
```

对于第 1 个答案使用了循环结构，该方案简单易懂，循环体 sum+=i;，执行 n 次后得出答案；第 2 个答案使用了数学公式解决方案，该方案简单直接，执行一次表达式(1+n)*n/2 即可得出答案。大家看过之后，很容易分析出哪个答案最优，第 1 个答案不管怎么"折腾"，其效率也不可能与直接得出结果的第 2 个答案相比，后者的时间复杂度明显优于前者。所以优秀的程序员需要敏感地将数学等知识用在程序设计中，并充分考虑算法的质量。

算法的时间复杂度直接影响着程序的执行效率，需要在编程中随时想到，这也是对程序员的基本要求。但是这需要许多算法方面的知识，对于初学者来说，往往以完成题目要求为目的，程序的执行效率是最容易忽略的一个问题，但在学习过程中要注意这种思想的培养，从学习之初打下良好的基础。

项目任务拓展

(1)　编程输出"九九乘法表"。

(2)　输入一行字符，分别统计出其中英文字母、空格、数字和其他字符的个数。

(3)　自幂数是指一个 n 位整数，它的每个数位上的数字 n 次幂之和等于它本身。当 n 为 4 时，自幂数称为玫瑰花数，试编程输出 1000～9999 范围内所有的玫瑰花数(形如 $1^4+6^4+3^4+4^4=1634$)。

(4)　抓捕交通肇事犯。一辆卡车违反交通规则，撞人后逃跑。现场有 3 人目击事件，但都没记住车号，只记下车号的一些特征。甲说："牌照的前两位数字是相同的"，乙说："牌照的后两位数字是相同的，但与前两位不同"，丙是位数学家，他说："4 位车号刚好是一个整数的平方"。请根据以上线索求出车号。

项目 4　选秀节目选手排序

(一)项目导入

近些年，选秀节目层出不穷，评委和观众会按照既定比例投票，以票数的高低来决定选手的名次。那么如何按照投票数得出选手的排序呢?

下面就来介绍采用冒泡法对选秀节目中 10 位评委给出的分数排序。

(二)项目分析

由于有了数组，可以用相同名字引用一系列变量，并用数字(索引)来识别它们。在许多场合，使用数组可以缩短和简化程序，利用索引值设计一个循环，可以高效处理各种情况。

(三)项目目标

1. 知识目标

(1) 了解数组的概念。

(2) 掌握一维数组、二维数组和字符数组的定义、初始化以及引用方法和应用。

(3) 掌握基本的统计问题的程序设计方法。

(4) 熟悉插入、查找、删除、排序等算法及应用。

2. 能力目标

培养学生使用集成开发环境进行软件开发、调试的综合能力。

3. 素质目标

使学生养成良好的编程习惯，具有团队协作精神，具备岗位需要的职业能力。

(四)项目任务

本项目的任务分解如表 4-1 所示。

表 4-1　选秀节目选手项目排序任务分解表

序　号	名　称	任务内容	方　法
1	定义数组变量	定义数组变量	演示+讲解
2	输入待排序数据	输入评委打分结果	演示+讲解
3	冒泡排序法	对输入数据排序	演示+讲解
4	输出排序结果	排序结果的输出	演示+讲解

任务 4.1　定义数组变量

 任务实施

4.1.1　定义选秀节目选手排序的数组

先定义常量 N=10，定义一维数组 a，长度为 10。相关代码如下。

```
#define N 10
double t,a[N];
```

4.1.2 一维数组的定义

数组就是具有相同类型的有限个数据按序排列而成的集合，数组中的每一个数据称为数组元素。在使用数组元素时，必须用标号来确定它在数组中的位置，此标号称为数组元素的下标。数组元素的类型可以是基本数据类型，也可以是用户自定义类型。因此，根据数组元素的数据类型分为数值数组、字符数组、指针数组、结构体数组等。按数组的维数又可分为一维数组、二维数组和多维数组。

一维数组定义的一般形式如下：

类型说明符 数组名[常量表达式]

例如：

```
int  x[10];
```

表示该数组的数组名为 x，数组的元素共有 10 个，并且每个元素都是 int 类型的变量，说明如下。

(1) 类型说明符可以是基本数据类型，也可以是结构体等构造数据类型。

(2) 数组名的命名规则和普通变量一样，要遵循标识符命名规则，且不能与其他变量同名。

(3) 常量表达式表示数组元素的个数(也称为数组长度)，必须是常量、符号常量或包含常量或符号常量的表达式，不能包含不确定的变量。因为在定义数组后，系统会在内存中开辟"常量表达式*sizeof(类型)"的个数字节的连续存储单元用来存放数组中的各个元素。

例如：

```
float a[5];
/*a 为实型数组，包含 5 个数组元素，系统为数组开辟 20 字节的存储空间*/
int n;
scanf("%d",&n);
int y[n];      //错误定义，方括号内的常量表达式不能为不确定的变量 n
```

(4) 数组名后的常量表达式必须用方括号括起来。

【例 4-1】从键盘上输入 10 个整数数据，输出其中大于平均数的数据。

源程序：

```
#include <stdio.h>
void main()
{
    int i,sum,a[10];           //定义数组 a 和变量 sum、i
    float avg;
    sum=0;                     //存储数组元素和的变量 sum 赋初值为 0
    printf("请输入 10 个整数");
    for(i=0;i<=9;i++)          //输入数组元素的值
        scanf("%d",&a[i]);
    for(i=0;i<=9;i++)          //计算数组元素的和
        sum=sum+a[i];
    avg=(float)sum/10;         //计算数组元素的平均值
```

```
    printf("大于平均数的数组元素为：");
    for(i=0;i<=9;i++)           //输出大于平均数的数组元素的值
        if(a[i]>avg)
            printf("%3d",a[i]);
}
```

运行结果：

例 4-1 的运行结果如图 4-1 所示。

图 4-1　例 4-1 的运行结果

结果分析：

(1) 数组的长度确定后，数组元素的下标范围就确定了。比如上面定义的 x[10]，该数组元素的下标从 0 开始，分别为 x[0]至 x[9]。注意在该数组中不存在 x[10]这个元素。

(2) 输入和输出数值元素时，与循环语句结合使用。输入数组元素值和计算数组元素之和的循环语句可以合并为一个循环语句，合并后格式如下：

```
for(i=0;i<=9;i++)           //计算数组元素的和
scanf("%d",&a[i]);
sum=sum+a[i];
```

任务 4.2　输入待排序数据

 任务实施

4.2.1　输入待排序数据示例

将待排序的 10 个评委的评分依次输入数组，完成数组的初始化任务。

相关代码如下：

```
printf("请输入%d 个评委给出的分数：\n",N);
for(i=0;i<N;i++)        //输入待排序的 n 个数
scanf("%lf",&a[i]);
```

4.2.2　一维数组的初始化

前面的例题中使用的是对数组元素逐个赋值，对数组元素的赋值也可以采用初始化的方法。

初始化是指在数组定义的同时给数组元素赋初值，可以用下列方法实现。

(1) 对数组元素全部赋值。对数组元素全部赋值时，可以不指定数组的长度。例如：

```
int a[5]={1,2,3,4,5};
```

可以写成：

```
int a[]={1,2,3,4,5};
```

表示该数组的元素 a[0]、a[1]、a[2]、a[3]、a[4]分别赋值为 1、2、3、4、5。

（2）只给部分元素赋值。例如：

```
int a[5]={1,2,3};
```

表示该数组中的前面 3 个元素 a[0]、a[1]、a[2]分别赋值为 1、2、3，后面元素 a[3]、a[4]系统会自动赋予 0 值。

提示

数组初始化时，若被定义的数组长度与要赋值的个数不相同时，数组长度不能省略，且只可以少赋值，不能多赋值，否则会出现编译错误。

【例 4-2】用选择法将 10 个整数按从小到大排序并输出。

算法思想：选择排序的思想是，首先从 n 个数据中找出值最小的元素，将其与第一个元素交换，然后从剩下的 n-1 个数据中找出值最小的元素，将其与第二个元素交换，以此类推，直到所有的数据均有序时为止。

源程序：

```
#include <stdio.h>
void main()
{
    int a[10]={3,56,86,34,97,48,27,61,17,50};  //定义并初始化数组
    int i,j,k,t;
    printf("数组的原始数据为：\n");
    for(i=0;i<10;i++)                  //输出数组 10 个原始数据
        printf("%3d",a[i]);
    for(i=0;i<9;i++)                   //控制数组元素排序的趟数，共进行 9 趟排序
    {
        k=i;                          //初始化最小值的下标
        for(j=i+1;j<10;j++)           //与当前数的后面元素比较寻找最小值的下标
            if(a[j]<a[k])
                k=j;                  //记录新的最小值的下标
        if(k!=i)
        {t=a[i]; a[i]=a[k];a[k]=t;}   //第 i 趟将第 i 个数和最小值交换
    }
    printf("\n 排序后的数据：\n");
    for(i=0;i<10;i++)                 //输出排序后的 10 个数
        printf("%3d",a[i]);
}
```

运行结果：

例 4-2 的运行结果如图 4-2 所示。

图 4-2　例 4-2 的运行结果

结果分析：

(1) 选择法实现 10 个数据的排序过程中，10 个数据需要 9 趟遍历。第一趟遍历时需要从 10 个元素中找出最小的元素，将其与下标为 0 的第一个元素交换。求最小值所在的位置时，用一个变量 k 来记录最小元素的下标，如初值为 0(即假设第一个元素是最小值)，然后与后面的元素依次比较，比它小，就用 k 记录新的最小值的下标，直到比较至最后一个元素，确定最小值所在的下标。第二趟遍历时从剩下的 9 个元素中找出值最小的元素，将其与第二个元素交换。以此类推，经过 9 趟遍历，所有的数据有序排列后，程序结束。

(2) 数组初始化时若对全部元素进行赋值，可以省略数组的长度。

任务 4.3 冒泡排序法

 任务实施

4.3.1 冒泡排序法介绍

设一维数组 a 有 N 个元素，要求从小到大排序。冒泡法排序的过程描述如下。

(1) 每次从首元素开始两两比较，即 a[j]和 a[j+1]比较，若 a[j]>a[j+1]，则两元素交换，否则不交换。

(2) 对每一对相邻元素做同样的工作，从开始第一对到结尾的最后一对。每对元素比较后都可得到"小数在先，大数在后"的结果，这样进行一轮以后，数组最大值就排在了数组的最后一个位置。

(3) 针对所有的元素(除最后一个元素)重复以上的步骤，即排好数组最后两个位置。

(4) 以此类推，经过 N-1 轮比较后完成排序。

源程序(部分代码)：

```
for(i=0;i<N-1;i++)   //N 个数需要 N-1 轮排序
    {
        for(j=0;j<N-1;j++)          //每轮排序中的两两比较
         {
             if (a[j]>a[j+1])
             {
                 t=a[j];a[j]=a[j+1];a[j+1]=t;
             }
         }
         printf("第%d 轮排序后的情况为：\n",i+1);
         for(k=0;k<N;k++)    //输出每轮排序后的情况
         printf("%7.2f,",a[k]);
    }
```

4.3.2 一维数组的引用

数组定义后，在使用时每次只能引用一个数组元素，而不能引用整个数组。

上面提到了数组元素的下标标识了数组元素在数组中的位置，在引用数组元素时可以使用下标来引用，故数组元素也称为下标变量。

数组元素的引用形式：

数组名[下标]

说明：

(1) 下标可以是整型常量、变量或表达式，不可以为小数。

例如：

```
a[2*3]=a[1]+a[3-1]   //系统会自动将 a[1]和 a[2]的和赋给 a[6]
a[3.2]=a[0]+a[1]      //错误，下标必须为整型，不可以为小数
```

(2) 数组元素的下标范围要在 0 到数组长度减 1 之间，超出此范围，则数组下标越界，而 C 语言编译系统不会检查数组下标是否越界。

【例 4-3】从键盘上输入 10 个数据，输出 10 个数中的最大值和最小值。

源程序：

```
#include <stdio.h>
void main()
{
   int a[10];               //定义一维数组
   int max,min,i;
   printf("请输入 10 个整数: ");
   for(i=0;i<=9;i++)        //输入数组元素的值
       scanf("%d",&a[i]);
   max=a[0];                //设第一个数据的值为最大值
   min=a[0];                //设第一个数据的值为最小值
   for(i=1;i<=9;i++)
   {
       if (max<a[i])        //当前数据与最大值比较
           max=a[i];        //若大于最大值，则当前数据的值为最大值
       if (min>a[i])        //当前数据与最小值比较
           min=a[i];        //若小于最小值，则当前数据的值为最小值
   }
   printf("max=%d\nmin=%d\n",max,min);//输出最大值和最小值
}
```

运行结果：

例 4-3 的运行结果如图 4-3 所示。

图 4-3 例 4-3 的运行结果

结果分析：

引用数组元素时可以与循环语句配合起来，使用循环变量表示数组的下标，逐个访问

数组中的元素。

数组元素的下标范围要在 0 到数组长度减 1 之间，超过此范围系统不检查越界问题，因此在使用数组时需注意数组的下标范围。

【例 4-4】使用数组输出 Fibonacci 数列的前 20 项的值。

说明：Fibonacci 数列，数列为 1,1,2,3,5,8,13,21,34,…，即数列规律为前两项值为 1，从第三项开始，每一项都等于前两项之和。

源程序：

```
/* 输出 Fibonacci 数列的前 20 项的值*/
#include <stdio.h>
void main()
{
    int fib[20];   //定义一维数组
    int i;
    fib[0]=1;fib[1]=1;   //制定数列的前 2 项
    for(i=2;i<20;i++)      //计算 Fibonacci 数列其他项的值
        fib[i]=fib[i-1]+fib[i-2];
    printf("Fibonacci 数列为：\n");
    for(i=0;i<20;i++)      //输出 Fibonacci 数列前 20 项的值
    {
        if(i%10==0)   //每行输出 10 个数据
            printf("\n");
        printf("%5d",fib[i]);
    }
    printf("\n");
}
```

运行结果：

例 4-4 的运行结果如图 4-4 所示。

图 4-4 例 4-4 的运行结果

结果分析：

程序中定义了一个包含 20 个元素的数组，首先将前两个数 fib[0]、fib[1]赋值为 1，然后通过循环语句为数组中下标 2 到 19 的元素赋值，最后将数组中的数据按每行 10 个元素依次输出。

对数组元素的赋值还可以修改为如下方式：

```
for(i=0;i<20;i++)            //计算 Fibonacci 数列前 20 项的值
{
    if(i==0||i==1)
        fib[i]=1;
```

```
    else
        fib[i]=fib[i-1]+fib[i-2]
}
```

任务 4.4　输出排序结果

 任务实施

使用冒泡排序后输入的数据即按照从小到大的次序存储在数组 a 中，使用循环将数组中的数据输出。

源程序(部分代码):

```
printf("数组冒泡排序最终结果为：\n");
for(i=0;i<N;i++)
    printf("%7.2f,",a[i]);
```

4.5　知　识　延　展

4.5.1　二维数组

一维数组是具有一个下标的数组，具有两个下标的数组称为二维数组。

1. 二维数组的定义

二维数组定义的一般形式:

类型说明符　数组名[常量表达式 1][常量表达式 2];

例如:

```
float a[2][3];        //定义 a 为 2 行 3 列的实型数组
int   b[3][4];        //定义 a 为 3 行 4 列的整型数组
```

说明:

(1)　与一维数组一样，数组名的命名规则遵循标识符命名规则，方括号中的常量表达式必须是常量或符号常量，不能为不确定的值。

(2)　常量表达式 1 表示第一维度的长度，常量表达式 2 表示第二维度的长度。二维数组元素的个数就是两者的乘积。如上面的 a 数组共有 2×3=6 个元素。

(3)　数组定义后，系统要在内存中开辟"数组元素个数*sizeof(类型)"个连续的存储单元来存放数组的各个元素。如：float a[2][3],系统要为该数组开辟 2×3×4=24 字节的存储空间来存取数组 a。

(4)　二维数组定义后，数组元素的下标范围就确定了。如上面定义的 a[2][3]，元素的下标从[0][0]开始，这 6 个元素分别是 a[0][0]、a[0][1]、a[0][2]、a[1][0]、a[1][1]、a[1][2]。

2. 二维数组的存储

二维数组可以看作是一个特殊的一维数组。如 a 数组，就是一个特殊的一维数组，它共有两个元素，分别是 a[0] 和 a[1]。而每个元素又是一个一维数组，对于 a[0] 来说，可以看成是一个一维数组的数组名，它有 3 个元素，分别为 a[0][0]、a[0][1]、a[0][2]；同理，对于元素 a[1] 来说它也是一个有 3 个元素的一维数组的数组名，3 个元素分别是 a[1][0]、a[1][1]、a[1][2]。

a[0][0]
a[0][1]
a[0][2]
a[1][0]
a[1][1]
a[1][2]

在 C 语言中，默认情况下二维数组在内存中采用行优先存储：先将第一行的元素存放，再将第二行的元素存放，以此类推，直到最后一行存放完毕，如图 4-5 所示。

图 4-5　二维数组存储示意图

【例 4-5】编写程序，将一个二维数组中行和列元素互换，存到一个二维数组中。设数组如下：

$$a = \begin{bmatrix} 1 & 5 & 9 \\ 2 & 6 & 8 \end{bmatrix} \qquad b = \begin{bmatrix} 1 & 2 \\ 5 & 6 \\ 9 & 5 \end{bmatrix}$$

分析：

(1) 数组的定义，需要定义两个数组，一个为 a[2][3] 存放原数组，另一个为 b[3][2] 存放互换后的数组。

(2) 数组的初始化，可以通过初始化的方式对数组元素赋值。

(3) 数组元素的引用，二维数组也是每次只能引用一个元素，每个元素引用时都有两个下标。

源程序：

```c
#include <stdio.h>
void main()
{
    int a[2][3]={{1,5,9},{2,6,8}};    //定义并初始化二维数组
    int b[3][2],i,j;
    printf("数组a: \n");
    for(i=0;i<2;i++)                  //输出原来的数组 a 的数据
    {
        for(j=0;j<3;j++)
        {
            printf("%4d",a[i][j]);    //输出数组元素 a[i][j] 的值
            b[j][i]=a[i][j];          //将两个数组元素相互交换
        }
        printf("\n");                 //输出一行数组元素后换行
    }
    printf("数组b: \n");
    for(i=0;i<3;i++)                  //输出交换后的数组 b 的数据
    {
        for(j=0;j<2;j++)
            printf("%4d",b[i][j]);
        printf("\n");
    }
}
```

运行结果：

例 4-5 的运行结果如图 4-6 所示。

图 4-6 例 4-5 的运行结果

结果分析：

将二维数组中的各元素逐个输出时，需要使用双重循环语句完成，一般用外层循环控制二维数组的行，用内层循环控制二维数组的列。

3. 二维数组的初始化

二维数组的初始化与一维数组类似，可以用下列方法实现。

(1) 分行对二维数组赋初值。例如：

```
int a[2][3]={{1,2,3},{4,5,6}};
```

这种赋值的方法很直观，以行为单位，第一个花括号里的赋值给了第一行的元素，第二个花括号里的值赋给了第二行的元素。

(2) 对所有数据一起赋值，放在一个花括号中。例如：

```
int a[2][3]={1,2,3,4,5,6};
```

按照数组元素在内存中的排列顺序依次对各元素赋值。

(3) 对部分元素赋值。像一维数组一样，可以对数组中的部分元素赋值，其余元素值自动赋予默认值。

```
int a[2][3]={{1,2},{4}};
```

该数组 a 的第一行各元素的值分别为 1,2,0；第二行元素的值分别为 4,0,0。

```
int a[2][3]={{1}};
```

该数组第一行的各元素的值分别为 1,0,0；第二行元素的值分别为 0,0,0。

(4) 对数组元素全部赋值时，可以省略数组的第一维长度，但是第二维长度不能省略。

```
int a[][3]={1,2,3,4,5,6};
```

等价于

```
int a[2][3]={1,2,3,4,5,6};
```

在初始化时可以只对部分元素赋值而省略第一维的长度，但是要分行赋值。

```
int a[][3]={{1,2},{3}};
```

此时系统会根据分行赋值的方法，判断共有两行，每行 3 列。第一行元素的值为 1,2,0；

第二行元素的值为 3,0,0。

4. 二维数组的引用

二维数组的引用与一维数组的引用类似，每次只能引用一个元素，而不是引用整个数组。二维数组中的每个元素都有两个下标，标识其在二维数组中的位置。

二维数组元素的引用形式：

数组名[下标1][下标2]

(1) 下标 1 和下标 2 可以是常量、变量或表达式。

(2) 数组的两个下标范围应该分别在 0 到行长度或列长度减 1 之间。

【例 4-6】输入 4 个学生的 3 门课程的考试成绩，编写程序，计算每个学生的平均成绩，最后输出计算后的结果。

分析：

需要定义一个二维数组 score[4][3]存放 4 个学生 3 门课程考试成绩，定义一个一维数组 sv[4]存放 4 个学生成绩的计算结果。二维数组每次只能引用一个元素，每个元素引用时都有两个下标。从键盘上逐个输入二维数组中的各元素值时，需要使用双重循环语句完成。

源程序：

```c
#include <stdio.h>
void main()
{
    float score[4][3],sv[4];//定义二维数组 score 和一维数组 sv
    int i,j;
    printf("输入 4 个学生的 3 门课程的成绩：\n");
    for(i=0;i<4;i++)            //输入 4 个学生的 3 门课程的成绩
    {
        for(j=0;j<3;j++)
            scanf("%f",&score[i][j]);
    }
    for(i=0;i<4;i++)
    {
        sv[i]=0;              //每个学生的总成绩清零
        for(j=0;j<3;j++)      //计算每个学生的总成绩
            sv[i]=sv[i]+score[i][j];
        sv[i]=sv[i]/3;        //计算每个学生的平均成绩
    }
    printf("输出每个学生的平均成绩为：\n");
    for(i=0;i<4;i++)            //输出每个学生的平均成绩
        printf("学生%d=%.3f\n",i+1,sv[i]);
}
```

运行结果：

例 4-6 的运行结果如图 4-7 所示。

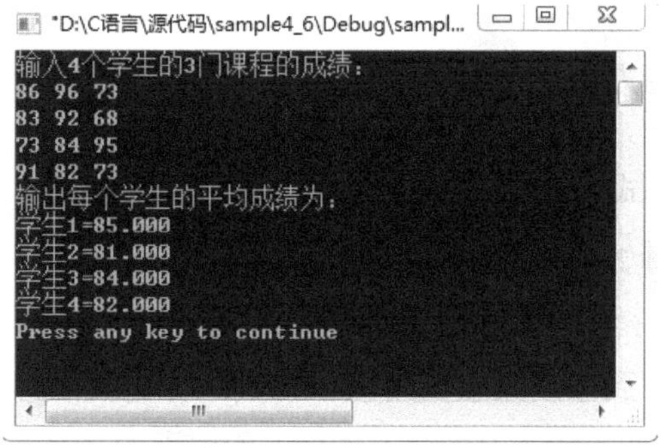

图 4-7　例 4-6 的运行结果

结果分析：

计算每个学生的平均成绩时，首先计算每个学生的总成绩，总成绩是将每一行的所有元素进行求和，结果存储在与行下标相同的一维数组中，然后再计算每个学生的平均成绩。

4.5.2　多维数组

三维及三维以上数组称为多维数组。多维数组可以在一维数组和二维数组的基础上理解。

1. 多维数组的定义

多维数组定义的一般形式：

类型说明符　数组名[常量表达式 1][常量表达式 2]　[常量表达式 3]…[常量表达式 n]；

例如：

```
int a[2][3][4];
```

表示定义一个三维数组，数组的元素个数是 2*3*4=24 个。

2. 多维数组在系统中的存储方式

多维数组在内存中的排列原则是第一维的变换最慢，而最右边的下标变换最快。例如上述三维数组的元素排序顺序如下：

```
a[0][0][0]    a[0][0][1]    a[0][0][2]    a[0][0][3]
a[0][1][0]    a[0][1][1]    a[0][1][2]    a[0][1][3]
a[0][2][0]    a[0][2][1]    a[0][2][2]    a[0][2][3]
a[1][0][0]    a[1][0][1]    a[1][0][2]    a[1][0][3]
a[1][1][0]    a[1][1][1]    a[1][1][2]    a[1][1][3]
a[1][2][0]    a[1][2][1]    a[1][2][2]    a[1][2][3]
```

可以看出，前面 12 个元素的第一个下标都为 0，后面 12 个元素的第一个下标都为 1；而在前面的 12 个元素中，前 4 个的第二个下标相同，都为 0，中间 4 个的第二个下标都为 1，后面 4 个的第二个下标都为 2。后面的 12 个元素的第二个下标也是这样变换的。

3. 多维数组元素的引用

多维数组元素的引用方法和前面讲到的一维数组、二维数组类似，也必须使用下标标识元素。

多维数组元素表示形式：

数组名 [下标1][下标2]…[下标 n]

下标与一维数组和二维数组一样，只可以是整型变量、变量或表达式，不可以为小数。每一维的下标范围均在 0 到该维数组长度减 1 之间，如定义的三维数组 a[2][3][4]。下标 1 的范围为 0 到 1，下标 2 的范围为 0 到 2，下标 3 的范围为 0 到 3。

4.5.3 字符数组

4.5.3.1 字符数组的定义与初始化

在程序设计中，经常需要处理一些如姓名、地址、工作单位等非数值型的文本数据。这时候使用前面学习的字符变量和字符串常量就无法满足需求了。C 语言中提供的字符数组解决了这一问题。

字符数组是类型为字符型的数组，该数组的每个元素都用来存放一个字符常量。

【例 4-7】输出字符数组的元素值。

分析：

(1) 字符数组的定义与初始化，与前面介绍的一维数组的定义格式和初始化方法相同。

(2) 字符数组元素的引用与一维数组元素的引用相同，可以通过下标逐个引用数组中的元素。

源程序：

```c
#include <stdio.h>
void main()
{
    char c[9]={'l','i','a','o',' ','n','i','n','g'};  //定义并初始化数组
    int  i;
    for(i=0;i<9;i++)              //输出字符数组元素值
        printf("%c",c[i]);        //数组元素的引用，输出数组元素 c[i]
    printf("\n");
}
```

运行结果：

例 4-7 的运行结果如图 4-8 所示。

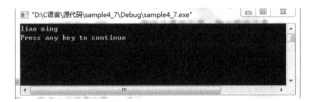

图 4-8 例 4-7 的运行结果

结果分析：

该程序中定义了一个字符数组并进行了初始化，然后通过下标逐个输出字符数组中的元素值。

1. 字符数组的定义

从上例可以看出字符数组定义的一般形式：

```
char 数组名[常量表达式]
```

例如：

```
char c[10];    //定义字符数组 c，包含 10 个字符数组元素
```

在数组定义后，系统在内存中会开辟"常量表达式*1"个连续的存储单元来存放数组的各个元素。

2. 字符数组的初始化

字符数组定义后，可以通过赋值语句对每个数组元素逐个赋值，也可以通过初始化对字符数组中的元素赋值。字符数组的初始化与其他数组类似。

(1)　对一维字符数组全部元素赋值。

```
char s[3]={'I','B','M'};
```

定义字符数组 s，共有 3 个数组元素 s[0]、s[1]、s[2]，分别赋值为'I','B','M'。

在对一维字符数组全部数组元素赋值时，数组的长度可以省略，系统会自动根据花括号中的初值个数来确定字符数组的长度。上述定义语句还可以写为如下形式：

```
char s[]={'I','B','M'};
```

(2)　对一维字符数组部分元素赋值。

```
char s[5]={'I','B','M'};
```

定义字符数组 s，共有 5 个数组元素 s[0]、s[1]、s[2]、s[3]、s[4]，前 3 个数组元素分别赋值为'I','B','M'，后两个元素 s[3]、s[4]均赋值为'\0'。在对一维字符数组部分元素赋值时，会将字符常量逐个赋给数组中前面的元素，其余的元素自动赋值为空字符(即'\0')。

4.5.3.2　字符串与字符数组

1. 字符串

字符串常量是由一对双引号括起来的字符序列。字符串常量在存储时，系统会在字符串常量后面自动加上一个结束符号'\0'。所以在存储字符串常量时，需要的存储字节数是实际字符长度加 1。

例如，字符串常量"Hello world!"，字符的个数为 12，但是在存储时必须用 13 字节的存储空间存放。

2. 字符串对字符数组初始化

对字符数组的初始化，可以使用字符常量对字符数组中的元素逐个赋值，也可以使用

字符串常量对字符数组初始化。

```
char str[]={"student"};
```

或者直接将花括号省略，写成如下形式：

```
char str[]="student";
```

系统会根据后面的字符串需要占用的空间大小自动给 str 数组分配空间。字符数组的长度为字符串中字符个数加 1。故 str 数组的长度为 8。

说明：

不能使用赋值语句将一个字符串常量直接赋值给一个字符数组，如 str1={"student"};是错误的。

【例 4-8】改写例 4-7 中的程序，用字符串实现。

源程序：

```
#include <stdio.h>
void main()
{
    char c[]={"liao ning"};        //定义并初始化字符数组 c
    int i;
    for(i=0;i<9;i++)               //输出字符数组元素值
        printf("%c",c[i]);         //数组元素的引用，输出数组元素 c[i]
    printf("\n%s\n",c);            //输出字符数组元素值
}
```

运行结果：

例 4-8 的运行结果如图 4-9 所示。

图 4-9   例 4-8 的运行结果

结果分析：

(1) 程序中定义了一个字符数组并使用字符串对其进行初始化，定义时缺省的数组长度为 7。

(2) 字符数组元素引用时也是通过下标逐个引用数组中的元素。同时也可以使用%s 一次输出字符数组元素值。

4.5.3.3   字符数组的输入和输出

字符数组的输入和输出方法有两种。

(1) 和普通字符变量一样，用 "%c" 逐个将字符输入和输出。

例如，以下输出语句，输出时一般与循环语句结合使用。相关代码如下：

```
char str[10]="student";
```

```
for(i=0;i<7;i++)
    printf("%c",str[i]);
```

(2) 用 "%s" 格式符将字符串一次输入或输出。

在使用%s格式符输入或输出字符串时,是将整个字符数组中的字符串一次输入或输出,而不必使用循环语句逐个进行,因此使用输入或输出语句中的输出项是字符数组名,而不是数组的某个元素。

【例 4-9】字符数组的输入和输出。

分析:

(1) 字符数组的输入,使用%s 格式符接收字符串赋值给字符数组,格式为 "scanf("%s", 字符数组名);"。

(2) 字符数组的输出,使用%s 格式符输出字符数组中字符串的值,格式为 "printf("%s", 字符数组名);"。

源程序:

```
#include <stdio.h>
void main()
{
    char c[50];              //定义字符数组 c
    printf("请输入字符串: ");
    scanf("%s",c);           //输入字符数组值
    printf("%s\n",c);        //输出字符数组值
}
```

运行结果

例 4-9 的运行结果如图 4-10 所示。

图 4-10 例 4-9 的运行结果

结果分析:

(1) 使用 printf("%s ",c);语句输出字符数组中字符串值时,遇到结束符'\0'时结束输出,结束符'\0'不会一并输出。如果一个字符数组中包含一个以上的'\0',则遇到第一个'\0'时,就结束输出。

(2) 使用 scanf("%s",c);语句接收字符串给字符数组赋值时,输入的字符串中不可以包含空格。如果输入的字符串中包含了空格,则该语句只接收第一个空格之前的字符串并赋值给字符数组。即 scanf 语句接收字符串时,以空格和回车作为字符串的结束符。

例如:运行如下字符串。

请输入字符串:

```
who are you
```

输出结果为 who,因为在利用键盘输入时,遇到了空格就表示字符串已经结束,系统

会自动在后面加上结束符号'\0'，从而将"who"作为一个字符串看待。

(3) 使用 scanf("%s",c);语句接收字符串给字符数组赋值时，输入的字符串长度应该小于字符数组的长度。因为系统会自动在字符串后面加一个结束符'\0'。对于上面的字符数组 c 来说，从键盘上输入的字符串长度要小于 50 个。

4.5.3.4 字符串处理函数

C 语言的函数库中提供了丰富的字符串处理函数，这些函数使用起来非常方便，可以在很大程度上减轻编程人员的负担。而这些库函数的声明是放在头文件中的，使用之前，需要在程序中使用编译预处理命令。如果是字符串的输入输出函数，则要加上头文件"stdio.h"；如果使用的是其他的字符串处理函数则要加上头文件"string.h"。

1. 字符串输出函数(puts)

函数调用的一般形式：

```
puts(数组名)
```

功能：将字符数组中的字符串输出到终端(显示器)。

例如：

```
char s[]={"I am a girl"};
puts(s);
```

2. 字符串输入函数(gets)

函数调用的一般形式：

```
gets(数组名)
```

功能：从键盘上输入一个字符串到字符数组。

例如：

```
char s[10] ;
gets(s);
```

表示从键盘上输入一个字符串到字符数组 s 中，输入的字符串中可以包含空格。注意输入的字符串个数不能超过 9 个。

说明：

(1) 字符串的输入和输出函数类似于前面学习的字符输入和输出函数，在使用时应加上头文件"stdio.h"。

(2) 字符串的输入和输出函数每次只能输入或输出一个字符串。不能将两个或多个字符数组整体输入输出。

(3) 字符串的输入函数 gets()和 scanf()函数不同，前者输入的字符串中可以包含空格，只以回车作为字符串结束标志，而 scanf()函数将空格和回车都作为字符串结束标志。

3. 字符串连接函数(strcat)

函数调用的一般形式：

```
strcat(字符数组1,字符数组2)
```

功能：将第二个字符数组中的字符串连接到前面字符数组的字符串后面。连接后的字符串放在第一个字符数组中，函数调用后返回第一个字符数组的首地址。

【例 4-10】字符串连接。

源程序：

```
#include <stdio.h>
#include <string.h>
void main()
{
    char str1[30]="zhongguo",str2[]="daxue";//定义字符数组 str1 和 str2
    strcat(str1,str2);      //将 str2 的字符串连接到 str1 的字符串后面
    puts(str1);             //输出字符数组 str1 中的字符串
}
```

运行结果：

例 4-10 的运行结果如图 4-11 所示。

图 4-11   例 4-10 的运行结果

结果分析：

(1) 字符数组 1 必须足够大，以便能够容纳连接后新的字符串。如果将上述 str1[30]="zhongguo"改为 str1[]="zhongguo"，则会出现错误。

(2) 字符数组的连接函数及后面介绍的字符串处理函数，在使用时应加上头文件 string.h。

4. 字符串复制函数(strcpy)

函数调用的一般形式：

```
strcpy(字符数组 1,字符数组 2)
```

功能：将第二个字符数组中的字符串复制到第一个字符数组中去，将第一个字符数组中的相应字符覆盖。

例如：

```
char str1[12],str2[]="student";
strcpy(str1,str2);
```

执行上面的语句后，str1 中存放的是从 str2 那里复制的字符串"student"和'\0'，剩下的空间自动赋值为结束符号'\0'。

说明：

(1) 字符数组 1 的长度不能小于字符数组 2 中字符串的长度，以便能容纳字符串 2。

(2) 字符数组 1 必须是字符数组名的形式，而字符数组 2 可以为字符数组名或字符串常量。

(3) 不能将一个字符数组直接赋值给另一个字符数组，例如：str1=str2;是错误的，其中 str1 和 str2 分别为两个字符数组的数组名。

5. 字符串比较函数(strcmp)

函数调用的一般形式：

```
strcmp(字符数组 1,字符数组 2)
```

功能：比较字符数组 1 和字符数组 2 中字符串的大小。实际上是对两个字符串自左至右逐个比较字符的 ASCII 码的大小，直到出现了不同的字符或者遇到结束符号'\0'为止。字符串的比较结果由函数返回，有以下 3 种结果。

(1) 字符串 1=字符串 2，返回值=0。

(2) 字符串 1>字符串 2，返回值>0。

(3) 字符串 1<字符串 2，返回值<0。

例如：

```
char str1[30]="hongse",str2[30]="student";
strcmp(str1,str2);    //比较字符数组 str1、str2 中字符串大小，返回值为-1
strcmp(str1,"daxue"); //比较数组 str1 中字符串与字符串常量大小，返回值为1
```

说明：

字符数组 1、字符数组 2 可以是字符数组，也可以是字符串常量。

【例 4-11】从键盘上输入两个字符串，按照从小到大的顺序将其连接在一起。

分析：

使用字符串比较函数 strcmp 比较两个字符串的大小，然后按从小到大的顺序将两个字符串连接在一起。

源程序：

```
#include <stdio.h>
#include <string.h>
void main()
{
    char str1[30],str2[30],str3[60];   //定义字符数组
    printf("请输入两个字符串\n");
    gets(str1);   //输入字符串存放到字符数组 str1 中
    gets(str2);   //输入字符串存放到字符数组 str2 中
    if(strcmp(str1,str2)<0)      //当 str1 中的字符串小于 str2 中的字符串时
    {
        strcpy(str3,str1);       //将 str1 中的字符串复制到字符数组 str3 中
        strcat(str3,str2);       //将 str2 中的字符串复制到字符数组 str3 中
    }
    else
    {
        strcpy(str3,str2);       //将 str2 中的字符串复制到字符数组 str3 中
        strcat(str3,str1);       //将 str1 中的字符串复制到字符数组 str3 中
    }
    puts(str3);                  //输出 str3 字符串
}
```

运行结果：

例 4-11 的运行结果如图 4-12 所示。

图 4-12　例 4-11 的运行结果

结果分析：

(1)　该程序中使用 gets 函数接收字符串时，只以回车作为字符串结束标志。

(2)　当字符数组 str1、str2 的长度足够大，可以存放两个字符串的连接结果时，还可以采用如下语句实现字符串从小到大的连接：

```
if(strcmp(str1,str2)<0)        //当 str1 中的字符串小于 str2 中的字符串时
{
    strcat(str1,str2);         //将 str2 中的字符串连接到 str1 中的字符串
    puts(str1);                //输出连接后的结果字符串
}
else
{
    strcat(str2,str1);         //将 str1 中的字符串连接到 str2 中的字符串
    puts(str2);                //输出 str2 字符串
}
```

6. 求字符串长度函数(strlen)

函数调用的一般形式：

```
strlen(字符数组)
```

功能：求字符串的实际长度(不含字符结束符号'\0')，并作为函数返回值。

例如：

```
char str1[10]="student";
strlen(str1,"daxue");   //比较数组 str1 中字符串与字符串常量大小，返回值为 1
printf("%d\n",strlen(str1));
```

输入结果：7

上面的语句还可以直接写成：

```
printf("%d\n","student");
```

7. 大写字母转换为小写字母函数(strlwr)

函数调用的一般形式：

```
strlwr(字符数组)
```

功能：将指定的字符串所有大写字母均转换成小写字母。

例如：

```
char st1[30]="Hongse";
strlwr(st1);      //将字符串中所有大写字母转换为小写字母，其他字符不变
printf("%s\n",st1);
```

输出结果为：

```
hongse
```

8. 小写字母转换为大写字母函数(strupr)

函数调用的一般形式：

```
strupr(字符数组)
```

功能：将指定的字符串所有小写字母均转换成大写字母。

例如：

```
char st1[30]="Hongse";
strupr(st1);           //将字符串中所有小写字母转换为大写字母，其他字符不变
printf("%s\n",st1);
```

输出结果为：HONGSE

4.6 上 机 实 训

4.6.1 整数插入排序数组

1. 训练内容

把一个整数按大小顺序插入已排好序的数组中。

分析：

把一个数按照大小插入已排好序的数组中，应首先确定排序是从小到大还是从大到小进行的。设排序是从大到小进行的，可把要插入的数与数组中的每个数逐个比较，当找到第一个比插入数小的元素 i 时，该元素之前即为插入位置。然后从数组最后一个元素开始到该元素为止，逐个后移一个单元，该元素之前即为插入位置。最后把插入数赋予元素 i 即可。如果被插入数比所有的元素值都小则插入最后位置。

2. 源程序

根据上面的训练内容分析，可以用如下源程序实现。

```
#include <stdio.h>
void main()
{
    int i,j,s,n,a[11]={134,6,86,35,97,168,23,8,95,17,46};//初始化数组 a
    for(i=0;i<9;i++)    //用冒泡排序法对现有数据排序
        for(j=9;j>i;j--)
            if(a[j]>a[j-1])
            {
                s=a[j];
                a[j]=a[j-1];
```

```
                    a[j-1]=s;
                }
        printf("\n请输入新整数：\n");
        scanf("%d",&n);              //输入新整数
        for(i=0;i<10;i++)            //从头至尾遍历整个数组
            if(n>a[i])              //新插入整数比当前数组中的数大
            {
                for(s=9;s>=i;s--)    //所有后序的数组元素依次后移
                    a[s+1]=a[s];
                break;              //跳出外循环
            }
        a[i]=n;                     //将新整数插入合适位置
        for(i=0;i<=10;i++)          //输出插入新数据后的数组元素
            printf("%d\t",a[i]);
}
```

4.6.2 按字母排序输出国家名称

1. 训练内容

输入 5 个国家的名称并按字母顺序排序输出。

分析：

5 个国家名应由一个二维字符数组来处理。然而 C 语言规定可以把一个二维数组当成多个一维数组来处理。因此这里可以按五个一维数组处理，而每一个一维数组就是一个国家名字符串。用字符串比较函数比较每个一维数组的大小，并排序，输出结果。

2. 源程序

根据上面的训练内容分析，可以用如下源程序实现。

```
#include <stdio.h>
#include <string.h>
void main()
{
    char st[20],cs[5][20];   //存放 5 个国家的名称
    int i,j;
    printf("请输入国家的名称：\n");
    for(i=0;i<5;i++)   //输入 5 个国家的名称给字符数组
        gets(cs[i]);
    printf("\n");
    for(i=0;i<4;i++)     //对 5 个国家的名称排序
    {
        for(j=4;j>i;j--)
            if (strcmp(cs[j],cs[j-1])<0)
            {
                strcpy(st,cs[j]);
                strcpy(cs[j],cs[j-1]);
                strcpy(cs[j-1],st);
            }
    }
    for(i=0;i<5;i++)   //按排序后的结果输出 5 个国家的名称
    {
```

```
        puts(cs[i]);
        printf("\n");
    }
}
```

项 目 小 结

(1) 数组是相同类型的数据集合，采用相同的变量名和不同的下标来区分数组的不同元素，即数据元素通过数组名和下标来引用。根据数组小标个数的多少可将数组分为一维数组、二维数组和多维数组。一维数组可看成数列，二维数组可看成矩阵或表格。

(2) 数组定义时在[]中给出的常量 N，表明数组的元素小标取值范围为 0~N-1，但 C 语言不会对数组越界进行检查。在定义数组时可对其赋初值。数组定义后，将按行优先给它分配连续内存区域来存放数据，数组名表示该连续存储区域的首地址。

(3) C 语言有着强大的字符处理能力，一维字符数组可存储一个字符串，二维字符数组可存储多个字符串。C 语言提供了专门的字符串处理函数，以方便将字符数组作为一个整体进行处理。

 知识补充

4.7 算法的空间复杂度

算法复杂度分为时间复杂度和空间复杂度。这里主要介绍空间复杂度。

一个程序的空间复杂度是指运行完一个程序所需内存的大小。利用程序的空间复杂度，可以对程序运行所需要的内存有个预估。一个程序执行时除了需要存储空间和存储本身所使用的指令、常数、变量和输入数据外，还需要一些对数据进行操作的工作单元，以及存储一些中间信息所需的辅助空间。程序执行时所需存储空间包括存储算法本身所占用的存储空间、算法的输入输出数据所占用的存储空间和算法在运行过程中临时占用的存储空间 3 个方面。

在写代码时，完全可以用空间来换取时间，比如说，要判断某某年是不是闰年，可能会花一点心思写一个算法，而且由于是一个算法，也就意味着，每次遇到一个年份，都要通过计算得到是否是闰年的结果。还有另一个办法就是，事先建立一个有 2050 个元素的数组(年数略比现实多一点)，然后把所有的年份按下标的数字对应，如果是闰年，此数组项的值为 1，否则为 0。这样，所谓的判断某一年是否是闰年，就变成了查找这个数组的某一项的值是多少的问题。此时，运算是最小化了，但硬盘或者内存需要存储这 2050 个 0 和 1。

算法的输入输出数据所占用的存储空间是由要解决的问题决定的，是通过参数表由调用函数传递而来的，它不随本算法的不同而改变。存储算法本身所占用的存储空间与算法书写的长短成正比，要压缩这方面的存储空间，就必须编写出较短的算法。算法在运行过程中临时占用的存储空间随算法的不同而异，有的算法值需要占用少量的临时工作单元，而且不随问题规模的大小而改变，这种算法是"就地"进行的，是节省存储空间的算法，如本项目中用到的冒泡排序算法；有的算法需要占用的临时工作单元数量与解决问题的规模 n 有关，它随着 n 的增大而增大，当 n 较大时，将占用较多的存储单元，排序算法中的快速排序算法就属于这种情况。

一个算法所需的存储空间用 f(n)表示，S(n)=O(f(n))，其中 n 为问题的规模，S(n)表示空间复杂度。

对于一个算法，其时间复杂度和空间复杂度往往是相互影响的。当追求一个较好的时间复杂度时，可能会使空间复杂度的性能变差，即可能导致占用较多的存储空间；反之，当追求一个较好的空间复杂度时，可能会使时间复杂度的性能变差，即可能导致占用较长的运行时间。另外，算法的所有性能之间都有着或多或少的相互影响。因此，当设计一个算法(特别是大型算法时)时，要综合考虑算法的各项性能、算法的使用频率、算法处理的数据量的大小、算法描述语言的特性、算法运行的机器系统环境等各方面因素，这样才能够设计出比较好的算法。

 ## 项目任务拓展

(1)　将 100 以内能被 3 整除且个位数为 2 的所有整数存入到数组中。

(2)　从键盘输入一个字符串和一个指定字符，要求输出去掉指定字符后的字符串。

(3)　编写程序求一个 3*3 矩阵的两条对角线元素之和，并输出。

(4)　从键盘输入一个字符串，判断是否为 "回文" (即顺读和倒读都一样，比如 ABCBA，字符串首部和尾部的空格不参与比较)。

项目 5 学生成绩分析系统

(一)项目导入

开发一个学生成绩分析系统，采用计算机对学生成绩进行管理，能进一步提高学校的办学效益和现代化水平；任课教师可以方便地记录学生的成绩，提高教师的工作效率和准确性；教务处的教师可以在很短的时间把学生的成绩核算出来，提高教务处的工作效率，实现学生成绩信息管理工作流程的系统化、规范化和自动化；同时，能够随时对学生基本信息和成绩进行各种查询，以及很好地对系统进行维护。

下面就以简单的学生成绩分析系统介绍函数在 C 语言中的使用。

(二)项目分析

一个 C 程序可由一个主函数和若干个其他函数构成。一个 C 语言程序可划分为若干个函数模块。这样即可通过函数模块来实现特定的功能。在高级语言中已实现了模块功能。

函数间的调用关系由主函数调用其他函数，其他函数相互调用，同一函数可被一个或多个函数调用任意多次。函数间的调用关系如图 5-1 所示。

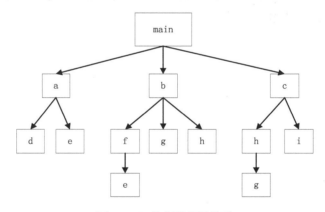

图 5-1　函数间的调用关系

本项目通过实现学生成绩分析系统的模拟程序，重点介绍 C 语言函数的概念，以及如何定义和调用函数，掌握函数的编程与使用方法。

(三)项目目标

1. 知识目标

(1) 了解函数的概念。

(2) 掌握函数的定义与说明的方法。

(3) 掌握函数调用中参数的传递方法。

(4) 掌握函数的调用方法。

(5)　熟悉函数的编程与使用方法。

2. 能力目标

培养学生使用集成开发环境进行软件开发、调试的综合能力。

3. 素质目标

使学生养成良好的编程习惯，具有团队协作精神，具备岗位需要的职业能力。

(四)项目任务

本项目的任务分解如表 5-1 所示。

表 5-1　学生成绩分析系统项目任务分解表

序　号	名　称	任务内容	方　法
1	输入学生成绩	函数的引入	演示+讲解
2	每位学生的平均分	函数定义的形式	演示+讲解
3	每门课程的平均分	函数的参数	演示+讲解
4	查找最高分的学生和课程	函数的嵌套调用与递归调用	演示+讲解
5	按学号查成绩	变量的存储类别与作用域	演示+讲解

任务 5.1　输入学生成绩

 # 任务实施

5.1.1　输入 10 名学生 5 门课程的成绩

先定义常量 N=10，定义二维数组 score，存储 10 名学生 5 门课程的成绩。

源程序：

```
#define N   10
int score[11][5];
void input_s(void)   //输入10名学生5门课程的成绩
{
    int i,j;
    int id;
    for(i = 0; i< N;i++)
    {
        printf("请输入学号(1~10):\n");
        scanf("%d",&id);           //输入学生学号
        if((id >10)||(id <=0))
        {
            printf("学号输入错误，请重新输入\n");
            do {
                scanf("%d",&id);
            } while((id>10)||(id <= 0));
        }
        printf("请依次输入该学生的5门成绩:\n");
```

```
        for(j=0;j<5;j++)
        {
            scanf("%d",&score[id][j]);
        }
    }
}
```

5.1.2 函数的引入

随着 C 语言程序设计的深入学习，编写的程序越来越多，代码越来越长。在实际的程序编写过程中，或多或少地会遇到以下几个问题。

(1) 程序越来越长，难以理解，不易于查找且可读性下降。

(2) 重复代码增多，某段程序可能被执行多次。

(3) 某一问题中的代码无法在其他同类问题中再用，必须重复原来的设计编码过程。

【例 5-1】从键盘输入两个字符串，这两个字符串代表两个不同的日期，对输入的两个日期进行合法性检查(例如：2018-9-10)。

源程序：

```
#include <string.h>
#include <stdio.h>
void main()
{
    char date1[20],date2[20];//两个字符数组，表示两个不同的日期
    int i;
    printf("请输入第一个日期：yyyy/mm/dd\n");
    scanf("%s",date1);
    printf("请输入第二个日期：yyyy/mm/dd\n");
    scanf("%s",date2);
    if(strlen(date1)!=10)    //检查日期 date1 的有效性，是否含有非法字符
    {
        printf("日期 1 的长度不正确\n");
    }
    else
    {
        for(i=0;i<10;i++)
        {
            if (i==4 ||i==7)
            {
                if(date1[i]!='-')
                    printf("分隔符不正确! \n");
            }
            else if(!(date1[i]<='9' && date1[i]>='0'))
                printf("日期 1 包含无效的字符! ");
        }
    }
    if(strlen(date2)!=10)    //检查日期 date2 的有效性，是否含有非法字符
    {
        printf("日期 2 的长度不正确\n");
    }
```

```
        else
        {
            for(i=0;i<10;i++)
            {
                if (i==4 ||i==7)
                {
                    if(date2[i]!='-')
                        printf("分隔符不正确！\n");
                }
                else if(!(date2[i]<='9' && date2[i]>='0'))
                    printf("日期2包含无效的字符！");
            }
        }
...
}
```

上述有关两个日期合法性的检查，除了检查对象 date1 和 date2 不同之外，其他的代码完全一样，是重复的代码，但是却不得不写两次。如果是多个日期的检查，又要重复编写代码。其实 C 语言中提供的函数能够非常好地解决代码重复编写的问题。

任务 5.2　每位学生的平均分

 ## 任务实施

5.2.1　计算每位学生的平均分

按照学生的学号依次计算 10 名学生 5 门课程的平均分。
源程序：

```
void average_s()        //计算每名学生的平均分
{
    int i,j,sum;
    float a = 0;
    for(i = 0; i < N; i++)
    {
        sum = 0;
        for(j = 0; j < 5;j++)
        {
            sum += score[i+1][j];
        }
        a = (float)(sum/5);
        printf("学号%d 的平均分为%.1f\n",i+1,a);
    }
}
```

5.2.2　函数定义的形式

1. 函数的定义

【例 5-2】求两个整数的和。

源程序 1：

```c
#include <stdio.h>
void main()
{
    int x,y,z;
    printf("请输入两个整数：");
    scanf("%d,%d",&x,&y);         //从键盘输入两个整数，以逗号间隔
    z=x+y;                        //计算两个整数的和
    printf("数据的和为：%d\n",z);//输出两个整数的和
}
```

源程序 2：

```c
#include <stdio.h>
int sum(int a,int b)             //被调用函数 sum 的定义
{
    int s;
    s=a+b;                        //计算两个整数的和
    return s;                     //返回两个整数的和
}
void main()
{
    int x,y,z;
    printf("请输入两个整数：");
    scanf("%d,%d",&x,&y);             //从键盘输入两个整数，以逗号间隔
    z=sum(x,y);                       //函数调用，得到两个整数的和
    printf("数据的和为：%d\n",z);     //输出两个整数的和
}
```

运行结果：

例 5-2 的运行结果如图 5-2 所示。

图 5-2　例 5-2 的运行结果

结果分析：

(1) 源程序 1 中定义了一个函数——主函数 main，它调用了两个库函数 scanf 和 printf，并实现了求两个整数的和。

(2) 源程序 2 中定义了两个主函数 main 和 sum，主函数 main 中没有具体的处理过程，它调用了 3 个函数 scanf、printf 和 sum，求和的过程由函数 sum 实现。

(3) 源程序 1 和源程序 2 中均使用了系统提供的库函数 scanf()和 printf()，该函数无须用户定义，只需在程序前包含有该函数原型的头文件即#include<stdio.h>，便可在程序中直接调用。文件包含方式有两种：#include<文件名>或#include"文件名"。区别是第一种只在标准目录下查找指定的文件；第二种则首先在引用被包含文件的源文件所在的目录中寻找指

定的文件，如没找到，再按系统指定的标准目录查找。为了提高搜索的效率，通常对用户自定义的非标准文件使用第二种格式，对使用系统库函数等的标准文件使用第一种格式。

源程序 1 和源程序 2 均实现了求两个整数的和，且在源程序 2 中是由主函数 main()和自定义函数 sum()两个函数实现了求和的功能。虽然在源程序 2 中多定义了一个函数，但就每个函数的复杂性来说，它比源程序 1 要小。这是一种分解问题复杂性的程序设计方法，当问题较复杂时，效果更为明显。

通过上例，给出函数定义的一般形式：

```
类型标识符　函数名([数据类型 参数 1][,数据类型 参数 2…])
{
    声明部分
    语句
}
```

说明：

(1) 函数定义中的第一行称为函数首部，{}中的内容称为函数体。

(2) 类型标识符指明了函数的类型，即函数返回值的类型，和数据类型一样，可以是 int、long、float、double 等。若函数不需要返回值，类型标识符可以设置为 void(空类型)。如果函数定义时不指定类型标识符，则系统默认函数类型为 int。

(3) 函数名是由用户定义的标识符，要遵循标识符的命名规则。

(4) 函数定义时的参数，称为形式参数(简称为形参)，形式参数可以缺省。每个形式参数的定义均包含数据类型和参数名，各参数之间用逗号间隔。在定义函数时，没有形式参数的函数称无参函数。有形式参数的函数称为有参函数。

(5) 函数体描述了函数实现既定功能的过程。函数体中的声明部分，是对函数体内部所用到的变量的类型说明或对使用的函数的声明。

2. 函数的调用

函数定义后，在程序中需要通过对函数的调用来执行该函数，完成函数的功能。
函数调用的一般形式：

```
函数名([参数 1[,参数 2…]])
```

说明：

(1) 在函数定义时有参数，称为形式参数。在函数调用时有参数，称为实际参数(简称为实参)。形式参数和实际参数在数量、类型和顺序上应严格一致，否则会发生类型不匹配的错误。

(2) 无参函数调用，虽然没有实参，但函数名后的括号不可以省略。

(3) 函数调用时通常把要调用其他函数的函数称为"主调函数"，而被调用的函数称为"被调函数"。在 C 语言中，非主函数的任何函数都可以是被调函数，也可以是主调函数。而主函数 main()只能是主调函数，不允许其他函数调用主函数。

【例 5-3】求两个数的最大值。

分析：

(1) 函数的定义，函数可以根据需要定义为有参函数或无参函数。

(2) 函数的调用，若函数为有参函数，则调用时实际参数和形式参数在数量、类型和

项目 5　学生成绩分析系统

113

顺序上应严格一致。

(3) C程序的执行总是从 main 函数开始,完成对其他函数的调用后再返回到 main 函数,最后由 main 函数结束整个程序。一个 C 源程序有且仅有一个 main 函数。

源程序:

```
#include <stdio.h>
float max(float a,float b)   //被调用函数max的定义
{
    float m;      //声明部分
    if(a>b)      //判断两个数的最大值
        m=a;
    else
        m=b;
    return m;    //返回两个数的最大值
}
void main()
{
    float x,y,z;
    printf("请输入两个数: ");
    scanf("%f,%f",&x,&y);    //从键盘输入两个数,以逗号间隔
    z=max(x,y);              //函数调用,求两个数的最大值
    printf("最大值为: %.2f\n",z);
}
```

运行结果:

例 5-3 的运行结果如图 5-3 所示。

图 5-3 例 5-3 的运行结果

结果分析:

(1) 程序中定义了两个函数:主函数 main 和被调函数 max,求最大值是由函数 max 实现的,其中 a、b 为函数定义时的形式参数,x、y 为函数调用时的实际参数。函数被调用时,会将实参 x、y 的值分别传递给形参 a、b。

(2) 函数的返回值是指函数被调用后所取得的并返回给主调函数的值,如调用 max 函数取得的两个数的最大值。

① 函数的返回值只能通过 return 语句返回主调函数。

return 语句的一般形式:

```
return 表达式;
```

或

```
return (表达式) ;
```

该语句的功能是计算表达式的值，并返回给主调函数。

② 在函数中允许有多个 return 语句，但每次调用只能有一个 return 语句被执行，因此函数只能返回一个函数值。

③ 函数返回值的类型和函数定义中函数的类型通常情况下保持一致。如果两者不一致，则以函数类型为准，系统自动进行类型转换。如 max 函数首部修改为 int max(float a,float b)，输入 3.4,7.8 时，返回值则为 7。

④ 无返回值的函数，可以明确定义为"空类型"，类型说明符为"void"。一旦函数被定义为空类型后，就不能在主调函数中使用被调函数的返回值。

【例 5-4】打印九九乘法表。

分析：

函数被调用时，根据函数有无返回值可以采用不同的方式进行调用。在 C 语言中，可以采用以下几种方式调用函数。

① 函数语句：函数调用的一般形式加上分号即构成函数语句。

② 函数表达式：函数作为表达式中的一项出现在表达式中，函数返回值参与表达式的运算。这种方式要求函数是有返回值的。例如：z=max(x,y)是一个赋值表达式，把 max 函数的返回值赋予变量 z。

③ 函数实际参数：函数作为另一个函数调用的实际参数出现。这种情况是把该函数的返回值作为实际参数进行传送，因此要求该函数必须是有返回值的。例如：printf("%d",max(x,y));是把 max 函数调用的返回值作为 printf 函数的实际参数使用的。

源程序：

```c
#include <stdio.h>
void printnnt()
{
    int x,y;
    for(x=1;x<=9;x++)                    //控制行数
    {
        for(y=1;y<=x;y++)                //控制列数
            printf("%d*%d=%2d  ",x,y,x*y); //输出数据
        printf("\n");                    //输出每行数据后换行
    }
}
void main()
{
    printnnt();                          //调用函数 printnnt
}
```

运行结果：

例 5-4 的运行结果如图 5-4 所示。

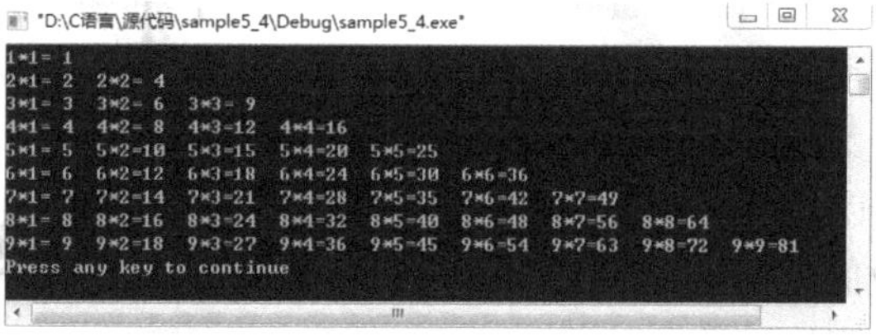

图 5-4 例 5-4 的运行结果

结果分析：

函数 printnnt 为无参函数，且没有返回值。因此函数调用时无须实际参数，调用格式为 printnnt();，注意括号不可以省略。

3. 函数的声明

在程序中，函数的位置可以任意，如主函数 main()可以放置在程序的开头、程序的末尾或程序的中间。但在一般情况下，被调函数都放置在主调函数之前，如果被调函数位置在后，则需在主调函数中调用某函数之前对该被调函数进行声明，这与使用变量之前要先声明变量是一样的。在主调函数中对被调函数做声明的目的是使编译系统知道被调函数返回值的类型，以便在主调函数中按此种类型对返回值做相应的处理。

函数声明的一般形式：

(1) 类型标识符 被调函数名(数据类型,数据类型…);

(2) 类型标识符 被调函数名(数据类型 参数 1,数据类型 参数 2,…);

括号内给出了形式参数的类型和形式参数名，或只给出形式参数类型。第(1)种形式是基本形式，允许同时给出参数名，形成第(2)种形式。编译系统不检查参数名，因此参数名是什么不重要。

例 5-3 的程序可以做如下修改：

```c
#include <stdio.h>
void main()
{
    float x,y,z;
    float max(float a,float b);    //函数声明
    printf("请输入两个数: ");
    scanf("%f,%f",&x,&y);          //从键盘输入两个数，以逗号间隔
    z=max(x,y);                    //函数调用，求两个数的最大值
    printf("最大值为: %.2f\n",z);
}
float max(float a,float b)   //被调用函数 max 的定义
{
    float m;     //声明部分
    if(a>b)      //判断两个数的最大值
        m=a;
    else
        m=b;
    return m;    //返回两个数的最大值
}
```

结果分析：

(1) 函数声明还可以采用"float max(float,float);"这样的格式，两种写法完全等效。

(2) 被调用函数声明时应与函数定义时首部写法保持一致，即函数类型、参数名、参数个数、参数类型和参数顺序必须相同。

(3) C 语言中规定以下几种情况可以省去主调函数中对被调函数的函数声明。

① 如果被调函数的返回值是整型时，可以不对被调函数做声明而直接调用。这时系统将自动对被调函数返回值按整型处理。

② 如果被调函数的定义出现在主调函数之前，则对被调函数的声明可以省略。

③ 函数声明的位置可以在调用函数所在的函数中，也可以在函数之外。如果函数声明放在函数的外部且在所有函数定义之前，则在各个主调函数中不必对所调用的函数做出再次声明。

④ 调用库函数必须把该函数的头文件用 include 命令包含在源文件前部。

【例 5-5】输入两个正整数 m 和 n，求这两个数的最大公约数。

分析：

可以利用辗转相除法求两个数的最大公约数，具体算法是首先用 a 和 b 中的大数 a 除以 b，得余数 r。然后判断余数 r 是否为 0。若 r 等于 0，当前的除数则为最大公约数，算法结束；若 r 不等于 0，用当前除数作被除数，继续重新计算新的余数 r，继续判断 r 的值，直到 r 等于 0，求得最大公约数。

源程序：

```c
#include <stdio.h>
void main()
{
    int x,y,z;
    int greatestcd(int a,int b);        //函数声明
    printf("请输入两个正整数：");
    scanf("%d%d",&x,&y);
    z=greatestcd(x,y);                  //函数调用，求两个数的最大公约数
    printf("最大公约数为：%d\n",z);
}
int greatestcd(int a,int b)             //被调用函数 greatestcd 的定义
{
    int t,r;
    if(a<b)                 //比较两个数大小，使 a 为较大数，b 为较小数
    {t=a;a=b;b=t;}
    r=a%b;                  //计算余数 r
    while(r!=0)             //直到 r 为 0 时结束循环
    {
        a=b;                //用当前除数 b 作被除数 a
        b=r;                //用当前余数 r 作除数 b
        r=a%b;              //重新计算余数 r
    }
    return b;               //返回两数的最大公约数
}
```

运行结果：

例 5-5 的运行结果如图 5-5 所示。

图 5-5 例 5-5 的运行结果

结果分析：

(1) 该程序中定义了两个函数 main()和 greatestcd()，greatestcd 函数在定义时指定了两个形式参数 a、b，函数调用时的两个实参为 x、y。程序从 main 函数开始执行，遇到 greatestcd 函数调用时，转去执行 greatestcd 函数，求得两个整数的最大公约数，并作为返回值返回到 main 函数，继续执行后面的语句，直到 main 函数结束。

(2) 函数声明 int greatestcd(int a,int b);可以省略，因为如果被调函数的返回值是整型时，可以不对被调函数做声明而直接调用。

任务 5.3　每门课程的平均分

 ## 任务实施

5.3.1　计算每门课程的平均分

计算 5 门课程的每门课程的平均分。

源程序：

```
void average_c()      //计算每门课程的平均分
{
    int i,j, sum;
    float a;
    for(i = 0; i < 5; i++)
    {
        sum = 0;
        for(j = 0; j < N; j++)
        {
            sum += score[j+1][i];
        }
        a = (float)(sum/N);
        printf("第%d课的平均分为%.1f\n",i+1,a);
    }
}
```

5.3.2　函数的参数

函数参数主要用于在主调函数和被调函数之间进行数据传递。函数定义时的形参说明了该函数被调用时，需要传递给该函数多少个数据及分别是什么类型的数据。形参在未调用前不会占用任何内存空间，当然也不会有任何值。当函数调用后，系统才会为形参提供合适的空间，并将实参的值传递给形参；实参可以是常量、变量、表达式，甚至是一个函数，其类型必须与相对应的形参类型相容。C 语言规定，实际参数向形式参数的数据传递有"值传递方式"和"地址传递方式"两种。

1. 值传递方式

【例 5-6】交换两个变量的值。

分析：

值传递方式是实际参数向形式参数传递参数值的一种方式。当函数调用时，C 语言对值传递方式的形式参数的变量自动分配内存，然后将实际参数的值存入对应的内存，完成值传递，此时实际参数与形式参数分别占用不同的内存空间。从函数返回时，自动将分配的形式参数的内存单元回收，其值将丢失，不会带到对应的实际参数中，实际参数将保持原值。下次调用时，形式参数再重新分配内存。因此，值传递方式的特点是"参数值的单向传递"。

源程序：

```c
#include <stdio.h>
void change(int a, int b)              //被调用函数 change 的定义
{
    int t;
    printf("a=%d b=%d\n",a,b);         //输出变量值
    t=a;                               //交换变量值
    a=b;
    b=t;
    printf("a=%d b=%d\n",a,b);         //输出变量值
}
void main()
{
    int x,y;
    printf("请输入两个数: ");
    scanf("%d,%d",&x,&y);              //从键盘输入两个数，以逗号间隔
    printf("x=%d y=%d\n",x,y);         //函数调用前，输出两个数
    change(x,y);                       //函数调用
    printf("x=%d y=%d\n",x,y);         //函数调用后，输出变量值
}
```

运行结果：

例 5-6 的运行结果如图 5-6 所示。

图 5-6　例 5-6 的运行结果

结果分析：

(1) 程序中定义了两个函数 main 和 change，change 函数定义时指定了两个形式参数 a、b，函数调用时的两个实际参数为 x、y。程序从 main 函数开始执行，遇到 change 函数调用时，转去执行 change 函数，完成函数的功能后再返回到 main 函数，继续执行后面的语句，

直到 main 函数结束。

(2) 从程序运行结果可以看出，实际参数 x、y 初值分别为 20、15，函数调用时，形式参数 a、b 得到的初值分别为 20、15，change 函数中交换两个变量的值后，形式参数 a、b 值修改为 15、20，而实际参数 x、y 的值仍然为 20、15，没有改变。因此，函数调用时，实际参数 x、y 将值分别传递给形式参数 a、b，而函数中对形式参数 a、b 的修改结果对实际参数 x、y 没有任何影响，此时采用的参数传递方式为值传递方式。

(3) 值传递时形式参数一般为变量，实际参数可以是常量、变量及其表达式。

2. 地址传递方式

值传递方式是单向的传递方式，对实际参数没有任何影响，被调用函数对主调函数的影响只能通过 return 语句实现，即只返回一个值。但很多情况下，程序仅返回一个值是远远不够的，而需要被调函数影响一批数据。显然通过 return 语句是无法实现的，必须通过地址作为函数参数。

【例 5-7】交换两个变量的值。

分析：

地址传递方式是实际参数向形式参数传递内存地址的一种方式。调用函数时，将实际参数的地址赋予对应的形式参数作为其地址。由于形式参数和实际参数地址相同，即它们占用相同的内存空间，所以发生调用时，形式参数值的改变将会影响实际参数的值。

源程序：

```c
#include <stdio.h>
void exchange(int *a, int *b)    //被调用函数 exchange 的定义
{
    int t;
    printf("a=%d b=%d\n",*a,*b);  //输出变量值
    t=*a;                       //交换变量值
    *a=*b;
    *b=t;
    printf("a=%d b=%d\n",*a,*b); //输出变量值
}
void main()
{
    int x,y;
    printf("请输入两个数：");
    scanf("%d,%d",&x,&y);        //从键盘输入两个数，以逗号间隔
    printf("x=%d y=%d\n",x,y); //函数调用前，输出两个数
    exchange(&x,&y);            //函数调用
    printf("x=%d y=%d\n",x,y); //函数调用后，输出变量值
}
```

运行结果：

例 5-7 的运行结果如图 5-7 所示。

结果分析：

(1) 函数调用时，采用的是地址传递方式。

此时函数的定义形式为：

图 5-7　例 5-7 的运行结果

```
类型标识符 函数名([[数据类型 *参数 1[,数据类型 *参数 2…]]])
{
    函数体
}
```

函数定义中，形式参数为指针变量，用于接收实际参数传递的地址。关于指针变量，后续内容中会有详细介绍。

函数的调用形式：

```
函数名([&参数 1[,参数 2…]])
```

函数调用时，实际参数只能是变量的地址、数组名(数组首地址)或指针变量等。

(2)　从程序运行结果可以看出，变量 x、y 初值分别为 20、15，函数调用时，将 x、y 的地址传递给形式参数 a、b，形式参数与实际参数占用相同的内存空间，即*a 等同于 x，所以函数中输出*a、*b(即 x、y)的值分别修改为 15、20，main 函数中变量 x、y 的值也修改为 15、20。因此，采用地址传递时，被调函数可以带回多个数值到主调函数中。

3. 数组作为函数参数

数组也可以作为函数的参数进行数据传递。数组作为函数参数有两种形式，一种是把数组元素作为实际参数使用；另一种是把数组名作为函数的形式参数和实际参数使用。

1)　数组元素作为函数实际参数

【例 5-8】输出一个整数数组中各元素的绝对值。

分析：

数组元素可以看成一个普通变量，因此它作为函数实际参数使用时与普通变量完全相同，在发生函数调用时，把作为实际参数的数组元素的值传送给形式参数，实现单向的值传送。

源程序：

```c
#include <stdio.h>
void fun(int n)     //被调用函数 fun 的定义，用于输出变量的绝对值
{
    if(n>0)
        printf("%3d",n);
    else
        printf("%3d",-n);
}
void main()
{
    int a[10],i;
    printf("请输入 10 个整数: ");
    for(i=0;i<10;i++)
    {
        scanf("%d",&a[i]);    //输入数组元素的值
        fun(a[i]);            //函数调用，以数组元素 a[i]为实际参数
    }
}
```

例 5-8 的运行结果如图 5-8 所示。

图 5-8　例 5-8 的运行结果

结果分析：

(1) 程序中定义了两个函数 main 和 fun，函数 fun 无返回值，有一个形式参数为整型变量 n，实现当 n 大于等于 0 时输出原值 n，当 n 小于 0 时输出-n，即实现输出 n 的绝对值。

(2) 在 main 函数中使用 for 语句输入数组元素，并且每输入一个数组元素就以该元素作为实际参数调用一次 fun 函数，即把数组元素 a[i]的值传送给形式参数 n，供 fun 函数使用。该函数调用时采用的参数传递方式为值传递。

(3) 用数组元素作实际参数时，也应注意数组元素类型与函数形式参数的一致性。

2) 数组名作为函数参数

数组元素作函数实际参数时，对数组元素的处理是按普通变量进行的，采用值传递的参数传递方式。用数组名作函数参数与用数组元素作实际参数是不同的。

(1) 用数组名作为函数参数时，要求形式参数和相对应的实际参数都必须是相同的数组，都必须有明确的数组说明。当形式参数和实际参数二者不一致时，会发生编译错误。

(2) 用数组名作为函数参数时，传递的不是值，因为数组名就是数组的首地址，因此在数组名作函数参数时传送的是地址，也就是说把实际参数数组的首地址赋予形式参数数组名。形式参数数组名取得该首地址后，也就等于获得了实际的数组。

【例 5-9】数组 a 中存放 10 个实型数据，求其平均值。

分析：

函数定义时，若函数的形式参数为数组，则函数调用时，函数的实际参数应为数组名，且形式参数和实际参数必须是相同类型的数组。

源程序：

```c
#include <stdio.h>
float average(float b[10])   //被调用函数 average 的定义
{
    int i;
    float av,s=0;
    for(i=0;i<10;i++)          //求数组中所有元素的和
        s=s+b[i];
    av=s/10;                   //求所有元素的平均值
    return av;                 //返回所有元素的平均值
}
void main()
{
    float a[10],avg;
    int i;
```

```
    printf("请输入 10 个数");
    for(i=0;i<10;i++)
        scanf("%f",&a[i]);        //输入各数组元素值
    avg=average(a);               //调用函数 average,实际参数为数组名
    printf("平均值为%5.2f\n",avg);
}
```

运行结果：

例 5-9 的运行结果如图 5-9 所示。

图 5-9　例 5-9 的运行结果

结果分析：

(1)　本程序首先定义了一个实型函数 average，有一个形式参数为实型数组 a，长度为 10。在函数 average 中，把各元素值相加求出平均值，返回给主函数。主函数 main()中首先完成数组 a 的输入，然后以 a 作为实际参数调用 average 函数，函数返回值赋值给 avg，最后输出 avg 值。

(2)　在函数形式参数表中，形式参数数组长度可以省略，也可以用一个变量来表示数组元素的个数。

实现形式一：

```
float average(float b[])        //被调用函数 average 的定义
{
    int i;
    float av,s=0;
    for(i=0;i<10;i++)           //求数组中所有元素的和
        s=s+b[i];
    av=s/10;                    //求所有元素的平均值
    return av;                  //返回所有元素的平均值
}
```

实现形式二：

```
float average(float b[],int n)  //被调用函数 average 的定义
{
    int i;
    float av,s=0;
    for(i=0;i<10;i++)           //求数组中所有元素的和
        s=s+b[i];
    av=s/10;                    //求所有元素的平均值
    return av;                  //返回所有元素的平均值
}
```

其中形式参数数组 b 没有给出长度，实现形式一中只有一个形式参数，因此 main 函数中调用语句不变。而实现形式二中有两个形式参数，其中由 n 值动态地表示数组的长度。n 的值由主调函数的实际参数进行传送，函数调用语句需修改为 avg=average(a,10);。

任务 5.4　查找最高分的学生和课程

 任务实施

5.4.1　举例查找各门课程最高分的学生和课程

查找每门课程最高分所对应的学生和课程。

源程序：

```
void highest()        //找出每门课程最高分所对应的学生和课程
{
    int i,j,h,id=0;
    for(i = 0; i < 5; i++)
    {
        h = 0;
        for(j = 0; j < N; j++)
        {
            if(score[j+1][i] > h)
            {
                h = score[j+1][i];
                id = j+1;
            }
        }
        printf("获得第%d课最高分的学生学号为%d\n",i+1,id);
    }
}
```

5.4.2　函数的嵌套调用与递归调用

C 语言中定义函数时，各函数之间是平行的，不存在上下级和隶属关系，因此不允许在一个函数定义的函数体内包含另外一个函数的定义，但允许在一个函数定义时出现对另一个函数的调用，这就是函数的嵌套调用。

1. 函数的嵌套调用

【例 5-10】计算 $s=n^2!+m^2!$。

分析：

函数的嵌套调用是在被调函数中又调用其他函数，即在调用一个函数的过程中，又调用了其他函数。

源程序：

```
#include <stdio.h>
long f1(int a)    //被调用函数 f1 的定义
{
    int k;
    long r;
```

```
    long f2(int);        //被调用函数 f2 的声明
    k=a*a;               //计算 a 的平方
    r=f2(k);             //调用函数 f2,计算 a 的平方的阶乘
    return r;            //返回函数值
}
long f2(int b)           //被调用函数 f2 的定义
{
    long c=1;
    int i;
    for(i=1;i<=b;i++)    //计算 b 的阶乘
        c=c*i;
    return c;            //返回函数值
}
void main()
{
    int n,m;
    long s;
    printf("请输入两个整数:");
    scanf("%d,%d",&n,&m);
    s=f1(n)+f2(m);
    printf("s=%ld\n",s);
}
```

运行结果:

例 5-10 的运行结果如图 5-10 所示。

图 5-10　例 5-10 的运行结果

结果分析:

(1)　程序中定义了 3 个函数 main、f1 和 f2,函数 f1 和 f2 均为长整型,都在主函数之前定义,故不必再在主函数中对 f1 和 f2 加以说明,而函数 f2 的位置在调用它的函数 f1 之后,因此需在函数 f1 中对函数 f2 进行声明。

(2)　函数 f2 用于计算阶乘值,函数 f1 用于计算平方值,然后以该平方值为实际参数调用 f2 求解平方的阶乘。在主程序中,首先依次把 n 和 m 的值作为实际参数调用函数 f1 求 n^2 的值和 m^2 的值。然后在函数 f1 中又分别以 n^2 的值和 m^2 的值作为实际参数调用函数 f2,在函数 f2 中完成求 $n^2!$ 和 $m^2!$ 的值计算。函数 f2 执行完毕把 c 值返回函数 f1,再由函数 f1 返回主函数中实现累加。至此,通过函数的嵌套调用实现了题目的要求。

(3)　由于计算结果值可能较大,需要考虑溢出错误,可以将函数和部分变量的类型定义为长整型。

2. 函数的递归调用

在调用一个函数的过程中直接或间接调用该函数本身,称为函数的递归调用。在递归

调用中，主调函数又是被调函数。例如有函数 f:

```
int f(int x)
{
    int y;
    y=f(x);
    return y;
}
```

在函数 f 的调用过程中，又调用函数 f 本身，这就是一个递归函数。该函数在运行时将无休止地调用其自身，程序无法正常结束，为了防止递归调用时无终止地进行，必须在函数内有终止递归调用的办法。常用的办法是加上条件判断语句，函数满足某种条件后就不再继续递归调用，转而逐层返回。下面举例说明递归调用的执行过程。

【例 5-11】用递归法计算 n!。

分析：

计算 n!可用下述公式表示。

```
n!=1          (n=0,1)
n!=n*(n-1) !  (n>1)
```

源程序：

```
#include <stdio.h>
int fac(int n)                  //函数 fac 的定义
{
    if((n==1)|| (n==0))
        return 1;               //n 值为 0 或 1 时的返回值
    else
        return n*fac(n-1);      //n 值大于 1 时的返回值
}
void main()
{
    int m,y;
    printf("请输入一个整数: ");
    scanf("%d",&m);
    if(m<0)
        printf("输入错误! \n");
    else
        y=fac(m);               //调用函数 fac
    printf("%d!=%d",m,y);
}
```

运行结果：

例 5-11 的运行结果如图 5-11 所示。

图 5-11　例 5-11 的运行结果

结果分析：

(1)　函数 fac 是一个递归函数。主函数调用 fac 函数后，程序的流程跳转到被调函数 fac 中继续执行。n=0 或 1 时将结束函数的执行，否则会递归调用 fac 函数本身。每次递归调用的实际参数为 n-1，即把 n-1 的值赋予形式参数 n，最后当 n-1 的值为 1 时再进行递归调用，形式参数 n 的值变为 1，if 表达式值为真，执行 return 语句，从而递归终止，函数调用将逐层退回。

(2)　程序运行时输入为 5，即求 5！。在主函数中的调用语句即为 y=fac(5)，fac 函数调用时，n=5，不等于 0 或 1，应返回 n*fac(n-1)，即 fac(5)=5*fac(5-1)。该语句对 fac 函数进行递归调用，即 fac(4)=4*fac(4-1)。继续递归调用 fac 函数，n=3 时，fac(3)=3*fac(3-1)。n=2 时，fac(2)=2*fac(2-1)。当 fac 函数形式参数 n=1 时，将不再继续递归调用，递归终止后，函数调用逐层返回到主调函数。fac(1)的函数返回值为 1，fac(2)的函数返回值为 2*1=2，fac(3)的函数返回值为 3*2=6，fac(4)的函数返回值为 4*6=24，fac(5)的函数返回值为 5*24=120。

任务 5.5　按学号查成绩

 # 任务实施

5.5.1　按学号查成绩举例

任意输入一个学号，能够查找出该学生的考试成绩。

源程序：

```
void search()      //输入任意一个学号，能够查找出该学生的考试成绩
{
    int id = 0;
    do {
        printf("请输入学生学号:\n");
        scanf("%d",&id);
        if((id > 0)&&(id <= N))
        {
            printf("学号%d的各科成绩依次为:%d, %d, %d, %d, %d\n",id,score[id][0],
score[id][1],score[id][2],score[id][3],score[id][4]);
        }
    } while((id>0)&&(id <= N)); /*学号输入错误退出*/
}
```

5.5.2　变量的存储类别与作用域

变量的存储类别是指变量占用内存空间的方式，也称为存储方式。变量的存储方式可分为"静态存储"和"动态存储"两种。例如，形式参数变量采用的是动态存储，它只在函数被调用时才分配内存单元，函数调用结束后立即释放，这也表明形式参数变量只在本函数内有效，离开该函数就无法继续使用，这种变量有效性的范围称为变量的作用域。不仅对于形式参数变量，C 语言中所有的量都有自己的作用域。变量说明的方式不同，其作用

C 语言程序设计(项目教学版)

域也不同。下面分别详细介绍变量的作用域和存储类别。

1. 变量的作用域：局部变量和全局变量

C 语言中的变量，按作用域范围可分为两种，即局部变量和全局变量。

1) 局部变量

局部变量也称为内部变量。局部变量是在函数内部定义说明的。其作用域仅限于函数内，离开该函数后再使用这种变量是非法的。

关于局部变量的作用域有以下几点需要说明。

(1) 允许在不同的函数中使用相同的变量名，它们代表不同的对象，分配不同的单元，互不干扰，也不会混淆。

(2) 形式参数变量属于被调函数的局部变量，实际参数变量属于主调函数的局部变量。形式参数和实际参数是不同函数中的变量，分别在不同函数中有效。

(3) 在复合语句中也可定义变量，其作用域只在复合语句范围内。

例如：

```
void main()
{
    float s,a;
    ……
    {
        int b;
        s=a+b;
        ……
    }                    //b 作用域结束
    ……                  //s，a 作用域结束
}
```

【例 5-12】局部变量示例。

分析：

局部变量是在函数内部定义的，其作用域仅限于定义它的函数内。

源程序：

```
#include <stdio.h>
void main()
{
    int i,j,k;              //定义局部变量 i、j、k
    i=6;j=5;
    k=i+j;                  //计算 k 值，结果为 11
    {
        int k=20;          //复合语句中定义局部变量 k
        printf("k=%d\n",k);
    }
    printf("i=%d,j=%d,k=%d\n",i,j,k);
}
```

运行结果：

例 5-12 的运行结果如图 5-12 所示。

128

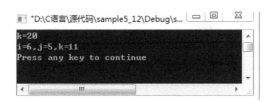

图 5-12　例 5-12 的运行结果

结果分析：

(1) 在 main 中定义了 3 个变量 i、j 和 k，又在复合语句中定义了一个同名的变量 k，注意这两个 k 不是同一个变量，其作用范围是不同的。在复合语句内定义的变量 k 只在复合语句内有效，而在复合语句外使用变量 k，则为 main 中定义的变量 k。

(2) 程序中，复合语句中的 printf("k=%d\n",k);语句输出 k 的值时，是由复合语句内的 k 决定的，输出值为 20。而复合语句外的输出语句 printf("i=%d,j=%d,k=%d\n",i,j,k);中 k 的值是由主函数 main()中定义的 k 决定的，输出值为 11。

2) 全局变量

在函数内部定义的变量是局部变量，而在函数外部定义的变量是外部变量，又称全局变量。它的有效范围是从定义变量的位置开始至文件结束，全局变量可以被该有效范围内的所有函数使用。

【例 5-13】输入长方体的长、宽、高，即 l、w、h，求体积及 3 个面 x-y、x-z、y-z 的面积。

分析：

全局变量是在函数外部定义的变量，其作用域是从定义变量的位置开始至文件结束。

源程序：

```
#include <stdio.h>
int s1,s2,s3;      //定义全局变量s1、s2、s3
int vs(int a,int b,int c)
{
    int v;
    v=a*b*c;
    s1=a*b;
    s2=b*c;
    s3=a*c;
    return v;
}
void main()
{
    int v,l,w,h;     //定义局部变量v,l,w,h
    printf("请输入长方体的长宽高");
    scanf("%d%d%d",&l,&w,&h);
    v=vs(l,w,h);
    printf("v=%d s1=%d s2=%d s3=%d\n",v,s1,s2,s3);
}
```

运行结果：

例 5-13 的运行结果如图 5-13 所示。

图 5-13 例 5-13 的运行结果

结果分析:

(1) 程序中需要求解 4 个值:体积和 3 个面的面积,而函数的调用结果只能放一个值,因此本例使用了 3 个全局变量 s1、s2、s3 用来存放 3 个面积,其作用域为整个程序,它起到了在函数间传递数据的作用。本例在函数 vs 中计算 s1、s2、s3 的值,然后在 main 中输出 s1、s2、s3 的值。

(2) 在函数 vs 和函数 main 中均定义了局部变量 v,但两者的有效范围是不同的,C 程序中允许在不同的函数中使用相同的变量名。

2. 变量的存储类别

存储类别是指变量占用内存空间的方式,也称为存储方式。从变量值存在的作用时间(即生存期)来分,可以分为静态存储方式和动态存储方式。

静态存储方式是指在程序运行期间分配固定存储空间的方式。如全局变量采用的存储方式就是静态存储方式。在程序开始执行时给全局变量分配存储空间,程序执行完毕后才能释放,在程序执行过程中它们始终占据固定的存储单元。

动态存储方式是指在程序运行期间根据需要进行动态分配存储空间的方式。如函数形式参数、自动变量(未加 static 声明的局部变量)采用的存储方式就是动态存储方式,在函数开始调用时分配动态存储空间,函数结束时释放这些空间。

在 C 语言中,每个变量和函数均有两个属性:数据类型和数据的存储类别。一个变量究竟属于哪一种存储方式,并不能仅从其作用域来判断,还应有明确的存储类型说明。

在 C 语言中,变量的存储类型说明有 4 种:auto(自动变量)、static(静态变量)、register(寄存器变量)和 extern(外部变量)。

自动变量和寄存器变量属于动态存储方式,静态变量和外部变量属于静态存储方式。变量说明的完整形式如下:

> 存储类别说明符 数据类型说明符 变量名,变量名…,

例如:

```
static int a,b;              //定义 a, b 为静态整型变量
auto char c1,c2;             //定义 c1, c2 为自动字符变量
static int a[5]={1,2,3,4,5}; //定义 a 为静态整型数组
```

1) 自动变量

凡未加存储类型说明符的都是自动变量。

【例 5-14】自动变量应用示例。

分析:

C 语言规定,函数内凡未加存储类型说明符的局部变量均视为自动变量,也就是说自动变量可省去说明符 auto。

源程序：

```c
#include <stdio.h>
void main()
{
    auto int a,s,p;    //定义a、s、p为自动整型变量
    s=10;p=10;
    printf("请输入一个整数：");
    scanf("%d",&a);
    if(a>0)
    {
        int s,p;        //在复合语句内定义a、s、p为自动整型变量
        s=a*a;
        p=a+a;
        printf("s=%d p=%d\n",s,p);    //输出变量值
    }
    printf("s=%d p=%d\n",s,p);        //输出变量值
}
```

运行结果：

例 5-14 的运行结果如图 5-14 所示。

图 5-14 例 5-14 的运行结果

结果分析：

(1) 自动变量定义时说明符 auto 可省略，因此变量定义语句 auto int a,s,p;等价于 int a,s,p;。在复合语句内，应由复合语句中定义的 s,p 起作用，故 s 的值应为 13*13=169，p 的值为 13+13=26。复合语句内的输出语句输出结果为 s=169，p=26。复合语句外使用的 s,p 应为 main 所定义的 s,p，其值在初始化时为 10，main 函数中的输出语句输出结果为 s=10p=10。可以看出，自动变量的作用域仅限于定义该变量的函数内。在函数中定义的自动变量，只在该函数内有效。在复合语句中定义的自动变量只在该复合语句中有效。

(2) 自动变量属于动态存储方式，只有在使用它，即定义该变量的函数被调用时，系统才对它进行存储单位的分配，生存期开始。函数调用结束，释放存储单元，生存期结束。因此函数调用结束之后，自动变量的值不再保留。

2) 静态变量

自动变量属于动态存储方式，函数调用结束之后，其值不能保留，如果需要保存变量的值，则应定义为静态变量。静态变量的存储类别说明符是 static。静态变量属于静态存储方式，但是属于静态存储方式的量不一定就是静态变量，例如，全局变量虽属于静态存储方式，但不一定是静态变量，必须由 static 加以定义后才能成为静态全局变量。而在函数内使用 static 定义的变量称静态局部变量，其存储方式为静态存储方式，因此，一个变量可由 static 进行再说明，并改变其原有的存储方式。

(1) 静态局部变量。在局部变量的说明前再加上 static 说明符就构成静态局部变量。

```
static int a,b;
```

说明：

① 静态局部变量属于静态存储方式，在函数内定义，但不像自动变量那样，调用时产生，退出函数时立刻消失。静态局部变量始终存在，也就是说它的生存期为源程序的运行期。

② 静态局部变量的生存期虽然为整个源程序，但是其作用域仍与自动变量相同，即只能在定义该变量的函数内使用该变量。退出该函数后，尽管该变量仍然继续存在，但无法继续使用。

③ 对基本类型的局部静态变量若在定义时未赋予初值，则系统自动赋予 0 值。而对自动变量不赋予初值的情况下，则其值是不定的(系统为之分配内存中原有的残留值)。

【例 5-15】静态局部变量应用示例。

分析：

函数调用时，静态局部变量只在第一次定义时赋予初值，下次调用该函数时，静态局部变量使用的是上一次调用后的结果。

源程序：

```
#include <stdio.h>
void f()      //函数定义
{
    static int j=0;        //定义静态局部变量 j
    int i=0;               //定义自动变量 i
    i=i+1;
    j=j+1;
    printf("%d %d\n",i,j);
}
void main()
{
    int i;                 //定义自动变量 i
    for(i=1;i<=4;i++)
        f();               //函数调用
}
```

运行结果：

例 5-15 的运行结果如图 5-15 所示。

图 5-15 例 5-15 的运行结果

结果分析：

该程序中定义了函数 f，其中定义了静态局部变量 j 和自动变量 i，自动变量 i 在每次函数调用时均重新分配存储空间，因此当 main 中多次调用函数 f 时，i 均赋初值为 0，故每次输出 i 值均为 1。而 j 为静态局部变量，它的生存期为整个源程序。虽然离开定义它的函数后不能使用，但是再次调用定义它的函数时，j 仍可继续使用，j 中保存的是上一次调用后的计算结果，所以多次调用函数 f 输出值 j 的值为 1、2、3、4。

(2)　静态全局变量。全局变量(外部变量)之前加上 static 就构成了静态全局变量。全局变量本身就是静态存储方式，静态全局变量当然也是静态存储方式。这两者在存储方式上并无不同。两者的区别在于非静态全局变量的作用域是整个源程序，当一个源程序由多个源文件组成时，非静态全局变量在各个源文件中都是有效的。而静态全局变量则限制了其作用域，即只在定义该变量的源文件内有效，在同一源程序的其他源文件中则无法使用。由于静态全局变量的作用域局限于一个源文件内，只能为该源文件内的函数公用，因此可以避免在其他源文件中随意引用的情况发生。从以上分析可以看出，把局部变量改变为静态变量后是改变了其作用域，限制了使用范围。因此 static 这个说明符在不同的地方所起的作用是不同的，应予以注意。

3)　寄存器变量

上述各类变量都存放在存储器内，因此当对一个变量频繁读写时，必须反复访问内存储器，从而花费大量的存取时间。为此，C 语言提供了另一种变量，即寄存器变量。这种变量存放在 CPU 的寄存器中，使用时不需要访问内存，直接从寄存器读写即可，提高了效率。寄存器变量的说明符是 register。对于循环次数较多的循环控制变量及循环体内反复使用的变量均可定义为寄存器变量。

【例 5-16】利用寄存器变量实现从 1 累加到 200 的运算。

源程序：

```c
#include <stdio.h>
void main()
{
    register int i,s=0;
    for(i=1;i<=200;i++)
        s=s+i;
    printf("s=%d\n",s);
}
```

运行结果：

例 5-16 的运行结果如图 5-16 所示。

图 5-16　例 5-16 的运行结果

结果分析：

(1)　本程序循环 200 次，i 和 s 都将被频繁使用，因此可定义为寄存器变量。

(2) 由于 CPU 中寄存器的个数是有限的，因此使用寄存器变量的个数也是有限的。

(3) 现在的优化编译系统能够自动识别使用频繁的变量，并将其存放在寄存器中，因此在实际应用中可以不必使用 register 声明变量。

4) 外部变量

定义外部变量(全局变量)时加 static 关键字，说明该变量为静态外部变量(或称静态全局变量)，该变量只在定义它的源文件内有效，若一个源程序由多个源文件组成时，则在同一源程序的其他源文件中不能使用。如果需要在同一源程序的多个文件中使用全局变量，则可以在一个源文件中定义全局变量，其他的源程序文件中则使用 extern 关键字声明对全局变量的作用域进行扩展。同时 extern 关键字也可以用于在同一个文件中扩展全局变量的作用域。

使用 extern 关键字声明变量的一般形式：

```
extern 类型说明符 变量名,变量名…,
```

例如：

```
extern int a,b;
```

【例 5-17】外部变量应用示例。

分析：

外部变量定义必须在所有的函数之外，且只能定义一次，而外部变量的声明可以出现多次。外部变量声明的作用是扩展外部变量的作用域，使其可以在外部变量定义点之前的函数中引用该外部变量，或在一个文件中引用另一个文件已定义的外部变量。

源程序：

```
#include <stdio.h>
int fun(int x,int y)
{
    extern int h;          //定义外部变量 h 的声明
    int v;                 //定义局部变量 v
    v=x*y*h;
    return v;
}
int x=3,y=4,h=5;           //定义外部变量 x、y、h
void main()
{
    int x=5;               //定义局部变量 x
    printf("v=%d",fun(x,y));
}
```

运行结果：

例 5-17 的运行结果如图 5-17 所示。

图 5-17　例 5-17 的运行结果

结果分析：

(1) 本程序中定义了两个函数 main 和 fun，定义了 3 个外部变量，外部变量的作用域为从定义处开始到程序结束，即作用域为 main 函数。若在前面函数 fun 中使用外部变量，必须使用 extern 关键字对要用到的外部变量进行声明。在函数 fun 中，对外部变量 h 进行了声明，则外部变量 h 在 main 和 fun 函数中均有效。

(2) 在同一源文件中，运行外部变量(全局变量)和局部变量同名。在局部变量的作用域内，外部变量不起作用。在 main 函数中定义了同名的局部变量，在函数内使用局部变量 x，调用函数 fun 时，传递的实际参数 x、y 的值分别为 5、4，函数返回值为 5*4*5=100，因此程序的输出结果为 v=100。

(3) 外部变量在定义时就已分配了内存单元，外部变量定义可作为初始赋值，因此不能再赋初始值，只是表明在函数或文件内要使用该外部变量，如 extern int h;。

(4) 外部变量可加强函数之间的数据联系，但是函数的执行要依赖这些变量，从而使函数的独立性降低，因此，尽量少用或不用外部变量。

5.6 上 机 实 训

5.6.1 打印超市购物小票的票头

1. 训练内容

输出如下所示的超市购物小票的票头。

```
        某某超市欢迎您
**************************
```

分析：

在票头上有两行信息：第 1 行为欢迎词，自定义一个函数 print_welcome 来实现欢迎词的输出功能；第 2 行为不超过打印纸宽度的一定数量的"*"号，自定义一个函数 print_star，实现"*"号的输出功能，然后用主函数调用这两个函数完成票头的打印。

2. 源程序

根据上面的训练内容分析，可以用如下源程序实现。

```c
#include <stdio.h>
void print_welcome();        //声明 print_welcome 函数
void print_star(int n);      //声明 print_star 函数
void main()
{
    print_welcome();         //调用自定义函数
    print_star(30);
}
void print_welcome()         //定义 print_welcome 函数
{
    printf("\n    某某超市欢迎您    \n");
}
```

```
void print_star(int n)          //定义print_star函数，n值为'*'号的数量
{
    int i;
    for (i=0;i<n;i++)
        putchar('*');
}
```

5.6.2 Hanoi 塔问题

1. 训练内容

一块板上有三根针：A、B、C。A针上套有64个大小不等的圆盘，大的在下，小的在上，如图5-18所示。要把这64个圆盘从A针移到C针上，每次只移动一个圆盘，移动可以借助B针进行。但在任何时候，任何针上的圆盘都必须保持大盘在下，小盘在上，求移动的步骤。

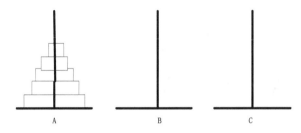

图 5-18 Hanoi 塔问题

分析：

该问题共三个步骤：

第一步：把A上的n-1个圆盘借助C座先移动到B座上；

第二步：把A座上剩下的一个圆盘移到C座上；

第三步：把n-1个圆盘从B座借助于A座移到C座上。

2. 源程序

根据上面的训练内容分析，可以用如下源程序实现。

```
#include <stdio.h>
void main()
{
    void Hanoi(int n,char one,char two,char three);//对hanoi函数的声明
    int m;
    printf("\n 请输入针数：\n");
    scanf("%d",&m);
    printf("移动第%d个盘子：\n",m);
    Hanoi(m,'A','B','C');
}
//定义hanoi函数，将n个盘从one借助two，移到three座
void Hanoi(int n,char one,char two,char three)
{
    void move(char x,char y);//对move函数的声明
```

```
    if(n==1) move(one,three);
    else
    {
        Hanoi(n-1,one,three,two);
        move(one,three);
        Hanoi(n-1,one,three,two);
    }
}
void move(char x,char y)   //对 move 函数的定义
{
    printf("%c -->%c\n",x,y);
}
```

项 目 小 结

　　函数是 C 语言中完成某一独立功能的子程序，是 C 程序的基本模块。一个 C 语言程序可由一个主函数和若干个其他函数构成，其中主函数是不可缺省的。每个 C 程序由主函数调用其他函数，其他函数也可以相互调用。在程序设计中，可以将一些常用的功能模块编写成函数，放在函数库中供用户使用。

　　(1)　函数定义。从函数定义的角度看，函数可分为库函数和用户自定义函数。从主调函数和被调函数之间有无数据传送的角度看，可分为无参函数和有参函数。函数的定义由函数首部和函数体两部分组成，注意不同类型的函数其定义格式不同。

　　(2)　函数调用。函数的调用是用来执行该函数，并完成函数的功能。函数调用的格式为函数名([参数 1[,参数 2…]])，无参函数调用时不需要指定参数。有参函数调用时，实际参数和形式参数在数量上、类型上、顺序上应严格一致。

　　(3)　函数声明。在主调函数中对被调函数做声明的目的是使编译系统提前知道被调函数返回值的类型，以便在主调函数中按此种类型对返回值做相应处理。被调函数在声明时与函数首部在写法上需保持一致，即函数类型、参数名、参数个数、参数类型和参数顺序必须相同。

　　(4)　函数参数。函数定义时的参数，称为形式参数。在函数调用时给出的参数，称为实际参数。函数调用时，需要在实际参数和形式参数间进行数据传递，在 C 语言中，实际参数向形式参数的数据传递分为"值传递方式"和"地址传递方式"两种。注意两种参数传递的差异性。

　　(5)　函数嵌套和递归调用。在 C 语言中，所有的函数定义，包括主函数 main()在内，都是平行的。也就是说，在一个函数的函数体内，不能再定义另一个函数，即不能嵌套定义。但是函数之间允许相互调用，即允许嵌套调用。函数还可以自己调用自己，称为递归调用。

　　(6)　变量的存储类别与作用域。变量的存储方式可分为"静态存储"和"动态存储"。每个变量和函数有两个属性：数据类型和数据的存储类别。变量的存储类型说明有 4 种：auto(自动变量)、static(静态变量)、register(寄存器变量)、extern(外部变量)。变量有效性的范围称为变量的作用域。按作用域范围可分为两种，即局部变量和全局变量。

知识补充

5.7　模块化程序设计

模块化程序设计，就是在解决复杂的问题时，程序的编写采用自顶向下、逐步求精的方法，把复杂的程序问题分解成若干个比较容易求解的相对独立的程序功能模块，然后分别予以实现，最后把所有程序功能模块像组装计算机一样装配起来。这种以功能模块为单位进行程序设计，实现其求解过程的方法称为模块化程序设计方法，如图 5-19 所示。

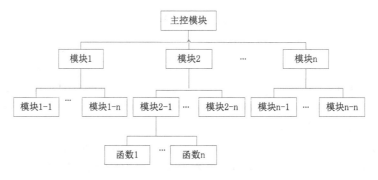

图 5-19　模块结构图

模块化的目的是降低程序的复杂度，易于团队分工合作，使程序设计、调试、测试和维护等操作简单化。把复杂的问题分解成若干个单独的模块后，复杂的问题就容易解决了。但是如果只是简单地分解任务，不注意对一些子任务进行归纳抽象，不注意模块之间的关系，就会使模块间的关系过于复杂，从而使程序难以调试和修改。

1. 模块设计应遵循的原则

一般来说，模块设计应遵循以下几个原则。

1)　模块具有独立性

模块的独立性原则表现在模块可完成独立的功能，与其他模块的联系尽可能简单，各模块可独立进行调试和修改。

做到模块的独立性要注意以下几点：

(1) 功能单一。每个模块完成一个独立的功能。在对任务分解时，相似的子任务可以综合起来考虑，找出它们的共性，做成一个完成特定功能的单独模块。

(2) 模块之间的联系力求简单。模块间的调用尽量只通过简单的模块接口实现，不要有其他数据或控制联系。

(3) 数据局部化。模块内部的数据要具有独立性，尽量减少全局变量在模块中的使用，以避免造成数据访问的混乱。

2)　模块的规模要适当

模块的规模不能太大，也不能太小。模块的功能复杂，可读性就差。模块太小，就会加大模块之间的联系，从而造成模块的独立性差。

2. 模块划分的注意事项

C 语言作为一种结构化的程序设计语言，在模块划分时主要以"功能"为依据，具体实现时应注意以下几点。

(1) 在程序规划时把每个模块写成一个源文件(.c 或.cpp)和一个头文件(.h)的结合，源文件实现模块功能，头文件描述对于该模块接口的声明，确定哪些函数是可以让其他 C 文件调用的，哪些是不可以让其他 C 文件调用的。

(2) 某模块提供给其他模块调用的外部函数及数据需写在头文件中，并冠以 extern 关键字声明，而仅限于模块内部使用的函数和全局变量需写在源文件开头，并冠以 static 关键字声明。

(3) 永远不要在.h 文件中定义变量，定义变量和声明变量的区别在于定义变量会产生内存分配的操作；而声明变量则只是告知包含该声明的模块在连接阶段将从其他模块中寻找变量。

(4) 对每个模块要明确所用到的关键数据，明确对这些关键数据的建立方法及在程序结束时对这些关键数据的处理方法，要有数据保护意识，尽量不要让其他模块对本模块的数据造成影响，减少数据耦合。

 # 项目任务拓展

(1) 用递归方法计算猴子吃桃的问题。有一天，小猴子摘若干个桃子，当即吃下了一半，还觉得不过瘾，又多吃了一个。第 2 天，接着吃剩下的桃子中的一半，仍觉得不过瘾又多吃了一个，以后小猴子每天都在剩下的桃子中的一半又多吃一个。到第 10 天早上，小猴子再去吃桃子时，发现只剩下一个桃子了。问小猴子一共摘了多少个桃子？

(2) 有两个运动队 a 和 b，各有 10 个队员，每个队员有一个综合成绩。将两个队的每个队员的成绩按顺序一一对应地逐个比较(即 a 队第 1 个队员与 b 队第 1 个队员比……)。如果 a 队队员的成绩高于 b 队相应队员成绩的数目，多于 b 队队员成绩高于 a 队相应队员成绩的数目(例如，a 队赢 6 次，b 队赢 4 次)，则认为 a 队赢。统计出两队队员比较的结果(a 队高于、等于和低于 b 队的次数)。

(3) 用一个函数实现用选择法对 10 个整数按升序排列。

(4) 写两个函数，分别求两个整数的最大公约数和最小公倍数，用主函数调用这两个函数，并输出结果。两个整数由键盘输入。

(5) 写一个判断素数的函数，在主函数输入一个整数，输出是否是素数的信息。

项目6　计件工资管理程序

(一)项目导入

某企业对员工采用计件工资管理制度。通过编写程序，要达到以下目的：了解员工的工作情况以及生产进度，记录10名员工某一天制作的产品数量，统计分析一天中制作产品最多的员工序号和产品数量，并对各员工制作的产品数量由多到少进行排序；统计一天中制作产品的总量和平均量，统计低于平均量的员工个数及员工序号，并友好提醒他们要加快进度。

(二)项目分析

指针是C语言中一个十分重要的概念。正确灵活地运用指针可以有效地表示复杂的数据结构，方便进行数据存储，更有效地使用数组，并直接进行内存地址的处理操作等。

首先，指针是C语言提供的一种比较特殊的数据类型，定义为指针类型的变量与其他类型的变量相比，主要差别在于指针变量的值是一个内存地址。其次，在C语言中，指针和数组之间有着密不可分的关系，不带下标的数组名就是指针，它代表数组元素的首地址，只要让声明为相同基类型的指针变量指向数组元素的首地址，那么对数组元素的引用，既可以用下标法，也可以用指针法，用指针法存取数组比用下标存取数组速度快。反之，任何指针变量都可以取下标，可以像对待数组一样来使用。虽然多维数组的地址概念稍微麻烦些，但只要知道它的元素在内存中是如何存放的，使用时也会较为方便。由于C语言中的多维数组都是按列存放的，因此，用指针法引用时，必须知道数组的一行有多长(即列的维数)。在某种意义上，二维数组类似于一个由指向行数组的指针构成的一维指针数组。多于二维的数组可以通过类似方法进行降维处理。

指针的一个重要应用是用指针做函数参数，为函数提供修改调用变元的手段。当指针作函数参数使用时，需要将函数外的某个变量的地址传给函数相应的指针变元，这时，函数内的代码可以通过指针变元改变函数外的这个变量的值。

指针的另一个重要应用是同动态内存分配函数联用，使得定义动态数组成为可能。

(三)项目目标

1. 知识目标

(1)了解指针的概念。

(2)熟悉数组、指针和函数的综合编程方法。

2. 能力目标

培养学生使用集成开发环境进行软件开发、调试的综合能力。

3. 素质目标

使学生养成良好的编程习惯，具有团队协作精神，具备岗位需要的职业能力。

(四)项目任务

本项目的任务分解如表 6-1 所示。

表 6-1　计件工资管理程序项目任务分解表

序　号	名　　称	任务内容	方　法
1	输入产品数量	地址、指针、指针变量	演示+讲解
2	显示产品数量	指针的运算	演示+讲解
3	统计制作产品最多的员工和数量	指针变量作为函数参数	演示+讲解
4	显示产品数量排序	指针与数组	演示+讲解
5	统计总量与平均量	指针与字符串	演示+讲解
6	统计低于平均量的员工	指针数组	演示+讲解

任务 6.1　输入产品数量

 # 任务实施

6.1.1　输入员工一天制作的产品数量

输入员工一天制作的产品数量。

源程序:

```
//输入员工一天制作的产品数量
void input(int * w) //输入员工一天制作的产品数量,w 指向存放 10 名员工一天制作的
                    //产品数量的数组
{
    int i;
    printf("请输入%d 名员工工作量数据_整数:\n",N);//输入 10 名员工的工作量数据
    for(i=0;i<N;i++)
        scanf("%d",w+i);
}
```

6.1.2　地址、指针、指针变量

1. 地址

计算机内存最小单元为 1 字节(Byte)的存储空间。在程序中定义一个变量,编译时系统根据变量类型自动分配一定长度的存储空间。Visual C++6.0 为整型变量分配 4 字节,为单精度浮点型分配 4 字节,为字符型变量分配 1 字节。内存中每一字节均有一个 32 位编码(在 32 位机器中),这个编码就是内存单元的地址,计算机通过这种地址编码的方式对内存数据进行管理。例如:语句"int num=374;",编译系统发现类型为 int 型,则为 num 分配 4 字节的连续内存单元;同时将 374 以二进制形式,由低字节向高字节依次写入,如图 6-1 所示。尽管 374 占用的 4 字节都有各自的地址编码,但是系统访问该数据时,只需访问这 4 字节

的首地址 0012FF7C(十六进制)。

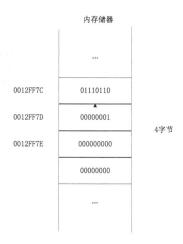

图 6-1　内存地址编码示意图

2. 指针

在程序中可以用变量名直接操作内存空间，变量定义好之后，变量名和内存空间的对应关系在编译时便严格确定下来。在变量运行的生命周期中，这种对应关系是无法改变的，因此用变量名的方式无法操作其他内存空间。为了实现在程序中随机访问其他内存空间，又能够像变量名一样方便使用，C语言引入了指针的概念。

凡是存放在内存中的程序和数据都有一个地址，这个地址表示了程序和数据所在的内存单元，一般用它们所占用的存储单元中的第一个存储单元的地址表示。既然根据这个存储单元的地址就可以找到相应程序和数据所在的内存单元，那么可以认为地址是指向了对应内存单元的，所以通常也把地址称为指针。

一个变量的地址称为该变量的指针。例如，整型变量 num 的地址是 0012FF7C，因此 0012FF7C 就是 num 的指针。如果有一个变量是专门用来存储另一个变量的地址，则称为指针变量。严格地说，一个指针是一个地址，是一个常量。而一个指针变量却可以被赋予不同的指针值，是变量，但常把指针变量简称为指针。为了避免混淆，约定："指针"是指地址，是常量，"指针变量"是指取值为地址的变量。

3. 指针变量

C语言规定所有变量在使用之前必须定义，即指定该变量的类型。在编译时按变量类型分配存储空间。在使用指针变量之前，也必须先将其定义为指针类型。定义指针变量的一般形式：

类型说明符　*指针变量名;

其中，*表示定义的是一个指针变量，类型说明符可以是任何类型，表示的是该指针变量所指向的变量的数据类型。

例如：

```
int *p1;        //p1是指向整型变量的指针变量
float *p2;      //p2是指向单精度变量的指针变量
```

```
char *p3          //p3 是指向字符变量的指针变量
```

指针可以指向各种类型，包括基本类型、数组、函数等，甚至还可以指向指针。需要注意的是，一个指针变量只能指向同类型的变量，如 p2 只能指向单精度变量，不能指向其他类型的变量。虽然指针变量的类型和值与普通变量有所不同，但指针变量作为一种变量，也具有变量的 3 个要素。

1) 指针变量的类型

指针变量的类型是指针所指向的变量的数据类型，而不是指针自身的数据类型。

2) 指针变量的变量名

指针变量的变量名是指针变量的名称，与一般变量相同，都要遵循标识符的命名规则。

3) 指针变量的值

指针变量的值是指针所指向的变量在内存中所处的地址。

【例 6-1】使用交换指针的方式，将两个整数按从大到小的顺序输出。

分析：

(1) &：取地址运算符。取地址运算符&是单目运算符，其结合性为自右至左，用来表示变量的地址。

其一般形式为：

```
&变量名;
```

&a 表示变量 a 的地址，&b 表示变量 b 的地址。例如：

```
int a;
int *p=&a;
```

或

```
int a;
int *p;
p=&a;
```

(2) *：取内容运算符。取内容运算符*是单目运算符，其结合性为自右至左，用来表示指针变量所指向的变量的值(内容)。在取内容运算符*之后的变量必须是指针变量。

例如：

```
int a=3;
int *p;
p=&a;                     //指针变量 P 指向变量 a
printf("%d,%d",a,*p);     //输出 3,3
*p=5;                     //将指针变量 p 指向的存储单元内容赋值为 5
```

定义了一个整型变量 a(初值为 3)和一个指针变量 p，p=&a 使指针变量 p 指向了变量 a，*p=5;，使 p 指向的存储单元的值被赋值为 5，也就是说，变量 a 的值最终是 5。

源程序：

```
#include <stdio.h>
void main()
{
    int *p1,*p2,*p,a,b;  //定义 p1, p2, p 3 个指针变量；a, b 两个整型变量
```

```
    printf("请输入 a 和 b 的值\n");
    scanf("%d,%d",&a,&b);        //从键盘获取两个整型数值，赋予 a 和 b
    p1=&a;p2=&b;                 //强制 p1 指向 a，p2 指向 b
    if(a<b)                      //如果 a<b
    {
        p=p1;p1=p2;p2=p;         //通过临时指针变量 p，交换 p1 和 p2 的指向
    }
    printf("a=%d,b=%d\n",a,b);              //输出 a 和 b 的值
    printf("max=%d,min=%d\n",*p1,*p2);   //输出*p1 和*p2 的值
}
```

运行结果：

例 6-1 的运行结果如图 6-2 所示。

图 6-2　例 6-1 的运行结果

结果分析：

(1) 当输入 a=10，b=34 时，由于 a<b，将 p1 和 p2 交换。交换前如图 6-3(a)所示，交换后如图 6-3(b)所示。

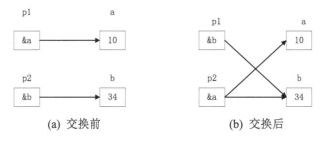

(a) 交换前　　　　　　　　　(b) 交换后

图 6-3　交换前后的情况

(2) a 和 b 并未交换，它们的值保持不变，但是 p1 和 p2 的值改变了。p1 原来指向的是变量 a，后来指向的是变量 b；p2 原来指向的是变量 b，后来指向的是变量 a。因此，在输出*p1 和*p2 时，实际上是输出变量 b 和 a 的值，首先输出 34，然后输出 10。

(3) int *p1,*p2,*p;表示定义了 3 个指针变量。p1、p2 和 p 的值是某个整型变量的地址。至于究竟指向哪一个整型变量，应由向其赋予的地址来决定。代码 p1=&a;p2=&b;，表明取出 a 的地址(&a)赋予 p1，取出 b 的地址(&b)赋予 p2；或者说 p1 指向 a，p2 指向 b。至于&a 和&b 的具体地址值，如有需要，可以使用语句 printf("%#0X,%#0X",&a,&b);在屏幕上输出。

(4) 程序中第四行 int *p1,*p2,*p,a,b;，此处*表示定义的是指针变量，程序倒数第二行 printf("max=%d,min=%d\n",*p1,*p2);，此处*p1 和*p2 中的*表示取出指针 p1 和 p2 所指向的内存空间里的值。

任务 6.2　显示产品数量

 # 任务实施

6.2.1　显示员工一天制作的产品数量

显示员工一天制作的产品数量。
源程序:

```
void output(int *w)    //*w 指向存放 10 名员工一天制作的产品数量的数组
{
    int i;
    printf("%d 名员工工作量数据为: \n",N);//输出 10 名员工的工作量数据
    for(i=0;i<N;i++)
        printf("%5d",*(w+i));
}
```

6.2.2　指针的运算

1. 指针的算术运算

指针变量的算术运算只有加法和减法两种, 主要包括以下运算。

(1) 自增、自减运算。

(2) 加减整型数据。

(3) 指向同一个数组的不同数组元素的指针之间的减法。

指针算术运算的功能是完成指针的移动, 以实现对不同数据单元的访问操作。当一个指针加减一个整数值 n 时, 实际上是将指针的指向向上(减)或向下(加)移动 n 个位置, 因此指针加上或减去一个整数值 n 后, 其结果仍是一个指针。由于指针的数据类型决定了指针所指向的内存空间的大小, 因此相邻两个指向的间距是 "sizeof(指针数据类型)" 个内存单元。一个指针加、减一个常量 n 后的新位置, 是在原有指向基础上加上或减去 sizeof(指针数据类型)*n。例如, 有 int *pt;, 当指针初始化后, 假设指向的地址值为 0012FF70H, 则当指针 pt+2 后, 指针指向的新位置为 0012FF70H+sizeof(int)*2, 即为 0012FF78H, 如图 6-4 所示。双精度指针则是将其指向的地址所代表的字节及其后 7 字节(共 8 字节)作为一个双精度数据的存储单元进行操作的。对于一个双精度指针 pt2 而言, pt2++或 pt2+1 意味着指针指向当前地址值加 8 字节的新位置。

对指针变量进行下列算术运算无意义。

(1) 指针间相乘或相除。

(2) 两个指针相加。

(3) 指针与实数的加减等。

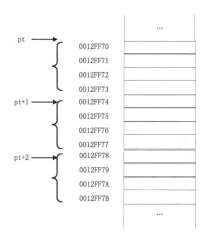

图 6-4　指针的算术运算

2. 指针的比较运算

指针可以进行比较运算，但要注意这种运算对程序设计是否有意义。一般来说，指针的比较常用于两个或两个以上指针变量在内存中相互位置关系的判定，常见于指向同一数组的两个指针位置的比较。但类型不同的指针，其之间的比较通常没有意义。

【例 6-2】利用指针将数组中的内容全部置为 0。

分析：

(1)　如果两个指针指向的不是同一个数组，则无法进行比较(关系运算)。

(2)　指针可以指向数组的首地址，数组名代表数组首地址，等价于&数组名[0]。

源程序：

```c
#include <stdio.h>
void main()
{
    int value[5]={1,2,3,4,5},*first,*last;
    int i;
    for(i=0;i<5;i++)      //输出原始数组的内容
        printf("%3d",value[i]);
    printf("\n");
    for(first=value,last=value+5;first<last;first++)
        *first=0;         //利用 first 指针将数组元素置为 0
    for(i=0;i<5;i++)
        printf("%3d",value[i]);    //输出置为 0 后的数组元素
}
```

运行结果：

例 6-2 的运行结果如图 6-5 所示。

图 6-5　例 6-2 的运行结果

结果分析：

(1)　first 指针指向的是数组名，也就是指向首个元素；last 指针指向的是数组的末尾元素。

(2)　first 和 last 指针类型相同，因此可以做比较运算。

3. 多级指针

在一个指针变量中存放一个目标变量的地址，称为"单级间址"，指向指针的指针称为"二级间址"。理论上说，间址方法可以延伸到更多的级，但实际上在程序中很少有超过二级间址的情况。级数越多，越难理解，程序产生混乱和错误的机会也会增多。

指向指针的指针即指向指针变量的指针变量。例如，指针变量 q 指向变量 p，而 p 本身又是指针变量，它指向另一个变量 i，则变量 q 就是指向指针的指针，如图 6-6 所示。

图 6-6　指向指针的指针

【例 6-3】多级指针的应用。

分析：

(1)　定义指向指针变量的指针变量的一般形式：

```
类型说明符 **变量名
```

例如：

```
int **q;
```

定义了指针变量 q，它指向另一个指针变量，而它指向的指针变量又指向一个整型变量。

(2)　使用多级指针的形式为**q。q 的前面有两个"*"号，由于"*"是按自右至左顺序结合的，因此**q 相当于*(*q)。如图 6-6 所示，q 指向 p，*q 访问的是 p，而 p 又指向 i，*p 访问的是 i，因此使用**q 访问的是 i。

源程序：

```
#include <stdio.h>
void main()
{
    int **p1,*p2,n;
    n=3;
    p1=&p2;
    p2=&n;
    printf("%d,%d,%d\n",n,*p2,**p1);
    *p2=5;
    printf("%d,%d,%d\n",n,*p2,**p1);
    **p1=7;
    printf("%d,%d,%d\n",n,*p2,**p1);
}
```

运行结果：

例 6-3 的运行结果如图 6-7 所示。

图 6-7　例 6-3 的运行结果

结果分析：

(1)　p2 是指向变量 n 的指针，p1 是指向指针的指针，通过 p1=&p2，使 p1 指向了指针变量 p2，因此*p2 表示 p1，而**p1 即*(*p1)就表示 n 的值，故输出结果为 3。

(2)　程序执行*p2=5;之后，输出结果均为 5。*p2 访问的是 n，对*p2 进行赋值，就是改写 n 的值。

(3)　执行**p1=7;，输出结果均为 7。**p1 访问的是*p2，*p2 访问的是 n，对**p1 进行赋值，仍是改写 n 的值。

4. 指向 void 类型的指针

ANSI 新标准增加了一种 void 指针类型，即可以定义一个指针变量，但不指定它是指向哪一种类型数据。void 的字面意思是"无类型"，void*则为"无类型指针"，void*可以指向任何类型的数据。

假设有指针变量 p1 和 p2，如果指针 p1 和 p2 的类型相同，那么可以直接在 p1 和 p2 间互相赋值；如果 p1 和 p2 指向不同的数据类型，则必须使用强制类型转换运算符，把赋值运算符右边的指针类型转换为左边指针的类型。例如：

```
float *p1;
int *p2;
p1=p2;
```

其中 p1=p2 语句会编译出错，必须改为 p1=(float*)p2;。

而 void*则不同，任何类型的指针都可以给它直接赋值，无须进行强制类型转换。

```
void *p1;
int *p2;
p1=p2;
```

但这并不意味着 void*也可以无须强制类型转换就赋给其他类型的指针。因为"无类型"可以包容"有类型"，而"有类型"则不能包容"无类型"。下面的语句编译错误。

```
void *p1;
int *p2;
p2=p1;
```

必须改为 p2=(int *)p1;。

任务 6.3 统计制作产品最多的员工和数量

 任务实施

6.3.1 统计一天中制作产品最多的员工序号和产品数量

统计一天中制作产品最多的员工序号和产品数量。

源程序：

```
//*w 指向存放 10 名员工一天制作的产品数量的数组，数组下标号与员工号一致
void max(int *w)
{
    int i,m=0,maxi=*w;
    for(i=1;i<N;i++)
        if(*(w+i)>maxi)
        {
            m=i;
            maxi=*(w+i);
        }
        printf("\n 最大工作量员工为 NO.%d:%d\n",m,maxi);
}
```

6.3.2 指针变量作为函数参数

函数的参数可以是整型、实型、字符型等基本数据类型，还可以是指针类型。使用指针作为函数的参数，实际上向函数传递的是变量的地址。

【例 6-4】将两个整数按从大到小的顺序输出。现用函数处理，指针类型的数据作函数参数，思考下列程序能否实现要求。

分析：

(1) 在 C 语言中，实参变量和形参变量之间的数据传递是单向的"值传递"方式，用指针变量作函数参数时同样要遵循这一规则。

(2) 不可能通过执行调用函数来改变实参指针变量的值，但是可以改变实参指针变量所指变量的值。

源程序：

```
#include <stdio.h>
void swap(int *p1, int *p2)//用户自定义函数 swap
{
    int *p;       //在函数中定义一个局部指针变量 p
    p=p1;         //通过指针 p 将传递过来的形参 p1 和 p2 进行交换
    p1=p2;
    p2=p;
}
void main()
```

```
{
    int a,b;
    int *pointer1,*pointer2;
    printf("请输入a,b:");
    scanf("%d,%d",&a,&b);
    pointer1=&a;pointer2=&b;  //指针pointer1指向变量a，pointer2指向变量b
    if(a<b)
        swap(pointer1,pointer2);  //如果a<b成立，则调用函数swap
    printf("%d,%d\n",a,b);
}
```

运行结果：

例6-4的运行结果如图6-8所示。

图6-8　例6-4的运行结果

结果分析：

(1) swap是用户定义的函数，它的本意是交换两个变量(a和b)的值。swap函数的形参p1、p2是指针变量。程序运行时，先执行main函数，输入a和b的值。然后将a和b的地址分别赋给指针变量pointer1和pointer2，使pointer1指向a，pointer2指向b，如图6-9所示。

(2) 接着执行if语句，由于a<b，因此调用swap函数。此时将pointer1的值传递给p1，pointer2的值传递给p2，这时p1和pointer1都指向变量a，p2和pointer2都指向变量b，如图6-10所示。

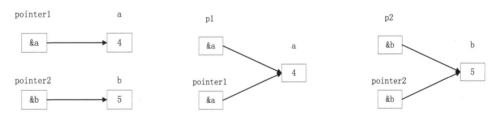

图6-9　调用函数前的情况　　　图6-10　调用函数并进行参数传递

(3) 执行swap函数的函数体，使p1和p2的值互换，即使p2指向了变量a，p1指向了变量b，如图6-11所示。

(4) 函数调用结束后，p1和p2不复存在(已释放)。显然，本程序仅修改了函数swap的参数p1和p2的值，而pointer1和pointer2的值及其内容始终都没有改变，因此，最后输出的结果仍然是a=4，b=5，而不是期望的a=5，b=4。

那么，如何使被调函数能够改变主调函数的值呢？可以用下面的代码实现。

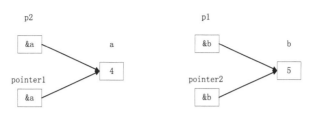

图 6-11　执行函数体语句后的指针变化情况

源程序:

```c
#include <stdio.h>
void swap(int *p1, int *p2)//用户自定义函数 swap
{
    int p;        //在函数中定义一个局部指针变量 p
    p=*p1;        //通过指针 p 将传递过来的形参 p1 和 p2 进行交换
    *p1=*p2;
    *p2=p;
}
void main()
{
    int a,b;
    int *pointer1,*pointer2;
    printf("请输入 a,b:");
    scanf("%d,%d",&a,&b);
    pointer1=&a;pointer2=&b;  //指针 pointer1 指向变量 a, pointer2 指向变量 b
    if(a<b)
        swap(pointer1,pointer2);  //如果 a<b 成立, 则调用函数 swap
    printf("%d,%d\n",a,b);
}
```

运行结果:

例 6-4 的运行结果如图 6-12 所示。

图 6-12　例 6-4 的运行结果

结果分析:

(1) 主函数调用 swap 函数时, 将 pointer1 的值传递给 p1, pointer2 的值传递给 p2, 这时 p1 和 pointer1 都指向变量 a, p2 和 pointer2 都指向变量 b。接着执行 swap 函数的函数体, 使*p1 和*p2 的值互换, 与 p1 和 p2 互换不同, *p1 和*p2 互换意味着 p1 和 p2 指向的存储单元的值进行了互换, 如图 6-13 所示。

(2) 此时 p1 指向的变量 a 的值与 p2 指向的变量 b 的值进行了互换, 因此最后在 main 函数中输出的 a 和 b 的值是已经交换了的值, 即 a=5, b=4。

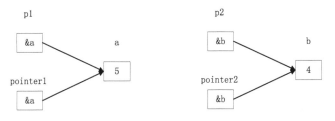

图 6-13　交换前后情况

任务 6.4　显示产品数量排序

任务实施

6.4.1　显示一天中员工制作产品数量排序的结果

显示一天中员工制作产品数量排序的结果(从多到少)。

源程序:

```
//显示一天中员工制作产品数量排序的结果(从多到少)
void sort(int *w)
{
    int temp,i,j,k;
    for(i=0;i<N-1;i++)
    {
        k=i;
        for(j=i+1;j<N;j++)
            if(*(w+k)<*(w+j))
                k=j;
        if(i!=k)
        {
            temp=*(w+i);
            *(w+i)=*(w+k);
            *(w+k)=temp;
        }
    }
    printf("排序后的员工工作量数据: \n");//排序后的员工工作量数据
    for(i=0;i<N;i++)
        printf("%5d",*(w+i));
}
```

6.4.2　指针与数组

在 C 语言中，指针与数组的关系十分密切，实际上数组名本身就是一个常量指针(常量指针是指指针所指的位置保持不变)。当定义数组时，其首地址就已确定不再改变。例如，对于数组 arr[10]，其数组名 arr 就等效于地址&arr[0]。因此，可以将数组名 arr 看作一个指针，它永远指向 arr[0]。

由于数组中的元素在内存中是连续排列存放的，因此任何能由数组下标完成的操作都可以由指针来实现。通过使用指针变量来指向数组中的不同元素，可使程序效率更高，执行速度更快。

1. 指向一维数组的指针变量

假设定义一个一维数组，该数组在内存中会由系统分配一段存储空间，其数组的名字就是数组在内存中的首地址。若再定义一个指针变量，并将数组的首地址传给该指针变量，则该指针就指向这个一维数组。数组名是数组的首地址，不可以移动，而定义的指针变量可以根据程序的需要，进行自加、自减或者与某个整数做加减法的算术运算。

定义一个指向一维数组的指针变量的方法，与前面介绍的指向变量的指针变量相同。例如：

```
int a[10],*pt;
```

现做赋值操作：

```
pt=a;
```

或

```
pt=&a[0];
```

则 pt 就得到了数组的首地址。其中，a 是数组的首地址，&a[0]是数组元素 a[0]的地址，由于 a[0]的地址就是数组的首地址，所以，两条赋值操作的效果完全相同。

在定义指针变量时可以赋给初值(假设数组 a 已被定义)。

```
int *pt=&a[0];
```

该语句等效于：

```
int *pt;
pt=&a[0];
```

当然定义时也可以写成：

```
int *pt=a;
```

可以看出，pt,a,&a[0]的值是相同的，都是数组 a 的首地址，也是 0 号元素 a[0]的首地址。应该说明的是，pt 是变量，而 a,&a[0]都是常量，在编程时应予以注意。

假设 pt 指向一维数组 a，指针对数组的表示方法有以下几种。

(1) pt+n 与 a+n 表示数组元素 a[n]的地址，即&a[n]。原因是根据指针算术运算的方法，若指针变量 pt 已指向数组中的一个元素，则 pt+1 指向同一数组中的下一元素(而不是将 pt 的值简单地加 1)。

(2) *(pt+n)和*(a+n)表示 pt+n 或 a+n 指向的数组元素值，即等效于 a[n]。例如，*(pt+3)和*(a+3)都等效于 a[3]。事实上，在编译时，对数组元素 a[i]就是处理成*(a+i)，即按数组首地址加上相对位置量得到要找到的元素地址，然后再找出该单元的内容。例如，整型数组 a 的首地址为 2000，则 a[3]的地址就是 2000+3*4=2012，然后从内存中地址为 2012 的存储单元中取出内容，即 a[3]的值(使用 Visual C++时，int 为 4 字节；使用 Turbo C 2.0 时，int 为 2 字节)。

(3) 指向数组的指针变量也可用数组的下标形式表示为 pt[n]，其效果相当于*(pt+n)。这样，若引用一个数组元素，既可以用传统的数组元素的下标法，也可用指针的表示方法。

① 下标法：即 a[i]的形式。

② 地址法：*(a+i)。其中 a 是数组名。

③ 指针法：即*(pt+i)或 pt[i]。其中 pt 是指向数组 a 的指针变量。

【例 6-5】 为数组 a 赋值后，输出数组 a 中所有元素值。

分析：

(1) 指针变量可以实现自身的改变，这一点与数组名不同。如 p++是合法的；而 a++是错误的。因为 a 是数组名，它是数组的首地址，首地址为常量，不可以自加自减。

(2) 指针变量可以指到数组以后的内存单元，系统并不认为非法，因此使用指针变量指向数组元素时，要特别注意指针变量所指向的位置。

源程序：

```c
#include <stdio.h>
void main()
{
    int *p,i,a[10];
    p=a;
    for(i=0;i<10;i++)
        *p++=i;
    for(i=0;i<10;i++)
        printf("%6d  ",*p++);
}
```

运行结果：

例 6-5 的运行结果如图 6-14 所示。

图 6-14 例 6-5 的运行结果

结果分析：

(1) 这是因为经过第一个 for 循环的执行，p 已经指向了最后一个数组元素，故输出时并没有从数组 a 的第一个元素开始输出元素值。

(2) 解决的方法很简单，只需要在执行输出之前使 p 的值重新指向&a[0]，即 a 的首地址即可。

下面是改正后的程序：

```c
#include <stdio.h>
void main()
{
    int *p,i,a[10];
    p=a;
    for(i=0;i<10;i++)
        *p++=i;
```

```
    p=a;                //在输出前使 p 重新指向数组 a 的首地址
    for(i=0;i<10;i++)
        printf("%6d ",*p++);
}
```

程序运行结果如图 6-15 所示。

图 6-15 例 6-5 的正确运行结果

结果分析：

(1) *p++，由于++和*同优先级，结合方向为自右至左，等价于*(p++)。若 p 当前指向
a 数组中的第 i 个元素，则*(p++)相当于 a[++i]，*(p--)相当于 a[i--]；*(--p)相当于 a[--i]。

(2) *(p++)与*(++p)作用不同。若 p 的初值为 a，则*(p++)等价于 a[0]，*(++p)等价于
a[1]。

(3) (*p)++表示 p 所指向的元素值加 1。

(4) 过去对数组的处理均采用下标法引用数组元素。

2. 数组指针作函数参数

学习数组时我们知道，数组名可以作为函数的参数。在熟悉了指针变量之后就更容易
理解这个问题了。数组名就是数组的首地址，实际参数向形式参数传送数组名实际上就是
传送数组的地址，形式参数得到该地址后也指向同一数组。同样，指针变量的值也是地址，
当然也可以作为函数的参数进行传递。

【例 6-6】求一维数组中的最大值，求最大值的功能要求通过函数实现。

分析：

(1) 实参数组名代表一个固定的地址，或者说是指针常量，但形参数组名并不是一个
固定的地址，而是按指针变量处理。

(2) 定义函数 int sub_max(int b[], int n);，程序编译时是将数组 b 按指针变量进行处理
的，相当于将函数定义为 int sub_max(int *b, int n);。

源程序：

```
#include <stdio.h>
void main()
{
    int i,a[10],*pt=a,max;          //定义 pt 指针，指向数组 a 的首地址
    int sub_max(int b[],int n);     //函数声明
    printf("请输入数组 a:\n");
    for(i=0;i<10;i++)
        scanf("%d",&a[i]);
    max=sub_max(pt,10);             //函数调用
    printf("max=%d\n",max);
}
int sub_max(int b[],int n)
```

```
{
    int temp,i;
    temp=b[0];
    for(i=1;i<n;i++)
        if(temp<b[i]) temp=b[i];
    return temp;    //将计算结果返回到主调函数中
}
```

运行结果：

例 6-6 的运行结果如图 6-16 所示。

图 6-16　例 6-6 的运行结果

结果分析：

程序的 main 函数部分，定义数组 a 有 10 个元素，由于将其首地址传递给了指针变量 pt，则 pt 就指向了数组 a。调用函数 sub_max 时，又将该地址传递给了函数的形式参数 b，这样数组 b 在内存中与数组 a 就具有相同的地址。在函数中，对数组 b 的操作等价于对数组 a 的操作，即找出数组 b 的最大值也就是找出了数组 a 的最大值。

3. 指向二维数组的指针变量

1)　二维数组地址的表示

二维数组定义如下：

```
int a[3][4];
```

该二维数组有 3 行 4 列共 12 个元素，在内存中按行存放，存放形式如图 6-17 所示。

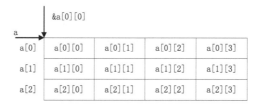

图 6-17　数组 a 的存放形式

其中，数组名 a 是二维数组 a 的首地址，&a[0][0]是数组 0 行 0 列元素的首地址，所代表的位置与 a 相同。前面介绍过，C 语言允许把一个二维数组分解为多个一维数组来处理。因此数组 a 可分解为 3 个一维数组，即 a[0]、a[1]、a[2]，每一个一维数组又含有 4 个元素。a[0]是第 0 行的首地址(可以看作数组名为 a[0]的 4 个元素组成的一维数组的数组名)，其地址与二维数组 a 的首地址重合，见表 6-2。把 a 作为一个有 3 个元素的一维数组看，*(a+0)=a[0] 或*a=a[0]，因此*a 所代表的位置应该与 a[0]相同。所以，从所代表的位置相同的角度看：a,a[0],*a,&a[0][0]是等同的。

表 6-2 数组 a 各元素的地址表示

a a[0]	元素	a[0][0]	a[0][1]	a[0][2]	a[0][3]
	地址	&a[0][0] a[0]+0 1000	&a[0][1] a[0]+1 1004	&a[0][2] a[0]+2 1008	&a[0][3] a[0]+3 1012
a+1 a[1]	元素	a[1][0]	a[1][1]	a[1][2]	a[1][3]
	地址	&a[1][0] a[1]+0 1016	&a[1][1] a[1]+1 1020	&a[1][2] a[1]+2 1024	&a[1][3] a[1]+3 1028
a+2 a[2]	元素	a[2][0]	a[2][1]	a[2][2]	a[2][3]
	地址	&a[2][0] a[2]+0 1032	&a[2][1] a[2]+1 1036	&a[2][2] a[2]+2 1040	&a[2][3] a[2]+3 1044

同理，a+1 是二维数组第 1 行的首地址。a[1]是第 1 行的一维数组的数组名，其概念是首地址的意思，其所代表的地址与 a+1 重合。&a[1][0]是二维数组 a 的 1 行 0 列元素地址，所代表的位置与 a+1 相同。因此从所代表的位置相同的角度看：a+1,a[1],*(a+1),&a[1][0]是等同的。

同样，a+i,a[i],*(a+i),&a[i][0]也代表了同一位置。那么它们之间又有什么不同呢？a 是行地址，a 或 a+0 代表的是第 0 行的起始位置，a+1 代表的是第 1 行的起始位置，a+1 还是行地址，(a+1)+1 即 a+2 代表的是第 2 行的起始位置，所以，a、a+1、a+2 都是行地址的概念。a[0]是列地址，a[0]+0 代表了第 0 行第 0 列元素的起始位置，a[0]+1 代表了第 0 行第 1 列元素的起始位置……即在列上变化。由此可以看出，虽然 a 和*a(或 a[0])所代表的位置是相同的，但是含义是不同的， a 一旦变化是在行上变化(即一变化就变化一行)，*a(或 a[0])是在列上变化(即一变化只变化一个元素)，同理，*(a+1)(或 a[1])、*(a+2)(或 a[1])也是列地址。因此在二维数组中，要注意区分行地址和列地址。

用地址法表示二维数组中的某个元素(如 a[i][j])，首先要得到该元素所在的行地址 a+i；然后将此行地址转化成列地址*(a+i);，再在列上变化 j，即*(a+i)+j，得到 a[i][j]元素的地址；再取值，即*(*(a+i)+j)，则得到 a[i][j]。二维数组地址的相关描述见表 6-3。

表 6-3 二维数组地址的相关描述

表示方式	含 义
a	二维数组名，指向一维数组 a[0]，即 0 行首地址
a+i,&a[i]	第 i 行的首地址(行地址)
a[i],*(a+i)	第 i 行第 0 列元素的首地址(列地址)
a[i]+j,*(a+i)+j,&a[i][j]	第 i 行第 j 列元素的首地址(即 a[i][j]地址)
(a[i]+j),(*(a+i)+j),a[i][j]	a[i][j]值

【例 6-7】输出二维数组的有关数据。

分析：

(1) 对于 int a[3][4]来说，a 代表二维数组首元素的地址，现在的首元素不是一个简单的整型元素，而是由 4 个整型元素所组成的一维数组，因此 a 代表的是首行(序号为 0 的行)

的首地址。

(2) a+1 代表序号为 1 的行的首地址。如果二维数组首行的首地址是 1000，一个整型数据占 4 字节，则 a+1 的值为 1000+4*4=1016。a+1 指向 a[1]，或者说 a+1 的值是 a[1]的首地址。

(3) *(a+1)并不是 a+1 单元的值，因为 a+1 并不是一个变量的存储单元。a+1 指向第 1 行，应理解为指向行的指针。在指向行的指针前面加上"*"，就转换为指向列的指针，因此，*(a+1)应理解为指向列的指针。

(4) 行列指针(地址)的相互转换。*(行指针)→列指针；&(列指针)→行指针。

(5) 取出二维数组的某个元素的值。*(列指针)或*(*(行指针))，例如在二维数组 a[3][4] 中取出 a[1][2]的值，可以使用*(*a+6)或*(*(a+1)+2)的表示形式。*a 是列指针，*a+1*4+2(a[1][2] 从 a[0][0]算起，需要向后数到第六个位置)即为*a+6，*a+6 仍然是列指针，所以在列指针前面加上*，变成*(*a+6)的形式，即为取值。a+1 为行指针，指向第 1 行，*(a+1)变成列指针，仍然指向第 1 行，但是指向的方向不同，在*(a+1)的基础上加 2，变成*(a+1)+2，即为指向 a[1][2]的列指针。所以，*(*(a+1)+2)同样可以取值。

(6) 指向 a[0][0]元素的指针有哪些呢？其中列指针有*a、a[0]和&a[0][0]，行指针有 a、&a[0]和&*a；共有 6 个指针指向 a[0][0]。其中，&*a 的写法比较少见，因为对于 a 来说，*a 是行变列，而&*a 是列变行，因此&*a 等价于 a。

源程序：

```
#include <stdio.h>
void main()
{
    int a[3][4]={0,1,2,3,4,5,6,7,8,9,10,11};
    printf("%#0X,%#0X,%#0X,%#0X,%#0X\n",a,*a,a[0],&a[0],&a[0][0]);
    printf("%#0X,%#0X,%#0X,%#0X,%#0X\n",a+1,*(a+1),a[1],&a[1],&a[1][0]);
    printf("%#0X,%#0X,%#0X,%#0X,%#0X\n",a+2,*(a+2),a[2],&a[2],&a[2][0]);
    printf("%#0X,%#0X\n",a[1]+1,*(a+1)+1);
    printf("%d,%d\n",*(a[1]+1),*(*(a+1)+1));
}
```

运行结果：

例 6-7 的运行结果如图 6-18 所示。

图 6-18　例 6-7 的运行结果

结果分析：

(1) 输出结果前四行均为地址，程序中用带前缀的十六进制形式输出。

(2) a 与*a 值相同，但是含义不同。a 指向的是一行，*a 指向的是一列。a+i 与*(a+i)，以此类推。

(3) a[i]与&a[i]值相同，但是含义不同。a[i]等价于*(a+i)，指向的是一列，&a[i]等价于 a+i，指向的是一行。

2) 指向二维数组的指针变量

二维数组指针变量说明的一般形式：

类型说明符(* 指针变量名) [长度]

其中，"类型说明符"为所指数组的数据类型。"*"表示其后的变量是指针类型。"长度"表示二维数组分解为多个一维数组时，一维数组的长度，也就是二维数组的列数。应注意，"(*指针变量名)"两边的括号不可少，如缺少括号则表示是指针数组(后面介绍)，意义就完全不同了。

【例 6-8】用行指针输出二维数组 a 的每个元素。

分析：

(1) 设 p 为指向二维数组 a[3][4]的指针变量，可定义为 int (*p)[4];。

(2) p 是一个指针变量，p 的类型不是 int *型，而是 int(*)[4]型。它指向包含 4 个元素的一维数组，是一个行指针。

(3) p 的基类型是一维数组，基类型(即一维数组)长度是 16 字节。基类型有多少种，对应的指针类型就有多少种。请注意，Visual C++为所有的指针类型都分配了 4 字节的空间，因此 sizeof(p)的结果是 4，而不是 16。需要注意，指针长度是固定的，与基类型无关。

(4) p+i 则指向一维数组 a[i]。从前面的分析可得出*(p+i)+j 是二维数组 i 行 j 列的元素的地址，而*(*(p+i)+j)则是 i 行 j 列元素的值。

源程序：

```c
#include <stdio.h>
void main()
{
    int a[3][4]={0,1,2,3,4,5,6,7,8,9,10,11};
    int (*p)[4];  //定义指向二维数组的指针 p, p 为行指针
    int i,j;
    p=a;      //将二维数组名 a 赋予指针 p, 行指针赋给行指针
    for(i=0;i<3;i++)
        for(j=0;j<4;j++)
            printf("%3d",*(*(p+i)+j));   //使用*(*(行指针)的方式取出值)
        printf("\n");
}
```

运行结果：

例 6-8 的运行结果如图 6-19 所示。

图 6-19 例 6-8 的运行结果

结果分析：

(1) 程序使用指向二维数组的指针 p 来输出数组的每个元素,即用*(*(p+i)+j)代替 a[i][j] 的方式实现输出,得到的结果与使用 a[i][j]实现输出的结果相同。

(2) 除了可以采用二维数组指针变量表示二维数组元素外,也可以用指向变量的指针变量表示二维数组元素,但是表示方法有所不同。由于数组元素在内存中连续存放,将指向变量的指针变量赋值为二维数组的首地址,则该指针指向二维数组。例如：

```
int *pt,a[3][4];
```

若执行赋值 pt=a;,则可以使用 pt+1 表示数组元素 a[0][1], pt+2 表示数组元素 a[0][2], pt+5 表示数组元素 a[1][1], 以此类推,即可访问数组的各个元素。

(3) 试问,将程序中第 7 行代码 p=a;改为 p=*a;后,编译程序会出现什么问题? 显而易见,p=*a 会出现赋值类型不匹配的错误。因为,p 是行指针,*a 是列指针,系统会提示错误：cannot convert from 'int[4]' to 'int (*)[4]'。

【例 6-9】 用列指针输出二维数组 a 的每个元素。

分析：

(1) 由于二维数组元素在内存中也是占用连续的存储单元顺序存放,因此使 p 指向数组的首地址后(通过 p=*a 实现),二维数组的第一个元素可以用*p 表示,第二个元素可以用*(p+1)表示,第三个元素可以用*(p+2)表示,以此类推。

(2) 用指向变量的指针 p(列指针)输出二维数组元素是可行的。对于二维数组 a[3][4]而言,第 i 行第 j 列的元素可以用*(p+i*4+j)表示,其中 4 是每行的元素个数。

源程序：

```
#include <stdio.h>
void main()
{
    int a[3][4]={0,1,2,3,4,5,6,7,8,9,10,11};
    int *p;
    int i,j;
    p=*a;      //此处,不可以写成 p=a,应注意赋值类型匹配
    for(i=0;i<3;i++)
        for(j=0;j<4;j++)
            printf("%3d",*(p+i*4+j));    //使用*(*(行指针)的方式取出值)
        printf("\n");
}
```

运行结果：

例 6-9 的运行结果如图 6-20 所示。

图 6-20 例 6-9 的运行结果

结果分析：

(1) C 语言规定数组下标从 0 开始,只要知道 i 和 j 的值,就可以直接用公式 i*m+j 计

算出 a[i][j]相对于数组首元素 a[0][0]的相对位置。

(2) 程序第 7 行 p=*a;若改为 p=a;，系统会提示错误：cannot convert from ‘int[3][4]’ to ‘int *’。

4. 内存的动态分配

在定义数组时不允许用变量表示元素的个数。例如：

```
int n;
scanf("%d",&n);
int a[n];
```

这种用法是错误的。因此，C 语言无法对数组的大小做动态的说明。但在实际应用中，往往无法预先确定需要使用的内存空间大小，都需要取决于实际处理的数据。对于这种数据，以往通常会定义一个足够大的数组来解决问题，但是这样会造成大量存储空间的浪费。事实上，C 语言提供了一些内存管理函数，通过它们就可以按照需求动态地分配内存空间，还可以将不再使用的空间进行回收，这就为高效地使用内存资源提供了手段。

ANSI 标准设置了动态分配内存的函数 malloc()、calloc()和 free()，并包含在 stdlib.h 中，但有些 C 编译却使用 alloc.h 包含。使用时请参照具体的 C 编译版本。

(1) 分配内存空间函数 malloc。调用形式如下：

```
(类型说明符*) malloc(size);
```

功能：在内存的动态存储区中分配一块长度为“size”字节的连续区域。函数的返回值为该区域的首地址。

“类型说明符”表示把该区域用于何种数据类型。

(类型说明符*)表示把返回值强制转换为该类型指针。

“size”是一个无符号数。例如：

```
p=(int *)malloc(100);
```

表示分配 100 字节的内存空间，并强制转换为整型，函数的返回值为该内存空间的首地址，把该地址赋予指针变量 p。

(2) 分配内存空间函数 calloc。调用形式如下：

```
(类型说明符*) calloc(n,size);
```

功能：在内存的动态存储区中分配 n 块长度为“size”字节的连续区域。函数的返回值为该区域的首地址。

(类型说明符*)用于强制类型转换。

calloc 函数与 malloc 函数的区别仅在于一次可以分配 n 块区域。例如：

```
ps=(struct stu*)calloc(2,sizeof(struct stu));
```

其中，stu 是一种结构体数据类型，sizeof(struct stu)是求 stu 这种类型的长度。因此该语句的意思是：按 stu 的长度分配 2 块连续区域，强制转换为 stu 类型，并把其首地址赋予指针变量 ps。

(3) 释放内存空间函数 free。调用形式如下：

```
free(void *ptr);
```

功能：释放 ptr 所指向的一块内存空间，ptr 是一个任意类型的指针变量，它指向被释放区域的首地址。被释放区域应是由 malloc 或 calloc 函数所分配的区域。

【例 6-10】内存的分配与释放。

分析：

使用 malloc 函数申请内存空间，并使用 free 函数释放申请的内存空间。

源程序：

```c
#include <stdio.h>
#include <malloc.h>
void main()
{
    int *p;
    int i;
    p=(int *)malloc(5*sizeof(int));
    printf("请输入 5 个数：\n");
    for(i=0;i<5;i++)
        scanf("%d",&p[i]);
    for(i=0;i<5;i++)
        printf("%d\t",p[i]);
    printf("\n");
    free(p);
}
```

运行结果：

例 6-10 的运行结果如图 6-21 所示。

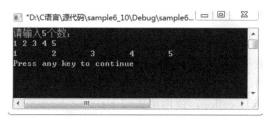

图 6-21 例 6-10 的运行结果

结果分析：

(1) 程序通过函数 malloc() 分配了可包含 5 个整型元素的内存空间，并将 p 指向该内存空间，这样 p 就可以看作指向了一个包含 5 个元素的一维数组。完成对该地址的输入输出操作后，通过函数 free() 释放申请的内存空间。

(2) 思考：用户使用 malloc 函数分配了 100 字节，int* 指针指向该内存。那么使用 free 函数是释放 100 字节还是释放 4 字节？

(3) 动态内存的申请与释放必须配对，这样可以有效防止内存泄漏，是一种良好的编程习惯。

任务 6.5 统计总量与平均值

 任务实施

6.5.1 统计一天中制作产品的总量和平均值

统计一天中制作产品的总量和平均量。

源程序：

```
int sum(int *w)
{
    int i,s=0;
    for(i=0;i<N;i++)
        s+=*(w+i);
    return s;
}

float average(int *w)
{
    int i,s=0;
    for(i=0;i<N;i++)
        s+=*(w+i);
    return ((float)s/N);
}
```

6.5.2 指针与字符串

1. 字符串的指针表示

前面我们学习了字符数组，即通过数组名表示字符串，数组名就是数组的首地址，也是字符串的起始地址。下面的程序用于简单字符串的输入和输出。

```
#include <stdio.h>
void main
{
    char str[20];
    gets(str);
    printf("%s\n",str);
}
```

现在，将字符数组名赋予一个指向字符类型的指针变量，让字符类型指针指向字符串在内存的首地址，对字符串的表示就可以用指针实现。其定义的方法如下：

```
char str[20],*p=str;
```

这样，字符串 str 就可以用指针变量 p 来表示了。上面的程序可以改写为如下形式：

```
#include <stdio.h>
```

```
void main
{
    char str[20],*p=str;   //p=str 表示将字符数组的首地址传递给指针变量 p
    gets(str);
    printf("%s\n",p);
}
```

【例 6-11】输出字符串中 n 个字符后的所有字符。

分析：

(1) 在 C 语言中，可以用以下两种方法访问一个字符串。

① 用字符数组存放一个字符串。

② 用字符串指针变量指向一个字符串。

(2) 字符串指针变量的定义说明与指向字符变量的指针变量说明是相同的，只能按对指针变量的赋值不同来区分它们，对指向字符变量的指针变量应赋予该字符变量的地址。例如：

```
char c, *p=&c;
```

表示 p 是一个指向字符变量 c 的指针变量。而

```
char *ps="computer department";
```

表示 ps 是一个指向字符串的指针变量。

上例中，首先定义 ps 是一个字符指针变量，然后把字符串的首地址赋予 ps(应写出整个字符串，以便编译系统把该串装入连续的一块内存单元中)。程序中

```
char *ps="computer department";
```

等效于

```
char *ps;
ps="computer department";
```

源程序：

```
#include <stdio.h>
void main()
{
    char *ps="this is a desk";
    int n=10;
    ps=ps+n;
    printf("%s\n",ps);
}
```

运行结果：

例 6-11 的运行结果如图 6-22 所示。

图 6-22　例 6-11 的运行结果

结果分析：

(1) 程序中没有定义字符数组，只定义了一个 char *型变量(字符指针变量)ps，用字符串常量"this is a desk"对其进行初始化。C 语言对字符常量是按字符数组处理的，在内存中开辟了一个字符数组用于存放该字符串常量，但是这个字符数组是没有名字的，因此不能通过数组名引用，只能通过指针变量引用。

(2) 在程序中对 ps 初始化时，即把字符串首地址赋予 ps，当执行 ps=ps+10 之后，ps 指向字符 d，因此输出为 desk。

2. 字符串指针作函数参数

如果想把一个字符串从一个函数"传递"到另一个函数中，可以用地址传递的方式实现。使用数组名或者字符串指针作参数，在被调用的函数中可以改变字符串的内容，在主调函数中可以使用改变后的字符串。

【例 6-12】编写函数 cpystr 将一个字符串的内容复制到另一个字符串中。

分析：

(1) 字符串指针作函数参数，与前面介绍的数组指针作函数参数没有本质区别，函数传递的都是地址值，仅是指针指向的类型不同而已。

(2) 字符串指针作函数参数时，字符串指针可以写成字符数组的形式。

源程序：

```c
#include <stdio.h>
void cpystr(char *pss,char *pds)
{
    while((*pds=*pss)!='\0');
    {
        *pds++;*pss++;
    }
}
void main()
{
    char *pa="CHINA",b[10],*pb;
    pb=b;
    cpystr(pa,pb);
    printf("字符串 a=%s\n 字符串 b=%s\n",pa,pb);
}
```

运行结果：

例 6-12 的运行结果如图 6-23 所示。

图 6-23 例 6-12 的运行结果

结果分析：

(1) 程序中，首先把 pss 指向的源字符串复制到 pds 所指向的目标字符串中，然后判断所复制的字符是否为'\0', 若是则表明源字符串结束, 不再循环; 否则, pds 和 pss 都加 1, 指向下一个字符。在主函数中, 以指针变量 pa,pb 为实际参数, 分别取得确定值后调用 cpystr 函数。由于采用的指针变量 pa 和 pss 以及 pb 和 pds 均指向同一字符串, 因此在主函数和 cpystr 函数中均可使用这些字符串。也可以把指针的移动和赋值合并在一个语句中, 则 cpystr 函数简化为如下形式:

```c
cpystr(char *pss, char *pds)
{
    while((*pds++=*pss++)!='\0');
}
```

(2) 进一步分析还可以发现'\0'的 ASCII 码为 0, 对于 while 语句, 表达式的值为非 0 就循环, 为 0 则结束循环, 因此也可以省去 "!='\0'" 这一判断部分, 从而写成如下形式:

```c
cpystr(char *pss, char *pds)
{
    while(*pds++=*pss++);
}
```

表达式的意义可解释为, 源字符向目标字符赋值, 移动指针, 若所赋值为非 0 则循环, 否则结束循环。这样使程序更加简洁。

(3) 简化后的程序:

```c
cpystr(char *pss, char *pds)
{
    while(*pds++=*pss++);
}
void main()
{
    char *pa="CHINA",b[10],*pb;
    pb=b;
    cpystr(pa,pb);
    printf("字符串 a=%s\n 字符串 b=%s\n",pa,pb);
}
```

3. 字符串指针变量与字符数组的区别

用字符数组和字符串指针变量都可实现字符串的存储和运算, 但两者是有区别的。在使用时应注意以下几个问题。

(1) 字符串指针变量本身是一个变量, 用于存放字符串的首地址。而字符串本身是存放在以该首地址为首的一块连续的内存空间中, 并以'\0'作为串的结束。字符数组是由若干个数组元素组成的, 它可用于存放整个字符串。

(2) 对字符串指针方式

```c
char *ps="Computer Department";
```

可以写为

```c
char *ps;
ps="Computer Department";
```

而对数组方式

```
char str[]={"Computer Department"};
```

不能写为

```
char str[50] ;
str={"Computer Department"};
```

只能对字符数组的各元素逐个赋值。

从以上几点可以看出字符串指针变量与字符数组在使用时的区别，同时也可看出使用指针变量更加方便。

前面说过，当一个指针变量在未取得确定地址前使用容易引起错误。但是对指针变量直接赋字符串是可以的。因此，

```
char *ps="Computer Department";
```

或者

```
char *ps;
ps="Computer Department";
```

都是合法的。

任务 6.6　统计工作量低于平均值的员工

 # 任务实施

6.6.1　统计低于平均工作量的员工

统计低于平均量的员工个数及员工序号，并友好提醒他们要加快工作速度。

源程序：

```
void low_ave(int *w)
{
    int i,k=0;
    float v;
    v=average(w);
    printf("低于平均工作量的员工序号: ");//低于平均工作量的员工序号
    for(i=0;i<N;i++)
        if(*(w+i)<v)
        {
            k++;
            printf("%5d",i);
        }
        printf("\n 低于平均工作量的员工总数: ");//低于平均工作量的员工总数
        printf("%d\n",k);
}
```

在主函数中调用自定义函数。

源程序：

```
void main()
{
    int total[N];
    input(total);
    output(total);
    max(total);
    sort(total);
    printf("\n 员工工作量总和：%d\n 员工工作量平均值：%.2f\n",sum(total),
average(total));
    low_ave(total);
}
```

6.6.2 指针数组

1. 指针数组的概念

下面介绍一种特殊的数组，这类数组存放的是具有相同存储类型和指向相同数据类型的指针，分别用于指向某种变量，以替代这些变量在程序中的使用，并增加灵活性，这种数组被称为指针数组。

指针数组说明的一般形式：

类型说明符 *数组名[数组长度]

其中"类型说明符"为指针值所指向的变量类型。

【例 6-13】指针数组中的每个元素被赋予二维数组每一行的首地址，因此可以理解为每个元素分别指向一个一维数组。

分析：

(1) int　*pa[4]; 表示 pa 是一个指针数组，由于[]比*优先级高，所以首先是数组形式 pa[4]，然后才与 "*" 结合。这样一来指针数组包含 4 个指针 pa[0]、pa[1]、pa[2]、pa[3]，它们各自指向一个整型变量。

(2) 通常可用一个指针数组来指向一个二维数组。

源程序：

```
#include <stdio.h>
void main()
{
    int a[3][3]={1,2,3,4,5,6,7,8,9};
    int *pa[3];
    int *p=a[0];
    int i;
    pa[0]=a[0];pa[1]=a[1];pa[2]=a[2];
    printf("数组a:\n");
    for(i=0;i<3;i++)
        printf("%d,%d,%d\n",a[i][2-i],*a[i],*(*(a+i)+i));
    printf("数组pa:\n");
    for(i=0;i<3;i++)
        printf("%d,%d,%d\n",*pa[i],p[i],*(p+i));
```

```
}
```

运行结果：

例 6-13 的运行结果如图 6-24 所示。

图 6-24　例 6-13 的运行结果

结果分析：

(1)　本程序中，pa 是一个指针数组，3 个元素分别指向二维数组 a 的 3 行。然后用循环语句输出指定的数组元素。其中*a[i]表示 i 行 0 列元素值；*(*(a+i)+i)表示 i 行 i 列元素值；*pa[i]表示 i 行 0 列元素值；由于 p 与 a[0]相同，故 p[i]表示 0 行 i 列元素值；*(p+i)表示 0 行 i 列元素值。

(2)　二维数组指针变量是单个变量，其一般形式中"(*指针变量名)"两边的括号不可少。而指针数组类型表示的是多个指针(一组有序指针)，在一般形式中，"*指针数组名"两边不能有括号。例如：

```
int (*p)[3];
```

表示一个指向二维数组的指针变量。该二维数组的列数为 3 或分解为一维数组的长度为 3。

```
int *p[3];
```

表示 p 是一个指针数组，3 个下标变量 p[0]、p[1]、p[2]均为指针变量。

(3)　指针数组也常用来表示一组字符串，这时指针数组的每个元素被赋予一个字符串的首地址。此外，指针数组也可以用作函数参数。

2. 带参数的 main 函数

main 函数始终作为主调函数处理，也就是说，运行 main 函数调用其他函数并传递参数。事实上，main 函数既可以是无参函数，也可以是有参函数。对于有参的形式来说，就需要向其传递参数。但由于其他任何函数均不能调用 main 函数，当然也同样无法向 main 函数传递参数，因此 main 函数的参数只能由程序之外传递而来。

```
void main(int argc, char *argv[])
{
    ......
}
```

从函数参数的形式上看，包含一个整型变量和一个指针数组。

当一个 C 程序经过编译、链接后，会生成扩展名为.exe 的可执行文件，这是可以在操作系统下直接运行的文件。换句话说，就是由系统启动运行。对 main 函数既然不能由其他函数调用和传递参数，就只能由系统在启动运行时传递参数了。

在操作系统环境下，一条完整的运行命令应包括两部分：命令与相应的参数。其格式如下：

命令 参数 1 参数 2 … 参数 n

此格式也称为命令行。命令行中的命令就是可执行文件的文件名，其后所跟参数需用空格分隔，作为对命令的进一步补充，也是传递给 main 函数的参数。

设命令行为

program str1 str2 str3 str4 str5

其中，program 为文件名，也就是一个由 program.c 经编译、链接后生成的可执行文件 program.exe，其后跟 5 个参数。对 main 函数来说，它的参数 argc 记录了命令行中命令与参数的个数 6，指针数组的大小由参数 argc 的值决定，即为 char * argv[6]，指针数组的取值情况如图 6-25 所示。

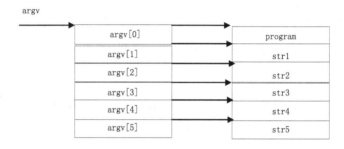

图 6-25　形式参数指针数组 argv 的取值情况

指针数组 argv 中各指针分别指向一个字符串，整型变量 argc 表示命令行中参数的个数(注意：文件名本身也算一个参数)，argc 的值是输入命令行时由系统按实际参数的个数自动赋予的。例如有如下命令行：

c:\>exefile China Liaoning Fushun

argc 取得的值为 4，argv 是字符串指针数组，其各元素值为命令行中各字符串(参数均按字符串处理)的首地址，如图 6-26 所示。

图 6-26　形式参数指针数组 argv 取值情况

【例 6-14】显示命令行中输入的参数。

分析：

(1) 命令行参数应当都是字符串，这些字符串的首地址构成了指针数组 argv 中的各个元素。

(2) 在 Visual C++环境下对程序进行编译和链接后，选择 Project\Settings…，在 Project Settings 对话框中选择 Debug，在 Program arguments:文本框中输入参数值，观察运行结果。

(3) 执行程序时，也可以事先生成可执行文件，启动 cmd 伪 DOS 模式，并切换至当前目录，在命令行中输入命令名(可执行文件名)和参数。

(4) 利用指针数组作 main 函数的形式参数，可以向程序传送命令行参数，这些参数(字符串)的长度不定，且命令行参数的数目也不固定。用指针数组能够较好地满足上述要求。

源程序：

```c
#include <stdio.h>
void main(int argc,char *argv[])
{
    while(argc-->1)
        printf("%s\n",*++argv);
}
```

运行结果：

本例是显示命令行中输入的参数。如果上例的可执行文件名为 exefile.exe，存放在 C 驱动器内，则在 DOS 环境下输入：

```
c:\>exefile China Liaoning Fushun
```

显示结果：

```
China
Liaoning
Fushun
```

(1) DOS 环境下命令行共有 4 个参数，执行 main()时，argc 的值为 4。argv 的 4 个元素分别指向 4 个字符串的首地址。执行 while 语句，每循环一次，argc 值减 1，当 argc 等于 1 时停止循环，共循环 3 次。在 printf 函数中，由于打印项*++argv 是先加 1 再打印，故第一次打印的是 argv[1]所指的字符串 China，第二、三次循环分别打印后两个字符串。而参数 exefile 由 argv[0]指向，没有被输出。

(2) 在 Visual C++环境下对程序进行编译和链接后，选择 Project\Settings…，在 Project Settings 对话框中选择 Debug，在 Program arguments:文本框中输入参数值"China Liaoning Fushun"，然后观察运行结果。

6.7 上 机 实 训

6.7.1 用数组指针实现冒泡排序

1. 训练内容

用指向数组的指针变量实现一维数组由小到大的冒泡排序。编写 3 个函数，用于输入数据、数据排序、数据输出。

分析：

(1) 如果用指针变量作为函数的实际参数，必须先使指针变量有确定值，即指向一个已定义的对象。

(2) 在实际应用中，如果需要利用函数对数组进行处理，函数的调用使用指向数组(一维或多维)的指针作参数，无论是实际参数还是形式参数共有表 6-4 列出的 4 种情况。

表 6-4   实际参数与形式参数对应情况

实际参数	形式参数
数组名	数组名
数组名	指针变量
指针变量	数组名
指针变量	指针变量

2. 源程序

根据上面的训练内容分析，可以用如下源程序实现。

```c
#include <stdio.h>
#define N 10
void main()
{
    void input(int arr[],int n);     //函数声明
    void sort(int *pt,int n);
    void output(int arr[],int n);
    int a[N],*p;
    input(a,N);     //调用数据输入函数
    p=a;
    sort(p,N);    //调用排序函数
    output(p,N);    //调用输出函数
}
void input(int arr[],int n)
{
    int i;
    printf("请输入数据：\n");
    for(i=0;i<n;i++)
        scanf("%d",&arr[i]);
}
void sort(int *pt,int n)
{
    int i,j,t;
    for(i=0;i<n-1;i++)
        for(j=0;j<n-1-i;j++)
            if(*(pt+j)>*(pt+j+1))     //相邻两个元素进行比较
            {
                t=*(pt+j);      //两个元素进行交换
                *(pt+j)=*(pt+j+1);
                *(pt+j+1)=t;
            }
}
void output(int arr[],int n)    //数据输出
{
```

```
    int *ptr=arr;   //利用指针指向数组的首地址
    printf("输出数据为：\n");
    for(;ptr-arr<n;ptr++)    //输出数组的 n 个元素
        printf("%4d",*ptr);
    printf("\n");
}
```

6.7.2　提取字符串的子串

1. 训练内容

编写函数 substr，利用指针提取从下标 3 开始至 6 结束的子串。

分析：

(1) '\0'为字符串结束的标志，当自定义函数对字符串处理完毕后，不要忘记在字符串后面手动加上'\0'。

(2) malloc 函数是程序员动态开辟的空间，使用完毕后要用 free 函数清空。下面的程序在自定义函数 substr 中使用了 malloc 函数，并没有使用 free 函数。原因在于：函数中的形式参数和变量(包括用户定义的指针变量)都是局部变量，随着函数调用的结束，这些局部变量的使命完成，会伴随函数一同消失(销毁)，因此本例中无须也不能使用 free 函数。假设在 return sp;之前使用了 free(sp);，反而会使 return sp;无法返回新串的首地址。

2. 源程序

根据上面的训练内容分析，可以用如下源程序实现。

```
#include <stdio.h>
#include <stdlib.h>
char * substr(const char *s, int n1,int n2)
//从 s 中提取下标为 n1-n2 的字符组成一个新串，并返回这个新串的首地址
{
    char *sp=(char*)malloc(sizeof(char)*(n2-n1+2));  //开辟 5 字节长度
    int i,j=0;
    for(i=n1;i<=n2;i++,j++)
        *(sp+j)=s[i];
    *(sp+j)='\0';    //字符串结束，末尾赋值为'\0'，开辟空间时，要多预留 1 字节
    return sp;
}
void main()
{
    char s[80],*sub;
    printf("请输入字符串：");
    scanf("%s",s);                    //输入原字符串 s
    sub=substr(s,3,6);                //函数调用，使用指针 sub 指向返回的新串
    printf("substr:%s\n",sub);        //输出新串 sub
}
```

项 目 小 结

(1) 本项目中所涉及的指针是 C 语言中最重要的内容之一，也是学习 C 语言的重点和难点。由于指针对数据的处理十分方便，在编程中被大量使用。指针与变量、函数、数组、结构、文件等有着密切的联系，因此，要学好指针必须从基本概念入手。

(2) 不同类型指针的定义。

```
int i;            //定义整型变量 i
int *p;           //p 为指向整型数据的指针变量
int a[n];         //定义整型数组 a，它有 n 个元素
int *p[n];        //定义指针数组 P，它由 n 个指向整型数据的指针元素组成
int (*p)[n];      //p 为指向含 n 个元素的一维数组的指针变量
int f();          //f 为带回整型函数值的函数
int *p();         //p 为带回一个指针的函数，该指针指向整型数据
int (*p)();       //p 为指向函数的指针，该函数返回一个整型值，且该函数为无参函数
int **p;          //p 是一个指针变量，它指向一个指向整型数据的指针变量
```

(3) 指针运算小结。

全部指针运算如下。

① 指针变量加(减)一个整数。

例如：p++、p--、p+i、p-i、p+=i、p-=i。

一个指针变量加(减)一个整数并不是简单地将原值加(减)一个整数，而是将该指针变量的原值(是一个地址)和它指向的变量所占用的内存单元字节数相加(减)。

② 指针变量赋值：将一个变量的地址赋给一个指针变量。

```
p=&a;             //将变量 a 的地址赋给 P
p=array;          //将数组 array 的首地址赋给 p
p=&array[i];      //将数组 array 第 i 个元素的地址赋给 p
p=max;            //max 为已定义的函数，将 max 的入口地址赋给 p
p1=p2;            //p1 和 p2 都是指针变量，将 p2 的值赋给 p1
```

③ 指针变量可以有空值，即该指针变量不指向任何变量，可以表示为如下形式：

```
p=NULL;
```

事实上，NULL 是整数 0，它使存储单元中所有二进制位均为 0，也就是 p 指向地址为 0 的单元。系统保证该单元不作他用(不存放有效数据)，即有效数据的指针不会指向 0 单元。NULL 的定义在头文件 stdio.h 中，它是一个符号常量。

④ 两个指针变量可以相减：如果两个指针变量指向同一个数组的元素，则两个指针变量值之差是两个指针之间的元素个数。

⑤ 两个指针变量比较：如果两个指针变量指向同一个数组的元素，则两个指针变量可以进行比较。指向前面元素的指针变量小于指向后面元素的指针变量。

(4) 数组和指针小结。

① 定义。定义数组时必须指定数组的类型和大小，定义指针时只需要指定类型。

② 存储空间的分配。对于数组，系统会按照指定的大小为数组分配存储空间，这也

是为什么数组必须指定大小的原因。例如：

```
char array[5];
```

这里会为变量 p 分配空间，大小为 4 字节，但是*p 却是内存中随机的位置，这个位置系统不为其分配空间。在这种情况下，访问和对 p 赋值都是允许的，但是访问*p 或者给*p 赋值都是错误的。要使用*p 必须先使其指向有效区域，这可以通过动态申请内存或者赋值(将知道的有效地址赋给它)实现。

③ 对元素的访问。数组名是数组的首地址，在对元素的访问上所起的作用和指针一样，所以

```
int a[5];
int *b;
b=a;
```

那么：a[1],b[1],*(a+1),*(b+1)都是允许的。

要特别注意，虽然数组名和指向数组的指针变量在访问上作用相同，但是在参与运算时两者还是有差别的。例如：b++是合法的，但是 a++却是非法的。这是因为数组名表示的地址是常量，而常量不能做自增、自减运算，指针变量 b 是变量，可以做自增、自减运算。

 知识补充

6.8　动态内存分配

要存储数量比较多的相同类型或相同结构的数据时，可以使用数组。例如，对一个班级学生的某课程分数进行排序，会定义一个浮点型数组；要处理一个班的学生信息时，会使用结构类型数组。

利用数组存储数据，带来了很大方便。然而，在使用数组时，总有一个问题困扰着用户，这个问题就是数组应该定义多大。

在很多情况下，并不能确定要使用多大的数组，这时就要把数组定义得足够大。这样，程序在运行时会申请固定大小的足够大的内存空间。但是，如果因为某种特殊原因人数有所增加，就必须重新修改程序，扩大数组的存储范围。这种固定大小的内存分配方法称之为静态内存分配。而这种内存分配方法存在比较严重的缺陷：当分配的存储空间过大时，会浪费内存空间；当分配的内存空间不够时，又可能引起下标越界错误，甚至导致严重后果。

那么有没有办法来解决这样的问题呢？当然有，这就是动态内存分配。

动态内存分配是指在程序执行的过程中动态地分配或者回收存储空间的内存分配方法。动态内存分配不像数组等静态内存分配那样需要预先分配存储空间，而是由系统根据程序的需要实时分配。

C 语言提供了能够实现动态内存分配与管理的相应库函数。

1. malloc 函数

malloc 函数的原型是

```
void *malloc(unsigned int size);
```

该函数的作用是在内存的动态存储区中分配一个长度为 size 的连续空间。其参数是一个无符号整型数，返回值是一个指向所分配的连续存储域的起始地址。如果分配不成功，返回一个 NULL 指针。

2. calloc 函数

calloc 函数的原型是

```
void *calloc(unsigned n, unsigned size);
```

该函数的作用是在内存的动态存储区中分配 n 个长度为 size 的连续空间，函数返回一个指向分配起始地址；如果分配不成功，返回一个 NULL 指针。

3. free 函数

free 函数的原型是

```
void free(void *p);
```

由于内存区域是有限的，不能无限制地分配下去，而且一个程序要尽量节省资源，所以当所分配的内存区域不用时，就要释放它，以便其他的变量或者程序使用。free 函数的作用是释放指针 p 所指向的内存区域。其参数 p 必须是之前调用 malloc 函数或 calloc 函数(另一个动态分配存储区域的函数)时返回的指针。给 free 函数传递其他的值很可能会造成死机或其他灾难性的后果。

malloc 函数和 calloc 函数是对存储区域进行分配，free 函数是释放已经不用的内存区域。通过这几个函数的配合使用，就可以实现对内存区域动态分配和简单管理。另外，这几个函数是库函数，在使用之前应包含其所对应的头文件，在 TC2.0 中可以用 malloc.h 或 calloc.h，而在 Visual C++6.0 中可以用 malloc.h 或者 stdlib.h。

 项目任务拓展

(1) 用函数计算某个整型数组的各元素之和。
(2) 将字符串中的指定字符用另一个字符替换。
(3) 有若干本计算机图书，请按字母顺序从小到大输出书名。
(4) 用函数指针变量作参数，求最大值、最小值和两数之和。

项目 7　生日祝贺程序

(一)项目导入

某企业为了提高员工的工作积极性，每年为员工祝贺生日。由于企业规模不断扩大，员工人数不断增多，该企业希望通过信息化技术，保存本企业所有员工的生日信息，并能查找指定日期过生日的员工，为员工送上生日的祝福。

(二)项目分析

在实际问题中，一组数据往往具有不同的数据类型。例如，在某学生成绩表中，姓名是字符型，学号为整型或字符型，年龄为整型，性别为字符型，成绩为整型或实型等。显然不能用一个数组来存放这一组数据。为解决这一问题，C 语言给出了另一种构造数据类型——结构，它相当于其他高级语言中的记录。"结构"是一种构造类型，它由若干"成员"组成，每个成员可以是一个基本数据类型或者又是一个构造类型。

(三)项目目标

1. 知识目标

掌握结构体、共用体和枚举类型的定义及使用方法。

2. 能力目标

培养学生使用集成开发环境进行软件开发、调试的综合能力。

3. 素质目标

使学生养成良好的编程习惯，具有团队协作精神，具备岗位需要的职业能力。

(四)项目任务

本项目的任务分解如表 7-1 所示。

表 7-1　生日祝贺程序项目任务分解表

序　号	名　称	任务内容	方　法
1	设计数据结构	结构体定义	演示+讲解
2	输入员工数据	结构体、数组引用	演示+讲解
3	查找指定生日日期的员工	指向结构体指针	演示+讲解
4	主函数中先后调用输入和搜索函数	链表	演示+讲解

任务 7.1　设计数据结构

 任务实施

7.1.1　定义日期和员工信息结构体

分析员工信息中的数据类型各不相同，把不同类型的数据组合在一起使用，该任务涉及定义结构体数据类型。本任务主要定义日期结构体和员工信息结构体。生日包括年、月、日；员工信息数据包括员工编号、员工姓名、员工生日。

源程序：

```
typedef struct
{
    int year,month,day;
}Date;
typedef struct            //定义结构体类型 worker 描述员工信息
{
    char name[10];        //员工的姓名
    unsigned id;          //员工的工号
    Date birthday;        //定义结构体变量 birthday 描述员工的生日
}worker;
```

7.1.2　结构体类型的定义

结构体是由不同类型的数据结合而成的一种数据类型，组成结构体的每个数据称为结构体的成员。对结构体类型的定义实质上就是通知 C 语言系统该结构由哪些成员组成，每个成员所具有的数据类型是什么。结构体类型定义的一般形式如下：

```
struct [结构体名]
{
    数据类型名1  成员名1;
    数据类型名2  成员名2;
        ……
    数据类型名n  成员名n;
}
```

其中，struct 是关键字，是结构体类型的标志。"结构体名"和"成员名"都是用户自定义的标识符。每个"结构成员名表"中都可以包含多个同类型的成员名，它们之间以逗号分隔。结构体中的成员名可以和程序中的其他变量同名；不同结构体中的成员也可以同名。在"}"之后需有结构体类型定义的结束符";"，注意不要遗漏。

【例 7-1】要建立一个学生登记表，其中包括姓名、学号、年龄、性别、成绩等信息，试定义一个结构体 student 来描述这个通讯录。

定义如下的结构体类型。

源程序：

```
struct student{
    char name[15];
    int num,age;
    char sex;
    float grade;
};
```

其结构如图 7-1 所示。

name	num	age	sex	grade
15	2	2	1	4

图 7-1　结构体类型示意图

该结构体类型名为 student，它由 5 个成员组成。第一个成员是字符型数组 name[15]，用于保存学生姓名；第二、三个成员分别是整型变量 num、age，用于保存学号和年龄；第四个成员是字符型变量 sex，用于保存性别；最后一个成员是实型变量 grade，用于保存学生成绩。从本例可以看出，结构体的成员可以是变量或数组，此外，它们也可以是指针变量，或者也是一个结构体。

结构体类型的定义只是声明了该结构体的组成情况，标志着这种类型的结构体"模型"已存在，但编译程序并没有因此而分配任何存储空间。真正占有存储空间的仍应是具有相应结构体类型的变量、数组以及动态开辟的存储单元，只有这些"实体"才可以用来存放结构体的数据。因此，在使用结构体变量、数组或指针变量之前，必须先对这些变量、数组或指针变量进行定义。

任务 7.2　输入员工数据

 任务实施

7.2.1　定义函数输入 n 位员工数据

本任务用指向结构体类型数据的指针，输入 n 位员工数据，并存入 p 所指向的数组。

p 是指向 worker 结构体类型数据的指针变量，n 是员工的数目。在 for 循环语句中先使 i 的初始值为 1，输入第一位员工信息，然后执行 i++，使 i 自加 1，执行 p++，使 p 指针后移，再输入第二位员工信息……直至输入完 n 位员工信息。

源程序：

```
void input(worker *p,int n) //输入 n 位员工数据存入 P 所指向的数组
{
    int i;
    for(i=0;i<n;i++,p++)
    {
```

```
        printf("输入第%d个员工的姓名 工号 生日(年月日): ",i+1);
        scanf("%s%d%d%d%d",p->name,&p->id,&p->birthday.year,&p->birthday.
month,&p->birthday.day);
    }
}
```

7.2.2   结构体变量、数组的定义与引用

1. 结构体变量、数组的定义

可以用以下三种定义方式定义结构体类型的变量、数组和指针变量。

(1) 紧跟在结构体类型声明之后进行定义。例如:

```
struct student{
    char name[20];
    int num,age;
    char sex;
    float grade;
}st,person[3],*pstd;
```

此处在声明结构体类型 struct student 的同时，定义了一个结构体变量 st、具有 3 个元素的结构体数组 person 和基类型为 struct student 的指针变量 pstd。

结构体变量中的各成员在内存中按定义中的顺序依次排列。结构体变量 st 只能存放一个学生的信息，如果要存放多名学生的数据，就要使用结构体类型的数据。以上定义的数组 person 就可以存放 3 名学生的信息，它的每一个元素都是一个 struct student 类型的变量，仍然符合数组元素属于同一数据类型这一原则。指针变量 pstd 可以指向具有 struct student 类型的存储单元，但目前还没有具体的指向。

(2) 在声明一个无名结构体类型的同时，直接进行定义。例如以上定义的结构体中可以把 student 略去，写成:

```
struct {
    char name[20];
    int num,age;
    char sex;
    float grade;
}st,person[3],*pstd;
```

这种方式与前一种的区别仅仅是省去了结构体标识名，通常用在不需要再次定义此类型结构体变量的情况。

(3) 先声明结构体类型，再单独进行变量定义。例如:

```
struct student{
    char name[20];
    int num,age;
    char sex;
    float grade;
}st,person[3],*pstd;
struct student st,person[3],*pstd;
```

此处先声明了结构体类型 struct student，再由一条单独的语句定义了变量 st、数组 person 和指针变量 pstd。

使用这种定义方式，不能只使用 struct 而不写结构体标识名 student，因为 struct 不像 int、char 可以唯一地标识一种数据类型。作为构造类型，属于 struct 类型的结构体可以有任意多种具体的"模式"，因此 struct 必须与结构体标识名共同来声明不同的结构体类型。此外，也不能只写结构体标识名 stduent 而省掉 struct。因为 student 不是类型标识符，由关键字 struct 和 student 一起才能唯一地确定以上所声明的结构体类型。

2. 结构体变量的引用

在程序中使用结构变量时，往往不把它作为一个整体使用。在 C 语言中，除了运行具有相同类型的结果变量相互赋值以外，一般对结构变量的使用，包括赋值、输入、输出、运算等都是通过结构变量的成员来实现。

表示结构变量成员的一般形式是：

结构变量名.成员名

如果成员本身又是结构体类型，则必须逐级找到最低级的成员才能使用。

【例 7-2】定义两个结构体变量 stu1、stu2，为其赋值并输出。

分析：

(1) 定义结构体变量之前，首先需要定义 student 结构体。

(2) 结构变量的赋值就是给各成员赋值，可用输入语句或赋值语句完成。

源程序：

```
#include <stdio.h>
struct date{
    int month;
    int day;
    int year;
};
struct{
    int num;
    char name[15];
    char sex;
    struct date birthday;
    float grade;
}stu1,stu2;
void main()
{
    struct student{
    char *name;
    int num,age;
    char sex;
    float grade;
    } stu1,stu2;
    stu1.name="张三";
    stu1.num=102;
    stu1.age=23;
```

```
    printf("请输入性别和成绩\n");
    scanf("%c%f",&stu1.sex,&stu1.grade);
    stu2=stu1;
    printf("Name=%s\nNumber=%d\nAge=%d\n",stu2.name,stu2.num,stu2.age);
    printf("Sex=%c\nGrade=%f\n",stu2.sex,stu2.grade);
}
```

运行结果：

例 7-2 的运行结果如图 7-2 所示。

图 7-2　例 7-2 的运行结果

结果分析：

本程序中用赋值语句给 name、num 和 age 三个成员赋值，name 是一个字符串指针变量。使用 scanf()函数动态地输入 sex 和 grade 成员值，然后把 stu1 的所有成员的值整体赋予 stu2。最后分别输出 stu2 的各个成员值。

3. 结构体变量、数组的初始化

与一般的变量、数组一样，结构体变量和结构体数组也可以在定义的同时赋初值。给结构体变量赋初值时，所赋初值顺序放在一对花括号中，例如：

```
struct student{
    char *name;
    int num,age;
    char sex;
    float grade;
} stu1{"张三",'m',1985,2,5,89};
```

初始化后，结构体变量 stu1 的内容如图 7-3 所示。

name	sex	year	Birthday month	day	grade
张三	m	1985	2	5	85

图 7-3　赋值后变量 stu1 的内容

对结构体变量赋初值时，编译程序按每个成员在结构体中的顺序一一对应赋初值，不允许跳过前面的成员给后面的成员赋初值，但可以只给前面的若干个成员赋初值，对于后面未赋初值的成员，系统将自动为数值型变量赋初值 0，为字符型变量赋初值空字符。

给结构体数组赋初值时，由于数组中的每个元素都是一个结构体，因此通常将其成员的值依次放在一对花括号中，以便区分各个元素。例如：

```
struct bookcard{
    char num[6];
    float money;
}bk[3]={{"N1",46.5},{"N2",28.4},{"N3",85.2}};
```

也可以通过这种赋初值的方式，隐含确定结构体数组的大小，即由编译程序根据所赋
初值的成员个数决定数组元素的个数。

任务 7.3　查找指定生日日期的员工

 任务实施

7.3.1　定义查找函数查找指定日期的员工

用结构体变量和指向结构体的指针作为函数参数，搜寻指定生日日期的员工。

从 p1 所指数组元素开始，到 p2 所指数组元素为止的区间内，顺序查找生日为 d 的每
一个员工，若找到则返回存放该员工数据的数组元素的指针，否则返回空指针。

源程序：

```
worker *search(worker *p1,worker *p2,Date d)
{
    while(p1<p2)
    {
        if(p1->birthday.month==d.month && p1->birthday.day==d.day)
            return p1;
        p1++;
    }
    return NULL;
}
```

7.3.2　指向结构体变量的指针

如果一个指针变量用来指向一个结构体变量时，称其为结构体指针变量。结构体指针
变量中的值是所指向的结构体变量的首地址。通过结构体指针即可访问该结构体变量，这
与数组指针和函数指针的情况是相同的。

结构指针变量定义的一般形式为：

`struct 结构体名 *结构体指针变量名`

例如，在前面的例题中声明了 student 这个结构体，如要定义一个指向 student 的指针变
量 pstu，可写为 struct student * pstu;。

当然，也可在声明 student 结构体的同时定义 pstu。与前面讨论的各类指针变量相同，
结构体指针变量也必须先赋值后才能使用。

赋值是把结构体变量的首地址赋予该指针变量，而不能把结构体名赋予该指针变量。
如果 stu1 是被定义过的 student 类型的结构变量，则"pstu=&stu1"是正确的，而

"pstu=&student" 是错误的。

结构体类型名只能表示一个结构形式，编译系统并不对它分配内存空间。只有当某变量被定义为这种类型的结构体时，才对该变量分配存储空间。因此上面&student 的写法是不正确的，编译系统无法取一个结构体类型名的首地址。有了结构体指针变量，就能更方便地访问结构体变量的各个成员。

其访问的一般形式为：

(*结构体指针变量).成员名

或为

结构体指针变量->成员名

例如：(*pstu).num 或者：pstu->num。

注意

此时的(*pstu)两侧的括号不可少，因为成员符"."的优先级高于"*"。如去掉括号写成"*pstu.num"，则等效于"*(pstu.num)"，这样，意思就完全不对了。

【例7-3】结构体指针变量的具体声明和使用方法。

分析：

定义学生结构体并对其进行初始化，用指针指向该结构体，利用指针输出结构体各成员。

源程序：

```
#include <stdio.h>
struct student{
    char *name;
    int num;
    char sex;
    float grade;
}stu1={"张三",102,'m',98.5},*pstu;
void main()
{
    pstu=&stu1;
    printf("Name=%s\nNumber=%d\n",stu1.name,stu1.num);
    printf("Sex=%c\nGrade=%f\n",stu1.sex,stu1.grade);
}
```

运行结果：

例 7-3 的运行结果如图 7-4 所示。

图 7-4 例 7-3 的运行结果

结果分析：

(1) 本例定义了一个结构体 student，定义了一个 struct student 类型结构体变量 stu1，并作了初始化赋值，还定义了一个指向 struct student 类型结构体的指针变量 pstu。在 main()函数中，pstu 被赋予 stu1 的地址，因此 pstu 指向 stu1。然后在 printf()语句内用 3 种形式输出 stu1 的各个成员值。从运行结果可以看出：结构体变量.成员名、(*结构体指针变量).成员名、结构体指针变量->成员名，这三种用于表示结构体成员的形式是完全等效的。

(2) 结构体指针变量可以指向一个结构体数组，这时指针变量的值是整个结构体数组的首地址。结构体指针变量也可以指向结构体数组的一个元素，这是结构体指针变量的值，是该结构体数组元素的首地址。设 ps 为指向结构体数组的指针变量，则 ps 指向该结构体数组的 0 号元素，ps+1 指向 1 号元素，ps+i 则指向 i 号元素。这与普通数组的情况是一致的。

任务 7.4　主函数中先后调用输入和查找函数

 任务实施

7.4.1　调用输入和查找函数实现系统功能

用结构体变量和指向结构体的指针作函数参数，调用其他函数，实现系统功能。

首先定义一个结构体数组 a[N]，用来存放 N 位员工数据，定义一个结构体指针 p，指向过生日的员工数据，定义一个变量 d，保存待查生日，接着通过键盘输入待查生日，并调用查找函数 search()查找第一个过生日的员工，然后返回指针 p。之后对指针 p 进行判断，如果 p 不为空指针，则返回文字提示信息："几月几日过生日的员工有：姓名 工号"生日(年"、"月"、"日)""，否则返回文字提示信息："几月几日没有员工过生日"。如果 p 不为空指针，则输出过生日员工的数据，并继续查找下一位过生日的员工，直至 p 为空指针。

源程序：

```
int main()
{
    worker a[N];      //存放 N 位员工数据
    worker *p;        //指向过生日的员工数据
    Date d;           //保存待查生日
    input(a,N);       //输入 N 位员工数据存入 a 数组
    printf("\n 请输入待查生日(月  日): ");
    scanf("%d%d",&d.month,&d.day);
    p=search(a,a+N,d);  //查找第一个过生日的员工
    if(p)
    {
        printf("\n%d 月%d 日过生日的员工有: \n",d.month,d.day);
        printf("%8s%10s%10s%4s%5s\n","姓名","工号","生日(年","月","日)");
    }
    else
        printf("%d 月%d 日没有员工过生日。\n",d.month,d.day);
```

```
    while(p)
    {
        //输出过生日员工的数据
        printf(" %s, %d, %d, %d, %d \n",p->name,p->id,p->birthday.year,
p->birthday.month,p->birthday.day);
        //查找下一个过生日的员工
        p=search(p+1,a+N,d);
    }
    return 0;
}
```

7.4.2 链表

数组作为存放同类型数据的集合，给程序设计带来了很多便利，增强了灵活性。但数组也同样存在一些问题。如数组的大小在定义时要事先规定好，不能在程序中进行动态调整，这样一来，在程序设计中针对不同的问题，比如，有的班级有 100 人，而有的班级只有 30 人，如果要用同一个数组先后存放不同班级的学生数据，则必须定义长度为 100 的数组。如果事先难以确定一个班的最多人数，则必须把数组定义得足够大，以便能存放任何班级的学生数据。显然这样做将会浪费很多内存空间。

如何构造动态的数组，以便根据需要调整数组的大小，从而满足不同问题的需要呢？链表就是动态地进行存储分配的一种结构，可以根据需要开辟内存单元，它是一种常见的重要的数据结构。如图 7-5 所示，就是一种最简单的链表(单向链表)结构。

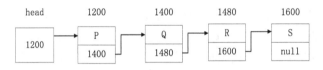

图 7-5 单向链表存储结构示意图

链表中每一个元素称为"结点"，每个结点都应包括两个部分：一部分为用户需要用的实际数据；另一部分为下一个结点的地址。链表有一个"头指针"变量，在图 7-5 中以 head 表示，它指向链表中第一个结点(即存放第一个数据元素的地址)；第一个结点又指向第二个结点……直到最后一个结点，该结点不再指向其他结点，它称为"表尾"，其地址部分放一个"NULL"(表示"空地址")，链表到此终止。

一般来说，链表中各数据结点在内存中可以不是连续存放的。要找某一元素，必须先找到上一个元素，根据其提供的地址才能找到下一个元素。如果不提供"头指针"(head)，则整个链表都无法访问。链表如同一条铁链，一环扣一环，中间不能断开。

可以看到，这种链表的数据结构必须利用指针变量才能实现。即一个结点中应包含一个指针变量，用其存放下一结点的地址。

前面介绍的结构体变量，用其作链表中的结点是最合适的。一个结构体变量包含若干成员，这些成员可以是数值类型、字符类型、数组类型，也可以是指针类型。用这个指针类型成员存放下一个结点的地址。例如，可以设计这样一个结构体类型：

```
struct student
{
    int num;
```

```
    float grade;
    struct student * next;
};
```

其中，成员 num 和 grade 用来存放结点中的有用数据(用户需要用到的数据)。next 是指针类型的成员，它指向 struct student 类型数据(这就是 next 所在的结构体类型)。一个指针类型的成员既可以指向其他类型的结构体数据，也可以指向自己所在的结构体类型的数据。现在，next 是 struct student 类型中的一个成员，它又指向 struct student 类型的数据。用这种方法就可以建立链表，如图 7-6 所示。

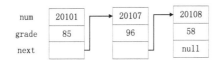

图 7-6　建立简单链表

图 7-6 中每一个结点都属于 struct student 类型，其成员 next 存放下一结点的地址，程序设计人员可以不必具体知道各结点的地址，只要保证将下一个结点的地址放到前一结点的成员 next 中即可。

> **注意**
>
> 上面只是定义了一个 struct student 类型，并未实际分配存储空间。只有定义了变量才分配内存单元。

1. 简单链表

下面通过一个例子来声明如何建立和输出一个简单链表。

【例 7-4】 建立一个如图 7-6 所示的简单静态链表，它由 3 个学生数据的结点组成，输出各结点中的数据。

分析：

(1) 静态单链表中所有结点都是在程序中定义的，不是临时开辟的，也不能在用完后释放。

(2) 静态单链表可以实现简单的链表结构，但必须在程序中事先定义确定个数的结构体变量(结点)，若想再增加一个结点就要修改程序，而且所有的结点都自始至终占据内存空间，并不是动态地进行存储分配。因此实际应用中为了使用的灵活性，更多的还是使用动态链表。

源程序：

```
#include <stdio.h>
#define NULL 0
struct student
{
    int num;
    float grade;
    struct student * next;
};
void main()
{
    struct student s,q,w,*head,*p;
    s.num=101;s.grade=88;     //对结点 s 的 num 和 grade 成员赋值
    q.num=102;q.grade=89.5;        //对结点 q 的 num 和 grade 成员赋值
```

```
    w.num=103;w.grade=95;        //对结点 w 的 num 和 grade 成员赋值
    head=&s;                     //将结点 s 的起始地址赋给头指针 head
    s.next=&q;                   //将结点 q 的起始地址赋给 s 结点的 next 成员
    q.next=&w;                   //将结点 q 的起始地址赋给 s 结点的 next 成员
    w.next=NULL;                 //w 结点的 next 成员不存放其他结点地址
    p=head;                      //使 p 指针指向 a 结点
    do{
        printf("%d%5.1f\n",p->num,p->grade);   //输出指针 p 指向的结点内容
        p=p->next;
    }while(p!=NULL);
}
```

运行结果：

例 7-4 的运行结果如图 7-7 所示。

图 7-7　例 7-4 的运行结果

结果分析：

程序开始使 head 指向 s 结点，s.next 指向 q 结点，q.next 指向 w 结点，这就构成链表关系。"w.next=-NULL"的作用是使 w.next 不指向任何有用的存储单元。在输出链表时要借助 p，先使 p 指向 s 结点，然后输出 s 结点中的数据，"p=p->next;"是为输出下一个结点作准备。p->next 的值是 q 结点的地址，因此执行"p=p->next;"后，p 就指向 q 结点，所以在下一次循环时输出的是 q 结点中的数据。本例中，所有结点都是在程序中定义的，不是临时开辟的，也不能用完后释放，这种链表称为"静态链表"。

2. 动态链表

建立动态链表是指在程序执行过程中从无到有建立起一个链表，即一个一个地开辟结点和输入各结点数据，并建立起前后相连的关系。

【例 7-5】 写一函数，建立一个有 4 名学生数据的单向动态链表。

分析：

设 3 个指针变量 head、p1、p2,它们都是用来指向 struct student 类型数据的。先用 malloc 函数开辟第一个结点，并使 p1、p2 指向它。然后从键盘输入一个学生的数据给 p1 所指的第一个结点。约定学号不会为零，如果输入的学号为 0，则表示建立链表的过程完成，该结点不应连接到链表中。先使 head 的值为 NULL(即等于 0),这是链表为"空"时的情况(即 head 不指向任何结点，链表中无结点)，以后增加一个结点就使 head 指向该结点。算法如图 7-8 所示。

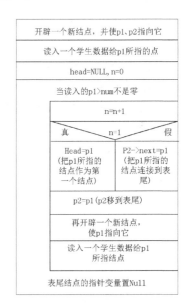

图 7-8　建立动态链表算法

源程序：

```
//链表的创建
struct student* creat(void)
{
    struct student *head;
    struct student *p1,*p2;
    n = 0;
    p1=p2=(struct student*)malloc(LEN);
    scanf("%ld,%f",&p1->num,&p1->grade); /*输入一个学生的数据给 p1 所指的第一个
结点*/
    head = NULL; /*先使 head 的值为 NULL(即等于 0)，这是链表为"空"时的情况(即 head
不指向任何结点，链表中无结点)*/
    while(p1->num!=0)  /*约定学号不会为零，如果输入的学号为 0，则表示建立链表的过程
完成*/
    {
        n=n+1;
        if(n==1)
            head = p1;//p1 所指的结点作为第一个结点
        else
          p2->next=p1;//p1 所指的结点连接到表尾
        p2=p1; //p2 移到表尾
        p1= (struct student*)malloc(LEN);   //开辟一个新结点，使 p1 指向它
        scanf("%ld,%f",&p1->num,&p1->grade);  //读一个学生数据给 p1 所指结点
    }
    p2->next= NULL;  //表尾结点的指针变量置 Null
    return(head);
}
```

运行结果：

例 7-5 的运行结果如图 7-9 所示。

图 7-9   例 7-5 的运行结果

结果分析：

(1)   n 是结点个数。

(2)   这个算法的思路是让 p1 指向新开的结点，把 p1 所指向的结点连接在 p2 所指向的
结点后面，用"p2->next=p1"来实现。

3. 输出链表

将链表中各结点的数据依次输出，首先要知道链表第一个结点的地址(head 的值)，设一
个指针变量 p，先指向第一个结点，输出 p 所指向的结点。然后使 p 后移一个结点，再输出，
直到链表的尾结点。

【例 7-6】编写一个输出链表的函数。

源程序：

```
//链表的输出
void output(struct student *head)
{
    struct student *p;
    p=head;     //将 p 指向第一个结点
    if(head!=NULL)
    {
        do {

            printf("%ld%5.1f\n",p->num,p->grade);   /*输出完第一个结点之后,
p 移动指向第二个结点*/
                p=p->next;/*将 P 原来所指向的结点中的 next 值赋给 P,即使 p 指向第二个结点*/
        } while(p != NULL);
    }
}
```

运行结果：

例 7-6 的运行结果如图 7-10 所示。

图 7-10 例 7-6 的运行结果

结果分析：

先将 p 指向第一个结点，在输出完第一个结点之后，p 移动指向第二个结点。程序中 p=p->next;的作用是将 P 原来所指向的结点中的 next 值赋给 P，而 p->next 的值就是第二个结点的起始地址。将它赋给 p，就是使 p 指向第二个结点。head 的值由实际参数传过来，也就是将已有链表的头指针传给被调用的函数，在 output()函数中从 head 所指的第一个结点出发顺序输出各个结点。

4. 对链表的删除操作

已有一个链表，希望删除其中某个结点。打个比方：5 个人 A、B、C、D、E 手拉手，如图 7-11(a)所示。如果其中 C 有事想离队，而队形仍保持不变，只要将 C 的手从两边脱开，B 改为与 D 拉手即可，如图 7-11(b)所示。

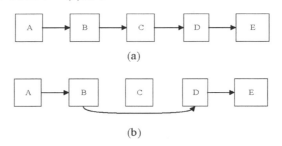

图 7-11 删除链表中的结点

与此相仿，从一个动态链表中删去一个结点，并不是从内存中真的把它抹掉，而是把它从链表中分离开来，只要撤销原来的链接关系即可。

【例 7-7】写一函数删除动态链表中指定的结点。

分析：

以指定的学号作为删除结点的标志。例如，输入 103，表示要求删除学号为 103 的结点。从 p 指向的第一个结点开始，检查该结点中的 num 值是否等于输入的要求删除的那个学号。如果相等就将该结点删除，如不相等，就将 p 后移一个结点，再如此进行下去，直到遇到表尾为止。

源程序：

```
//链表的删除操作
struct student* Delete(struct student *head,long num)
{
    struct student *p1,*p2;
    if(head==NULL)
    {
        printf("\nlist null!\n");
        return(head);
    }
    p1=head;   //使 p1 指向第一个结点
    while((num!=p1->num)&&(p1->next!= NULL))
    {
        p2=p1; //使 p2 指向刚才检查过的那个结点
        p1=p1->next; //p1 向后指向下一个结点
        if(num==p1->num)
        {
            if(p1==head)   //要删的是第一个结点(p1 的值等于 head 的值)
                head=p1->next;   //head 指向原来的第二个结点
            else
                p2->next=p1->next; /*P2->next 原来指向 p1 指向的结点，现在
p2->next 改为指向 p1->next 所指向的结点*/
            printf("delete:%ld\n",num);
            n=n-1;
        }
    }
    if(p1->next== NULL) //考虑链表是空表(无结点)
    {
        printf("%ld not been found!\n",num);
    }
    return(head);
}
```

运行结果：

例 7-7 的运行结果如图 7-12 所示。

图 7-12　例 7-7 的运行结果

结果分析：

两个指针变量 p1 和 p2，先使 p1 指向第一个结点。如果要删除的不是第一个结点，则使 p1 向后指向下一个结点(将 p1->next 赋给 p1)，在此之前应将 p1 的值赋给 p2，使 p2 指向刚才检查过的那个结点。如此一次一次地使 p 后移，直到找到所要删除的结点或检查完所有链表都找不到要删除的结点为止。如果找到某一结点是要删除的结点，还要区分两种情况：

(1) 如果要删的是第一个结点(p1 的值等于 head 的值)，则应将 p1->next 赋给 head。这时 head 指向原来的第二个结点。第一个结点虽然仍存在，但它已与链表脱离，因为链表中没有一个结点或头指针指向它。虽然 p1 还指向它，它仍指向第二个结点，但仍无济于事，现在链表的第一个结点是原来的第二个结点，原来第一个结点已"丢失"，即不再是链表中的一部分了。

(2) 如果要删除的不是第一个结点，则将 p1->next 赋给 p2->next。p2->next 原来指向 p1 指向的结点，现在 p2->next 改为指向 p1->next 所指向的结点。p1 所指向的结点不再是链表的一部分。此外还需要考虑链表是空表(无结点)和链表中找不到要删除的结点的情况。

5. 对链表的插入操作

对链表的插入是指将一个结点插入到一个已有的链表中。例如：已有一个学生链表，各结点是按其成员项 num(学号)的值由小到大顺序排列的。现要插入一个新生的结点，要求按学号的顺序插入。为确保正确插入，必须解决两个问题：①怎样找到插入的位置；②怎样实现插入。如果有一个班的学生按身高(从低到高)手拉手排好队，现在来了一名新同学，要求按身高顺序插入队中。首先要确定插到什么位置。可以让新生先与队中第 1 名学生比身高，若新生比第 1 名学生高，就使新生后移一个位置，与第 2 名学生比，如果仍比第 2 名学生高，再往后移，与第 3 名学生比……直到出现比第 i 名学生高，比第 i+1 名学生低的情况为止。显然，新生的位置应该在第 i 名学生之后，在第 i+1 名学生之前。在确定了位置之后，让第 i 名学生与第 i+1 名学生的手脱开，然后让第 i 名学生的手去拉新生的手，让新生另外一只手去拉第 i+1 名学生的手。这样就完成了插入，形成了新的队列。

【例 7-8】写一个函数向动态链表中插入一个结点。

源程序：

```
//链表的插入操作
```

```
struct student *insert(struct student *head,struct student *stud)
{
    struct student *p0,*p1,*p2;
    p1=head;  //p1 指向第一个结点
    p0=stud;//指针变量 p0 指向待插入的结点
    if(head==NULL)
    {
        head = p0;
        p0->next=NULL;
    }
    else
    {   //找到待插入位置
        while((p0->num>p1->num)&&(p1->next!=NULL))
        {
            p2=p1;  //p2 指向待插入位置的前一项
            p1=p1->next;//p1 指向待插入位置
        }
        //完成插入过程
        if(p0->num < p1->num)
        {
            if(head == p1)
                head = p0;
            else
                p2->next=p0;
            p0->next=p1;
        }
        else
        {
            p1->next=p0;
            p0->next=NULL;
        }
    }
    n=n+1;
    return(head);
}
```

运行结果：

例 7-8 的运行结果如图 7-13 所示。

图 7-13 例 7-8 的运行结果

结果分析：

(1) 根据上述思路实现链表的插入操作。先用指针变量 p0 指向待插入的结点，p1 指向第一个结点，如图 7-14(a)所示。

(2) 找到待插入位置，p1 指向待插入位置，p2 指向待插入位置的前一项，如图 7-14(b)所示。

(3) 将 C 插入待插入位置，p0=p2->next；p0->next=p1；，如图 7-14(c)所示。

(4) 在 B、D 之间插入 C 完成，原来连接在 B、D 之间的指针已经由 B-C 和 C-D 之间的指针代替，如图 7-14(d)所示。

6. 对链表的综合操作

将以上建立、输出、删除、插入的函数组织在一个 C 语言程序中，即将 4 个函数顺序排列，用 main() 函数做主调函数，可以写出以下 main()函数。

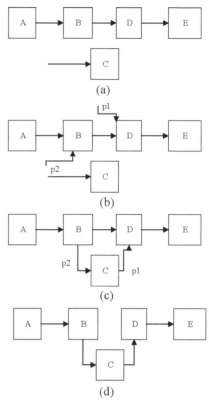

图 7-14　链表的插入操作

源程序：

```
void main()
{
    struct student *head,*stu;
    long del_num;
    printf("input records:\n");
    head=creat();  //创建链表
    output(head);  //输出链表
    printf("\n input the deleted number:");
    scanf("%ld",&del_num);
    while(del_num != 0)
    {
        head=Delete(head,del_num);//删除指定值的链表结点
        output(head);  //输出链表
        printf("input th deleted number:");
        scanf("%ld",&del_num);
    }
    printf("\n input the inserted record:");
    stu=(struct student*)malloc(LEN);
    scanf("%ld,%f",&stu->num,&stu->grade);
    while(stu->num!=0)
    {
        head=insert(head,stu);  //向链表中插入结点
        output(head);  //输出链表
        printf("input the inserted record:");
        stu=(struct student*)malloc(LEN);
        scanf("%ld,%f",&stu->num,&stu->grade);
    }
}
```

运行结果：

以上程序的运行结果如图 7-15 所示。

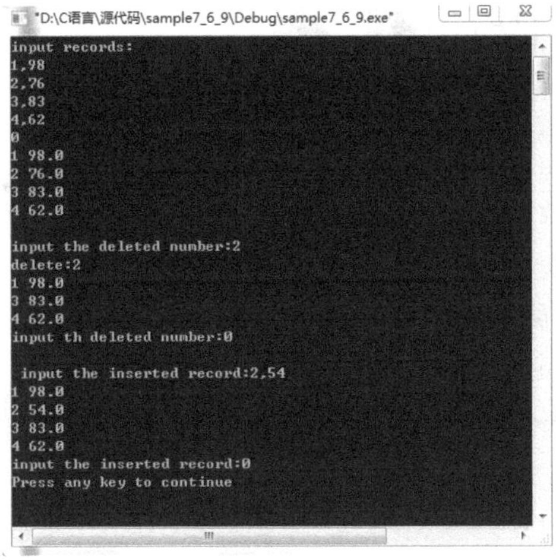

图 7-15 对链表的综合操作

结果分析：

stu 定义为指针变量，在需要插入时先用 malloc()函数开辟一个内存空间，将其起始地址经强制类型转换后赋给 stu，然后输入此结构体变量中各成员的值。对不同的插入对象，stu 的值是不同的，每次指向一个新的 struct student 变量，在调用 insert()函数时，实际参数为 head 和 stu，将已建立的链表起始地址传给 insert()函数的形式参数，将 stu(即新开辟单元的地址)传给形式参数 stud，返回的函数值是经过插入之后的链表的头指针(地址)。

7.5 知 识 延 展

7.5.1 共用体

在实际中有很多这样的例子，例如，在学校的教师和学生中填写的表格内容，姓名、年龄、职业、单位，"职业"一项可分为"教师"和"学生"两类。对"单位"一项学生应填入班级编号，教师应填入某系。班级用整型表示，系用字符数组类型，见表 7-2。要求把这两种类型不同的数据都填入"单位"这个变量中，就必须把"单位"定义为包含整型和字符数组这两种类型的"共用体"。

表 7-2 学校人员信息登记表

name	age	sex	classes or department
zhaoyang	18	f	504
sunli	46	m	cs
liming	38	f	402
zhengwei	19	m	cs

这种使几个不同的变量共占同一段内存的结构，称为共用体类型结构，以关键字 union 来标明。

1. 共用体类型的定义和共用体变量

定义一个共用体类型的一般形式：

```
union 共用体名
{
成员列表;
}
```

成员表中含有若干成员，成员的一般形式为：类型声明符成员名；共用体名和成员名的命名应符合标识符的规定。例如：

```
union ren
{
    int classes;
    char office[10];
};
```

定义了一个名为 ren 的共用体类型，它含有两个成员，一个为整型，成员名为 classes；另一个为字符数组，数组名为 office。

共用体类型定义之后，即可进行共用体变量声明，被声明为 union ren 类型的变量，可以存放整型量 classes 或存放字符数组 office。

共用体变量的定义方式与结构体变量类似，也有三种形式。即定义类型的同时定义变量；先定义类型，再定义变量；直接定义变量。

(1) 定义类型的同时定义变量。

```
union 共用体名{
            成员列表;
            }变量表;
```

以 ren 类型为例，定义如下：

```
union ren{
    int classes;
    char office[10];
}a,b;
```

(2) 先定义类型，再定义变量

```
union ren{
    int classes;
    char office[10];
};
union ren a,b;
```

(3) 直接定义变量。

```
union ren{
    int classes;
    char office[10];
}a,b;
```

经声明后的 a、b 变量均为 ren 类型。它们的内存分配如图 7-16 所示。a,b 变量的长度应等于 ren 的成员中最长的长度，即等于 office 数组的长度，共 6 个字符。

从图中可见，a、b 变量如赋予整型值时，只使用了 2 个字符，而赋予字符数组时，可用 6 个字符。

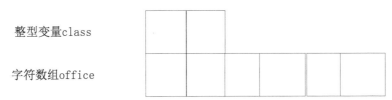

整型变量class

字符数组office

图 7-16　内存分配示意图

"共用体"与"结构体"有一些相似之处，但两者有本质上的不同。在结构体中各成员有各自的内存空间，一个结构体变量的总长度是各成员长度之和。而在"共用体"中，各成员共享一段内存空间，一个共用体变量的长度等于各成员中最长的长度。上文定义的共用体变量 a、b 所占的存储区与 office 成员所占的内存字节数相同，因为 office 成员变量占用的字节数超过了 int 型的 classes 变量。

应当注意的是，这里所谓的共享不是指把多个成员同时装入一个共用体变量内，而是指共用体变量可被赋予任一成员值，但每次只能赋一种值，输入新值则除去旧值。如前面介绍的"单位"变量，如定义为一个可装入"班级"或"系"的共用体变量后，就允许赋予整型值(班级)或字符串(系)。要么赋予整型值，要么赋予字符串，不能两者同时都赋予。

2. 共用体变量的赋值和使用

对共用体变量的赋值和使用都只能是对变量的成员进行。共用体变量的成员表示为：共用体变量名.成员名。例如：a 被声明为 ren 类型的变量之后，可使用 "a.classes=101;"，是将 101 赋值给 a 的 classes 成员。"a.office="physics";"则是将字符串"physics"赋值给 a 的 office 成员。不允许只用共用体变量名作赋值或其他操作，也不允许对共用体变量作初始化赋值。再次强调声明，一个共用体变量，每次只能赋予一个成员值，换句话说，一个共用体变量的值就是共用体成员变量的某一个成员值。

对于共用体变量的应用，需要注意以下几个问题。

(1) 由于共用体变量中的各个成员都共用一段存储空间，所以在任一时刻，只能有一种类型的数据存放在共用体变量中，也就是说任一时刻，只有一个成员有效，其他成员无意义。

(2) 在引用共用体变量时，必须保证对其存储类型的一致性，如果最近一次存入共用体变量 a 中的是一个整数，那么下一次取 a 变量中的内容也应该是一个整数，否则将无法保证程序的正常工作。

(3) 共用体变量不能用作函数参数，在定义共用体变量时也不能分别对其成员进行初始化。例如下面的初始化过程是错误的：

```
union data{
    float f;
    int i;
```

```
    char ch;
}a={2.67,15,'B'}
```

(4) 共用体变量可以出现在结构体类型中，结构体变量也可以出现在共用体类型中。

【例 7-9】设有一个教师与学生通用的表格，教师数据有姓名、年龄、职业、教研室 4
项。学生数据有姓名、年龄、职业、班级 4 项。编程输入人员数据，再以表格输出。

源程序：

```
#include <stdio.h>
void main()
{
    struct{
        char name[10]; //姓名
        int  age;  //年龄
        char sex;  //性别
        char job;  //职业
        union{
            int classes;    //班级
            char office[10]; //教研室
        }depa;  //部门
    }body[2];
    int i;
    for(i=0;i<2;i++)
    {
        printf("input name,age,sex,job and department\n");
        //输入姓名、年龄、性别、职业、教研室
        scanf("%s%d %c %c",body[i].name,&body[i].age,&body[i].sex,&body[i].job);
        //如果职业为's'，则输入班级
        if(body[i].job=='s')  scanf("%d",&body[i].depa.classes);
        else scanf("%s",body[i].depa.office);    //否则输入教研室
    }
    printf("name age job classes/office\n");
    for(i=0;i<2;i++)
    {
        if (body[i].job=='s')    //如果职业为's'，则输出班级
            printf("%s%3d%3c%3c  %d\n",body[i].name,body[i].age,
body[i].sex,body[i].job,body[i].depa.classes);
        else    //否则输出教研室
            printf("%s%3d%3c%3c  %s\n",body[i].name,body[i].age,body[i].sex,
body[i].job,body[i].depa.office);
    }
}
```

运行结果：

例 7-9 的运行结果如图 7-17 所示。

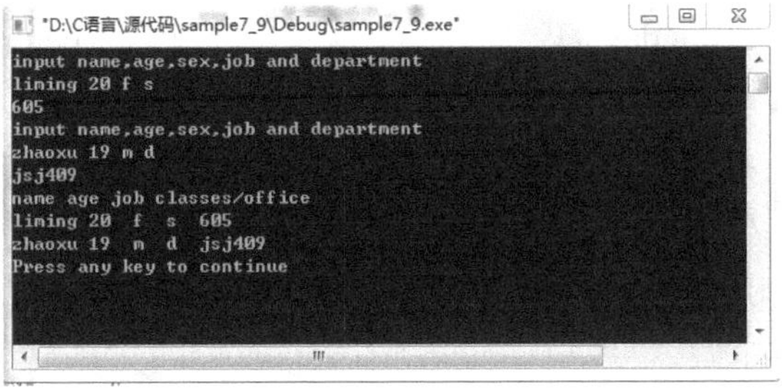

图 7-17　例 7-9 的运行结果

结果分析：

程序中用一个结构体数组 body 来存放人员数据，该结构体类型共有 4 个成员。其中成员项 depa 是一个共用体类型。在程序的第一个 for 语句中，输入人员的各项数据，先输入结构体的前 3 个成员 name、age 和 job，然后判断 job 成员项，如果为"s"则对共用体成员 depa.classes 输入(对学生赋班级编号)，否则对 depa.office 输入(对教师赋教研室名)。

在用 scanf()语句输入时要注意，凡为数组类型的成员，无论是结构体成员还是共用体成员，在该项前不能再加"&"运算符。如程序第 18 行中的 body[i].name 是一个数组类型，第 22 行中的 body[i].depa.office 也是数组类型，因此在这两项之间不能加"&"运算符。程序中的第二个 for 循环语句用于输出各成员项的值。

7.5.2　枚举类型

有些变量的数据取值范围有限，例如星期的取值就只能是星期一至星期日 7 个数值；逻辑学上常用的布尔型变量只能取 0/1 两个值。C 语言为支持这种数据的表示，引入了枚举类型。枚举类型也是用户自定义类型，用关键字 enum 表示。

1. 枚举类型的定义

枚举类型定义的一般形式为：

```
enum 枚举名 {枚举值表};
```

在枚举值表中应罗列出所有可用值，这些值也称为枚举元素。

例如：当使用 Sun、Mon…Sat 来作为星期的数值时，首先进行如下定义：

```
enum weekday{Sun,Mon,Tue,Wed,Thu,Fri,Sat};
```

该枚举名为 day，枚举值有 7 个，即一周中的 7 天。{}中列出了 enum weekday 可以取的值，后面的";"是定义结束的标志，不能省略。凡被声明为 enum weekday 类型变量的取值只能是 7 天中的某一天。

又如，对逻辑型变量 boolean 可以定义如下：enum boolean {false,true};，则 enum boolean 型的变量可以有 false、true 两种取值。

2. 枚举变量

有了枚举类型的定义之后，就可以定义相应的枚举变量，定义形式如下：

```
enum 枚举类型名　枚举变量名;
```

例如：有了上面对 enum day 的声明，则可定义如下变量：enum day a;。

如同结构体和共用体一样，枚举变量也可用不同的方式声明，即先定义后声明、同时定义声明或直接声明。

设有变量 a,b,c，被声明为上述的 day，可采用下述任一方式：

```
enum weekday{Sun,Mon,Tue,Wed,Thu,Fri,Sat}; enum day a,b,c
```

或

```
enum weekday{Sun,Mon,Tue,Wed,Thu,Fri,Sat} a,b,c;
```

或

```
enum {Sun,Mon,Tue,Wed,Thu,Fri,Sat} a,b,c;
```

3. 枚举变量的赋值和使用

枚举类型在使用中有以下规定：

枚举值是常量，不是变量，不能在程序中用赋值语句再对其赋值。

例如：对枚举 weekday 的元素再作以下赋值：Sun=5;Mon=2;Sun=Mon;都是错误的。

枚举元素本身由系统定义了一个表示序号的数值，从 0 开始顺序定义为 0,1,2…。

如在 weekday 中，Sun 值为 0，Mon 值为 1，…，sat 值为 6。

【例 7-10】枚举变量的使用。

源程序：

```
#include <stdio.h>
void main()
{
    enum weekday{Sun,Mon,Tue,Wed,Thu,Fri,Sat}a,b,c;
    a=Sun;b=Mon;c=Tue;
    printf("%d,%d,%d",a,b,c);
}
```

运行结果：

例 7-10 的运行结果如图 7-18 所示。

图 7-18　例 7-10 的运行结果

结果分析：

Sun,Mon,Tue 分别代表周日、周一、周二，故结果为 0、1、2，当然也可人为改变，具体情况为以下四点。

(1) 只能把枚举值赋予枚举变量，不能把元素的数值直接赋予枚举变量。例如："a=Sun;b=Mon;"是正确的。而"a=0;b=1;"是错误的。

(2) 如果一定要把数值赋予枚举变量，则必须用强制类型转换："a=(enum weekday)2;"，其意义是将顺序号为 2 的枚举元素赋予枚举变量 a，相当于"a=true;"。

（3）枚举元素的值也可以改变，可在定义时由程序员指定。例如："enum weekday(Sun=7, Mon=1,Tue,Wed,Thu,Fri,Sat)workday,week-end;k" 中定义 Sun 为 7，Mon=1，以后顺序加 1，Sat 为 6。

（4）枚举元素不是字符常量也不是字符串常量，使用时不要加单、双引号。

7.5.3　用 typedef 定义类型

前面的结构体、共用体、枚举类型等都是用户自定义的数据类型，在使用时，必须将关键字和用户自定义的类型标识符连用，例如：struct regist myregist;union udata datum;enum day a;,关键字的部分必须同时出现，因为它们只有形成整体才代表了一个用户定义的类型。能不能只用一个标识符来表示用户定义的新类型呢？这就是本节要解决的问题。

C 语言不仅提供了丰富的数据类型，而且还允许由用户自己定义类型声明符，也就是允许用户为数据类型取"别名"。类型定义符 typedef 即可用来完成此功能。

例如，有整型量 a,b，其定义如下：

```
int a,b;
```

int 的完整写法为 integer，为了增加程序的可读性，可把整型声明符用 typedef 定义为：

```
typedef int INTEGER;
```

以后就可用 INTEGER 来代替 int 作整型变量的类型声明。

例如："INTEGER a,b;" 等效于 "int a,b;"。

用 typedef 定义数组、指针、结构等类型会很方便，不仅使程序书写简单，而且使意义更为明确，使可读性增强。

typedef 定义的一般形式为：

```
typedef 原类型 新类型名;
```

其中原类型是系统提供的标准类型或已经定义过的其他结构体、共用体、枚举类型，且若为非标准类型时应含有定义部分，新类型名一般用大写表示，以便于区别。Typedef 的功能是将原类型取一个新的名字，这个名字就是新类型名。

例如："typedef char Name[20];" 表示 NAME 是字符数组类型，数组长度为 20，然后可用 NAME 声明变量。

例如：

```
NAME a1,a2,s1,s2;
```

完全等效于：

```
char a1[20],a2[20],s1[20],s2[20];
```

又如：

```
    typedef struct stu{
    char name[20];
    int age;
    char sex;
}STU;
```

定义 STU 表示 stu 的结构类型，然后可用 STU 来声明结构变量：STU body1,body2;。

【例 7-11】用 typedef 定义数据类型。

源程序：

```
#include <stdio.h>
typedef union{
    long i;
    int k[4];
    char ch;
}DATE;//定义共用体类型 DATE
DATE date;  //用 DATE 定义共用变量 date
void main()  //求 date 的长度并输出
{
    printf("%d\n",sizeof(date));
}
```

运行结果：

例 7-11 的运行结果如图 7-19 所示。

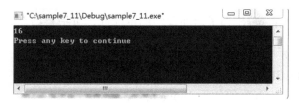

图 7-19　例 7-11 的运行结果

结果分析：

共用变量 date 的长度等于共用体中最长的元素的长度，本例中为整型数组 k，其长度为 8 字节，故程序的输出结果为 16。

7.6　上　机　实　训

7.6.1　结构指针计算一组学生的成绩

1. 训练内容

计算一组学生的平均成绩和不及格人数，用结构指针变量进行函数参数编程。

分析：

在 C 语言中，允许用结构体变量作为函数参数进行整体传送。但是这种传送要将全部成员逐个传送，特别是成员为数组时，传送的时间和空间开销很大，严重地降低了程序的效率。因此最好的办法就是使用指针，即用指针变量作为函数参数进行传送，这时由实际参数传向形式参数的只是地址，从而减少了时间和空间的开销。

2. 源程序

根据上面的训练内容分析，可以用如下源程序实现。

```c
#include <stdio.h>
struct student{
    char *name;
    int num;
    char sex;
    float grade;
}stu[5]={{"张三",101,'M',85},{"李红",102,'F',48.5},
{"王丽",103,'F',87},{"赵猛",104,'M',52},
{"刘洋",105,'M',95}
};
void main()
{
    struct student *ps;
    void ave(struct student * ps);
    ps=stu;
    ave(ps);
}
void ave(struct student *ps)
{
    int c=0,i;
    float ave,s=0;
    for(i=0;i<5;i++,ps++)
    {
        s+=ps->grade;
        if(ps->grade<60)c+=1;
    }
    printf("总分=%f\n",s);
    ave=s/5;
    printf("平均值=%f\n 不及格人数=%d\n",ave,c);
}
```

7.6.2 扑克牌的结构表示

1. 训练内容

模拟洗牌和发牌过程。一副扑克有 52(大小王除外)张牌,分为 4 种花色(Suit):包括黑桃(Spades)、红桃(Hearts)、梅花(Clubs)和方块(Diamonds)。每种花色又有 13 张牌面(Face):A、2、3、4、5、6、7、8、9、10、Jack、Queen、King。编写程序,完成洗牌和发牌过程。

分析:

本程序的编写过程如下。

(1) 声明结构体,定义结构体数组变量 card[N]。

(2) 将扑克牌按顺序放在结构体数组中。

(3) 将计数器 i 清零。

(4) 产生一个 1~52 的随机数字 m,将 card[i]和 card[m]互换。

(5) 计数器 i 加 1,判断 i 是否大于 52,如果否,回到步骤(4);如果 i>52,结束循环。

(6) 输出结果。

2. 源程序

根据上面的训练内容分析，可以用如下源程序实现。

```c
#include <stdio.h>
#include <stdlib.h>
#include <time.h>
void InitCard(int a[], const int n);
void RandCard(int a[], int b[][13]);
void SortCard(int a[][13]);
void PrintCard(const int a[13], int low, int top, const char type[10]);
void PrintFinal(const int a[][13]);
int main()
{
    int initcards[52] = {0};
    int cards[4][13] = {0};
    InitCard(initcards, 52);
    RandCard(initcards, cards);
    SortCard(cards);
    PrintFinal(cards);
    system("pause");
    return 0;
}
/*
    初始化牌堆
    1 ～ 13 表示方块牌   14 ～ 26 表示梅花牌
    27 ～ 39 表示红桃牌  40 ～ 52 表示黑桃牌
*/
void InitCard(int a[], const int n)
{
    int i;
    for(i=0; i<n; ++i)
        a[i] = i+1;
}
//分配牌堆，a[]是初始化好的牌堆，b[4][]是待分配的牌堆
void RandCard(int a[], int b[][13])
{
    int i, j, index;
    srand((unsigned)time(NULL));        //随机种子
    for(i=0; i<4; i++)                   //为 4 个人分牌
    {
        for(j=0; j<13; )                //每人 13 张牌
        {
            index = rand() % 52;        //初始牌堆随机下标
            if(a[index] != 0)           //若这张牌没有被分配
            {
                b[i][j++] = a[index];   //添加到分配牌堆中去
                a[index] = 0;           //在初始牌堆中，这张牌值归 0(不能再使用)
            }
        }
    }
}
//为 4 个人的牌从大到小排序，后面遍历输出时即从大到小输出
void SortCard(int a[][13])
```

```
{
    int i, j, k, tmp;
    for(i=0; i<4; i++)   //第 i 个人
    {
        for(j=0; j<12; j++)
        {
            for(k=0; k<12-j; k++)
            {
                if(a[i][k] < a[i][k+1])
                {
                    tmp = a[i][k];
                    a[i][k] = a[i][k+1];
                    a[i][k+1] = tmp;
                }
            }
        }
    }
}
//打印一种花色的牌型，low 和 top 是该种花色的下界值和上界值，type[]是花色名字
void PrintCard(const int a[13], int low, int top, const char type[10])
{
    int i, tmp;
    printf("%s: ", type);
    for(i=0; i<13; i++)
    {
        if(a[i]<low || a[i]>top)        //不在此范围，说明不是此花色牌
            continue;
        tmp = a[i] % 13 + 1;            //1 为 A，而10、11、12、13分别为T、J、Q、K
        if(tmp > 1 && tmp <= 9)
            printf("%d", tmp);
        else if(tmp == 10)
            putchar('T');
        else if(tmp == 11)
            putchar('J');
        else if(tmp == 12)
            putchar('Q');
        else if(tmp == 13)
            putchar('K');
        else
            putchar('A');
    }
    printf("\n\n");
}
//打印四个人的牌型
void PrintFinal(const int a[][13])
{
    int i, j, tmp;
    for(i=0; i<4; i++)
    {
        printf("第%d位玩家的牌型如下：\n", i+1);

        PrintCard(a[i], 40, 52, "黑桃牌");
        PrintCard(a[i], 27, 39, "红桃牌");
        PrintCard(a[i], 14, 26, "梅花牌");
```

```
        PrintCard(a[i], 1, 13, "方块牌");
    }
}
```

项 目 小 结

(1) 本项目主要学习了 C 语言的 3 种构造数据类型：结构体、共用体、枚举类型和类型定义。3 种构造数据类型在定义形式上非常相似，都是一个关键字加类型名，后面用一对花括号将若干成员项括起来。结构体类型名由 struct 和结构体组成；共用体类型名由 union 和共用体名组成；枚举类型名由 enum 和枚举名组成。

(2) 结构体类型就是将各种不同的数据类型集合在一起的数据类型，用于处理各种不同类型的数据。它的应用范围很广，主要用于数据结构中线性表、栈、队列、树和图的链式存储。因此需要掌握单链表的创建过程；链表的遍历方法；新结点的插入过程；删除一个已有结点等基本操作。

(3) 共用体类型是指不同的数据项存放于同一段内存单元的一种构造数据类型，它的类型说明、变量定义及成员的引用方式与结构体的形式相似。注意区分共用体和结构体的不同：在某一时刻，共用体变量只能存放一个成员值，也就是最后一次赋值的数据；而结构体变量可以同时存放所有成员的值，无论是结构体变量还是共用体变量，使用时只能访问该变量的某个具体成员项，不能直接对整个变量进行操作。

(4) 枚举类型是将属于该类型变量的所有可能值一一列举出来的一种类型。每个枚举常量都对应一个赋值整数，默认情况下，第一个枚举常量对应整数 0，第二个枚举常量对应 1，……依此类推。枚举常量相当于一个符号常量，编辑源代码时，可以给枚举常量赋予有意义的名字，从而提高程序的可读性，有利于程序的后期维护；其次，枚举类型变量的取值仅限于其枚举常量的范围内，引用值若超出这个范围，系统即视为出错。充分利用系统自动检查枚举变量值是否越界，可以帮助程序员快速定位查找错误，从而在一定程度上降低编程难度。

 知识补充

7.7 数据库技术

在学习 C 语言的过程中我们编写了很多程序，其中用到了很多数据，包括基本类型数据、数组、结构类等派生数据类型。其实，真正意义上的软件所涉及的数据远远不止这些，例如：公司客户信息管理系统、银行账户交易管理系统等，都涉及大量的信息数据，我们学过的这些数据形式不能满足软件设计要求。那么，如何操作和管理大量数据呢？这就需要采用数据库技术。

数据库技术产生于 20 世纪 60 年代末 70 年代初，其主要目的是有效地管理和存取大量的数据资源。数据库技术是通过研究数据库的结构、存储管理以及应用的基本理论，实现对数据库中的数据进行处理、分析的技术。

数据库管理系统(database management system，DBMS)是操纵和管理数据库的大型软件，用于建立、使用和维护数据库。它对数据库进行统一的管理和控制，以保证数据库的安全性和完整性。用户通过 DBMS 访问数据库的数据，数据库管理员也通过 DBMS 进行数据库的维护工作。它可使多个应用程序在同时或不同时刻去建立、修改和查询数据库。DBMS提供数据定义语言(data definition language，DDL)与数据操作语言(data manipulation language，DML)，供用户定义数据库的模式结构与权限约束，实现对数据的追加、删除等操作。

目前，商品化的数据库管理系统以关系数据库为主导产品，技术比较成熟。国际国内的主导关系数据库管理系统有 Oracle、SQL Server、MySQL 等。

1. Oracle

提起数据库，第一个想到的公司一般都会是 Oracle(甲骨文)。该公司成立于 1977 年，最初是一家专门开发数据库的公司。Oracle 在数据库领域一直处于领先地位。1984 年，其首先将关系数据库运用到了台式计算机上。之后，Oracle 5 推出分布式数据库、客户机/服务器结构等崭新的概念。Oracle 6 首创行锁定模式以及对称多处理计算机的支持。Oracle 8主要增加了对象技术，成为"关系—对象"数据库系统。Oracle 11g 是甲骨文公司 30 年来发布的最重要的数据库版本，根据用户的需求实现了信息生命周期管理(information lifecycle management)等多项创新，大幅提高了系统性能安全性，全新的 Data Guard 最大化了可用性，利用全新的高级数据压缩技术降低了数据存储空间的占比，明显缩短了应用程序测试环境部署及分析测试结果所花费的时间，增加了 RFID Tag、DICOM 医学图像、3D 空间等重要数据类型的支持，加强了对 Binary XML 的支持和性能优化。目前，Oracle 产品覆盖大中小型几十种机型的计算机，Oracle 数据库成为世界上使用最广泛的关系数据系统之一，且商业用途广泛。

2. SQL Server

SQL Server 是由微软公司开发的数据库管理系统，是 Web 上最流行的用于存储数据的数据库，它已广泛用于电子商务、银行、保险、电力等与数据库有关的行业。目前，它的最新版本是 SQL Server 2017，且只能在 Windows 平台上运行。操作系统的稳定性对数据库来说很重要。SQL Server 提供了众多的 Web 和电子商务功能，如对 XML 和 Internet 标准的丰富支持，通过 Web 对数据进行轻松安全的访问，具有强大、灵活、基于 Web 的安全应用程序管理等。而且，由于它的易操作性及友好的操作界面，深受广大用户的喜爱。

3. MySQL

MySQL 是比较受欢迎的开源 SQL 数据库管理系统，它由 MySQL AB 开发、发布和支持。MySQL AB 是一家基于 MySQL 开发人员的商业公司，也是一家使用了一种成功的商业模式来结合开源价值和方法论的第二代开源公司。MySQL 是 MySQL AB 的注册商标。MySQL 是一个快速、多线程、多用户和健壮的 SQL 数据库服务器。MySQL 服务器支持关键任务、重负载生产系统的使用，也可以将它嵌入到一个大配置的软件中去。

除此之外，还有微软公司的 Access、FoxPro 等数据库管理系统。

在实际应用中，选择数据库的首要原则就是符合用户对数据的实际管理需求，另外还要考虑软件的开发预算。

项目任务拓展

(1) 定义一个结构体变量(包括年、月、日)。计算该日在本年中是第几天，注意闰年情况。

(2) 有一个学生成绩数组，该数组中有 5 名学生的学号、姓名、3 门课程的成绩等信息，要求：编写 input()函数输入数据，output()函数输出数据，在 main()函数中调用。

(3) 口袋中有红、黄、蓝、白、黑 5 种颜色的球若干个。每次从口袋中取出 3 个球，问得到 3 种不同颜色的球的可能取法，打印出每种组合的 3 种颜色。球只能是 5 种颜色之一，而且要判断各球是否同色，应使用枚举类型变量处理。

项目 8　家庭理财程序

(一)项目导入

为了实现家庭合理地收入支出，可利用现代科技实现家庭理财管理，及时了解家庭财政状况。用户根据需要可增加一条家庭收支项目记录(正数代表收入，负数代表支出)，随时列出家庭所有收支项目，并查询最后一次记录。

(二)项目分析

通过键盘输入所需的初始数据，将结果输出到显示器或打印机上。这种数据输入输出的处理方式都是临时性的，只能在程序执行时占据内存空间，程序结束后即从内存中消失，难以实现大批量数据的输入和输出，不能保存输出结果，每次运行程序都要重新输入数据。为提高数据输入输出的处理效率，可将数据从文件中读取，并将运行的结果写入到文件中。

读取文件中的数据和将数据写入文件的相关编程技术，是使用计算机程序解决实际问题所需要的。

(三)项目目标

1. 知识目标

(1) 了解文件的基本概念。

(2) 掌握文件的使用方法。

2. 能力目标

培养学生使用集成开发环境进行软件开发、调试的综合能力。

3. 素质目标

使学生养成良好的编程习惯，具有团队协作精神，具备岗位需要的职业能力。

(四)项目任务

首先设计家庭收支结构项目记录的数据，这里使用结构体。C 程序是由函数构成的，根据系统功能进行设计，本项目程序的函数包括：主函数 main()、显示用户界面函数 menu()、增加一个收支项目函数 add_item()、显示所有收支项目函数 all_item()、查询最后一次输入的收支项目函数 last_item()、统计所有收支项目总数函数 item_count()。各函数间通过函数调用实现功能的整合，其中主函数分别调用 menu()、add_item()、all_item()、last_item()函数，显示用户菜单界面、根据菜单选择；实现增加一个收支项目；显示所有收支项目；查询最后一次输入的收支项目、查看收支结余的功能。本项目的任务分解如表 8-1 所示。

表8-1　家庭理财程序任务分解表

序　号	名　　称	任务内容	方　法
1	定义项目中的数据结构	复习结构体	演示+讲解
2	显示用户选择主菜单	复习输出函数	演示+讲解
3	统计家庭所有收支项目记录总数	文件随机定位和获取当前位置	演示+讲解
4	增加一条家庭收支项目记录	文件读写	演示+讲解
5	显示家庭所有收支项目记录	判断文件结束	演示+讲解
6	查询最后一次家庭收支项目记录	文件随机定位和随机读	演示+讲解
7	编写主函数	文件的打开与关闭	演示+讲解

任务 8.1　定义项目中的数据结构

 # 任务实施

8.1.1　定义家庭收支项目记录结构体数据类型 item

家庭收支项目记录中的数据类型各不相同，把不同类型的数据组合在一起使用，该任务涉及定义结构体数据类型。

家庭收支项目记录包括：收支项目编号、日期、备注信息、收支钱数(正数代表收入、负数代表支出)和收支结余钱数。

源程序：

```
struct item
{
    long id;              //收支编号
    char date[11];        //日期
    char meno[15];        //备注信息，收入支出说明
    double inout;         //收支钱数，正数代表收入，负数代表支出
    double total;         //收支结余
};
```

8.1.2　相关知识

1. 文件

所谓"文件"，是指一组相关数据的有序集合。这个数据集有一个名称，叫作文件名。例如，源程序文件、目标文件、可执行文件和库文件(头文件)等。

文件通常是驻留在外部介质(如磁盘等)上的，在使用时才调入内存中来。从不同的角度可对文件作不同的分类。

(1) 从用户的角度看，文件可分为普通文件和设备文件两种。

① 普通文件：指驻留在磁盘或其他外部介质上的一个有序数据集，可以是源文件、

目标文件、可执行程序；也可以是一组待输入处理的原始数据，或者是一组输出的结果。对于源文件、目标文件、可执行文件可以称为程序文件，对于输入输出数据可称为数据文件。

②　设备文件：指与主机相连的各种外部设备，如显示器、打印机和键盘等。在操作系统中，把外部设备也看作是一个文件来进行管理，把它们的输入、输出等同于对磁盘文件的读和写。

通常把显示器定义为文件的标准输出，一般情况下，在屏幕上显示有关信息就是向标准输出文件输出。例如，前面经常使用的 printf()、putchar()函数就是这类输出。

键盘通常被指定标准的输入文件，从键盘上输入就意味着从标准输入文件上输入数据。Scanf、getchar 函数就属于这类输入。

(2)　从文件编码的角度看，文件可分为 ASCII 码文件和二进制码文件两种。

①　ASCII 码文件也称为文本文件，这种文件在磁盘中存放时每个字符对应一个字节，用于存放对应的 ASCII 码。

例如，数 5、6、7、8 的存储形式为：

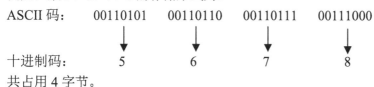

ASCII 码：　　　00110101　　00110110　　00110111　　00111000

十进制码：　　　　5　　　　　6　　　　　7　　　　　8

共占用 4 字节。

②　二进制文件是按二进制的编码方式来存放文件。

例如，数 5678 的存储形式为：

00010110　　00101110

只占两个字节。二进制文件虽然也可在屏幕上显示，但其内容无法读懂。C 语言系统在处理这些文件时，并不区分类型，都看成是字符流，按字节进行处理。

输入输出字符流的开始和结束只由程序控制，而不受物理符号(如回车符)的控制。因此也把这种文件称作"流式文件"。

2. 文件类型指针

1)　文件类型(结构体)——FILE 类型

FILE 类型是一种结构体类型，在 stdio.h 中定义，用于存放文件当前的有关信息。

程序使用一个文件，系统就为此文件新建一个 FILE 类型变量。程序使用几个文件，系统就新建几个 FILE 类型变量，用于存放各个文件的相关信息。

```
typedef struct{
    short           level;        //fill/empty level of buffer
    unsigned        flags;        //文件状态标志
    char            fd;           //文件描述符
    unsigned char   hold;         //Ungetc char if no buffer
    short           bsize;        //缓冲区大小
    unsigned char   *buffer;      //数据传输缓冲区
    unsigned char   *curp;        //当前激活指针
    unsigned        istemp;       //临时文件指示器
    short           token;        //用于合法性校合
}FILE;
```

2) 文件指针变量(文件指针)

文件存放在外存上,我们用文件名来标识它,但 C 语言操作文件时,是通过一个指针变量和被操作的文件进行联系,这个指针称为文件的结构体指针,简称为文件指针。通过文件指针,可以知道被操作文件的文件名、文件长度、建立时间和操作模式等信息,这些信息是由 C 语言系统的 FILE 结构体进行处理的,可直接使用,其形式如下:

```
FILE *fp;  //定义一个文件指针变量,以便文件操作
```

FILE 保留字在 stdio.h 中说明,故必须指明对 stdio.h 包含。

3. 缓冲文件系统、非缓冲文件系统

(1) 缓冲文件系统:系统自动在内存中为每个正在使用的文件开辟一个缓冲区。在从磁盘读取数据时,一次从磁盘文件将一些数据输入到内存缓冲区(充满缓冲区),然后再从缓冲区逐个将数据传送给接收变量;向磁盘文件输出数据时,先将数据传送到内存缓冲区,装满缓冲区后才一起输出到磁盘,以减少对磁盘的实际访问(读/写)次数。

(2) 非缓冲文件系统:不由系统自动设置缓冲区,而由用户根据需要设置。

4. 文件操作的基本过程

在 C 语言中,对文件通常进行的操作有建立文件、打开文件、向文件写入数据、从文件中读出数据和关闭文件等。操作文件必须经过 3 个步骤,如图 8-1 所示。

打开文件就是为文件的读写操作做好准备,文件被操作前必须打开。如果要建立一个预先不存在的文件,也必须先打开这个文件,通过输入内容后保存形成新的文件。所以,C 语言的打开文件意味着两种含义的操作——打开已存在的文件或准备建立一个新文件。

从文件中读/向文件中写数据,就是从文件中读出数据到内存,以备处理或把内存中的数据写入文件。在操作中,要特别关注记录指针的位置,记录指针的初始位置可从文件的打开方式确定,当我们用进行读写的 C 语言的函数操作后,文件中的记录指针所指向的当前位置就会发生改变,这个改变以字节为单位的整型数从文件头向文件尾移动。当然,也可用记录指针定位函数,直接将记录指针定位于文件中的某个位置,这个位置是以文件头和文件尾作为起点和终点的,如图 8-2 所示。

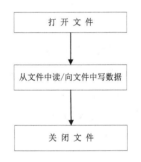

图 8-1 文件操作的 3 个步骤

图 8-2 文件记录指针移动

关闭文件就是安全地结束文件的一切操作。

任务 8.2　显示用户选择主菜单

 ## 任务实施

8.2.1　显示用户选择主菜单示例

1. 任务描述

定义用户界面，显示用户选择主菜单。要求如下：

(1) 增加一条家庭收支项目记录。

(2) 显示家庭所有收支项目记录。

(3) 查询最后一次家庭收支项目记录。

(4) 退出。

2. 任务涉及的知识要点

该任务涉及输出函数。

3. 任务分析与实现

系统会显示用户界面，提供菜单供用户进行选择，菜单包括 4 个选项，若用户输入 1 并按 Enter 键，表示用户要增加一条家庭收支项目记录；若用户输入 2 并按 Enter 键，表示用户要显示家庭所有收支项目记录；若用户输入 3 并按 Enter 键，表示用户要查询最后一次家庭收支项目记录；若用户输入 0 并按 Enter 键，表示退出系统，结束程序。

源程序：

```
int menu()
{
    int c;
    printf("|----------------家庭理财管理系统------------------|\n");
    printf("|          1-增加一条家庭收支项目记录        |\n");
    printf("|          2-显示家庭所有收支项目记录        |\n");
    printf("|          3-查询最后一次家庭收支项目记录    |\n");
    printf("|          0-退出                            |\n");
    printf("|--------------------------------------------------|\n");
    scanf("%d",&c);
    return c;
}
```

8.2.2　文件记录指针的顺序定位操作

以下文件的读写函数都是顺序操作函数，即读写一条信息后，文件记录指针自动从文件头向文件尾方向移动，移动的字节数等于读写的字节数。

1. 文件的顺序写操作函数

功能：将内存中指定的信息写入文件。

1) 函数 fputc()

格式：

```
int fputc(int ch, FILE *fp)
```

功能：向 fp 代表的文件写入一个字符 ch，若成功，返回所写字符的 ASCII 码值，且记录指针向文件尾方向移动一个字节；若失败，返回 EOF，文件结束。

说明：EOF 为符号常量，是 EndOfFile 的缩写，在 stdio.h 中定义，大小为-1。

2) 函数 fputs()

格式：

```
int fputs(char *string, FILE *fp)
```

功能：向 fp 代表的文件写入字符串 string，若成功，返回 0，且记录指针向文件尾方向移动 strlen(string)个字节；若失败，返回非 0。

3) 函数 fprintf()

格式：

```
int fprintf(FILE *fp,"输出格式",输出列表)
```

功能：向 fp 代表的文件按"输出格式"写入输出列表对应的各项数据，返回值为实际写入的记录数。记录指针向文件尾方向移动，移动的字节数为实际写入的字节数；若失败，则返回一个负数。

说明：函数 fprintf()中的"输出格式"和输出列表与 printf("输出格式",输出列表)一样。

以上 3 个函数中，fprintf()功能最强，既可写入字符和字符串，又可写入数值。在实际操作中，可根据情况灵活选择。

【例 8-1】建立一个文本文件 c:\grade.txt，内容为

```
Your Computer Score is :100
Congratulating You!
```

源程序：

```
#include <stdio.h>
#include <stdlib.h>
void main()
{
    FILE *fp;
    int s=100;
    char *str="Your Computer Score is";
    fp=fopen("c:\\grade.txt","w");
    if(fp==NULL)
    {
        printf("file create error\n");
        exit(1);
    }
    fprintf(fp,"%s",str);
```

```
fputc(':',fp);
fprintf(fp,"%d\n",s);
fputs("Congratulating You!",fp);
fclose(fp);
}
```

运行结果：

例 8-1 的运行结果如图 8-3 所示。

图 8-3　例 8-1 的运行结果

结果分析：

用 Word 或其他文件编辑器可查看 c:\\grade.txt 的内容，因为它是一个 ASCII 文件。若 grade.txt 为现有文件，则文件内容会更新为使用 fputs()函数写入的文件内容。

2. 文件的顺序读操作函数

功能：将文件中的信息读入到内存中以备处理。

1)　函数 fgetc()

格式：

```
int fgetc(FILE *fp)
```

功能：从 fp 代表的文件当前位置处读出一个字符 ch，若成功，返回所读字符的 ASCII 码值，且记录指针向文件尾方向移动一个字节；若失败，返回 EOF，文件结束。

2)　函数 fgets()

格式：

```
char *fgets(char *string,int n,FILE *fp)
```

功能：从 fp 代表的文件当前位置读出若干个字符置于字符串 string 中，满足下列条件之一时，读取结束：

①　已经读取了 n-1 个字符。

②　读取到回车符。

③　记录指针到了文件尾。

3)　函数 fscanf()

格式：

```
int fscanf(FILE *fp,"读入格式",读入列表)
```

功能：从 fp 代表的文件按"读入格式"读数据至内存中；若失败，则返回-1。

说明：函数 fscanf()语法与函数 scanf()相似。

【例 8-2】读取文本文件 c:\grade.txt，并在屏幕上显示。

源程序：

```
#include <stdio.h>
#include <stdlib.h>
void main()
{
    FILE *fp;
    int s;
    char *str ,m[20];
    str=(char *) malloc(24);
    fp=fopen("c:\\grade.txt","r");
    if(fp==NULL)
    {
        printf("file read error\n");
        exit(1);
    }
    fgets(str,24,fp);    //读出 Your Computer Score is
    printf("%s",str);    //读出 str
    fscanf(fp,"%d",&s);  //读出 100
    printf("%d",s);      //读出换行符并输出
    putchar(fgetc(fp));  //读出 19 个字符置于 m 中
    fgets(m,20,fp);
    printf("%s\n",m);
    fclose(fp);
}
```

运行结果：

例 8-2 的运行结果如图 8-4 所示。

图 8-4　例 8-2 的运行结果

结果分析：

文件按 r 方式打开后，则将文件 grade.txt 的内容调入内存记录指针指在文件头开始的第一个字节上，执行 gets(str,24,fp);后，从 fp 指向的文件读出 23 个字节的信息，并置于 str 所指的连续存储区，然后在最后加一个'\0'字符，由此得到的字符串共有 24 个字符。记录指针向文件尾方向移动到第 24 字节上，然后读出 2 字节信息形成整数 s，此时指针移动到第 26 个字节上，再从此处读取 19 字节信息置于 m，直到文件尾。

【例 8-3】文本文件的复制，从键盘输入一个字符串，将其中的小写字母全部转换成大写字母，然后输出到一个磁盘文件"string.txt"中保存，输入的字符串以"!"结束。

源程序：

```
#include <stdio.h>
#include <stdlib.h>
#include <string.h>
void main()
{
```

```
FILE *fp;
int s;
char str[100];
int i=0;
if((fp=fopen("c:\\string.txt","w"))==NULL)
{
    printf("can not open file!\n");
    exit(1);
}
printf("please input a string:\n");
gets(str);
while(str[i]!='!')
{
    if(str[i]>='a' && str[i]<='z')
        str[i]=str[i]-32;
    fputc(str[i],fp);
    i++;
}
fclose(fp);
fp=fopen("c:\\string.txt","r");
fgets(str,strlen(str)+1,fp);
printf("%s\n",str);
fclose(fp);
}
```

运行结果：

例 8-3 的运行结果如图 8-5 所示。

图 8-5　例 8-3 的运行结果

结果分析：

文件以'w'方式打开，从键盘中取得输入的字符信息并将其转换成大写字母，然后将这些大写字母写入文件 string.txt，再从该文件中读取字符串显示到屏幕上。

任务 8.3　统计家庭所有收支项目记录总数

 任务实施

8.3.1　统计文件中的家庭收支记录

1. 任务描述

所有家庭收支项目记录信息都存储在文件中，通过函数获取该文件首位置 begin，文件尾位置 end，然后(end-begin)/sizeof(struct item)-1 获得所有收支项目记录总数。

2．任务涉及的知识要点

该任务涉及文件中随机定位函数 fseek()和获取当前位置指针函数 ftell()。

1）　随机定位函数 fseek()

在实际中，常要求只读写文件中某一指定的部分。为了解决这个问题可移动文件内部的位置指针到需要读写的位置再进行读写，这种读写称为随机读写。实现随机读写的关键是要按要求移动位置指针，这称为文件的定位。

格式：

```
int fseek(FILE *fp,long offset,int fromwhere)
```

功能：将文件记录指针定位到从 fromwhere 开始的第 offset 字节的位置处。"fromwhere"表示起始点，即从何处开始计算位移量，规定的起始点有 3 种：文件首 SEEK_SET，数值为 0，当前位置 SEEK_CUR，数值为 1 和文件尾 SEEK_END，数值为 2。当用常量表示位移量时，要求加后缀"L"。

说明：当函数返回 0 时，定位操作成功，非 0 时定位操作失败。

例如：

```
fseek(fp,100L,0);
```

功能：把位置指针移到离文件首 100 字节处。

2）　获取当前位置指针函数 ftell()。

格式：

```
long ftell(FILE *fp)
```

功能：ftell()函数返回记录指针所指位置的当前值，这个值是以文件开头为起点开始算起的字节数。返回值为-1 时则失败。通过这个函数，我们可以知道记录指针所指的当前位置。

3．任务分析与实现

所有家庭收支项目记录信息都存储在文件中，首先将文件指针定位到文件首获取文件开始位置 begin，然后将文件指针移动到文件尾，获取文件结束位置 end，最后通过 (end-begin)/sizeof(struct item)-1 计算所有收入支出项目记录总数。其中使用到文件随机定位函数 fseek()和获取当前位置指针函数 ftell()。

源程序：

```
long  item_count(FILE *fp)
{
    long begin,end;
    //将文件指针 fp 移动到文件首
    fseek(fp,0L,SEEK_SET);
    //获取文件开始位置
    begin=ftell(fp);
    //将文件指针 fp 移动到文件尾
    fseek(fp,sizeof(struct item),SEEK_END);
    //获取文件结束位置
    end=ftell(fp);
    //返回所有收支项目记录总数
    return (end-begin)/sizeof(struct item)-1;
}
```

8.3.2　文件记录指针的随机定位操作

在文件指针的顺序操作中，文件的读写操作函数具有自动移动记录指针的功能，不需要显式地控制记录指针的移动。但是，当要从文件中的某一位置读出信息时，必须将文件记录指针直接指向文件中的信息存放位置开始读写。而文件打开时，记录指针要么在文件头，要么在文件尾，这就需要显式地移动记录指针。

下面介绍文件的定位函数 rewind()、fseek() 和随机读写函数 fread()、fwrite() 及文件操作的辅助函数 ftell()、feof()。

对文件的读写方式是顺序读写，即读写文件只能从头开始，顺序读写若干个数据，但在实际中，常要求只读写文件中指定的部分。为了解决这个问题，可移动文件内部的位置指针到需要读写的位置再进行读写，这种读写称为随机读写。

实现随机读写的关键是按要求移动位置指针，这称为文件的定位。

移动文件内部位置指针的函数主要有两个，即 rewind 函数和 fseek 函数。

1)　rewind() 函数

格式：

```
int rewind(FILE *fp)
```

功能：用于将记录指针所指位置移到文件开头，操作成功时返回 0，失败则返回一个非 0 值。

2)　随机定位函数 fseek()

格式：

```
int fseek(FILE *fp,long offset,int fromwhere)
```

功能：将文件记录指针定位到从 fromwhere 开始的第 offset 字节的位置处，表示起始点，即从何处开始计算位移量，规定的起始点有 3 个：文件头、当前位置和文件尾。其表示方法见表 8-2。"offset"表示位移量，即移动的字节数，要求位移量是 long 型数据，以便在文件长度大于 64KB 时不会出错。当用常量表示位移量时，要求加后缀"L"。

说明：当函数返回 0 时，定位操作成功，返回非 0 时定位操作失败。

表 8-2　文件记录指针起始位置 fromwhere 的含义

符号常量	数　值	含　义
SEEK_SET	0	文件开头
SEEK_CUR	1	文件记录指针的当前位置
SEEK_END	2	文件尾

例如：

```
fseek(fp,100L,0);
```

功能：把位置指针移到离文件首 100 字节处。

说明：fseek() 函数一般用于二进制文件。在文本文件中由于要进行转换，故往往计算的位置会出现错误。

【例 8-4】打开文本文件 c:\\grade.txt，将文件记录指针定位于从文件开头处向文件尾方向偏移 5 字节，且读取 9 字节并显示。

源程序：

```
#include <stdio.h>
#include <stdlib.h>
void main()
{
    FILE *fp;
    char str[9];
    fp=fopen("c:\\grade.txt","r");
    if(fp==NULL)
    {
        printf("file read error\n");
        exit(1);
    }
    fseek(fp,5,SEEK_SET);
    //记录指针定位于文件开头向文件尾方向偏移 5 字节处，即字符 C
    fgets(str,9,fp); //读出 9 字节送给 str
    printf("%s\n",str);
    fclose(fp);
}
```

运行结果：

例 8-4 的运行结果如图 8-6 所示。

图 8-6　例 8-4 的运行结果

结果分析：

fseek(fp,-5,SEEK_CUR)含义是记录指针定位于从指针当前位置向文件尾方向偏移 5 字节处；fseek(fp,-5,SEEK_END)含义是记录指针定位于从文件尾向文件开头方向偏移 5 字节处，即记录指针从文件尾回退 6 字节。

任务 8.4　增加一条家庭收支项目记录

 任务实施

8.4.1　使用文件读写函数增加记录

1. 任务描述

实现主界面菜单 1 功能，若用户输入 1 并按 Enter 键，表示用户要增加一条家庭收支项目记录。

2. 任务涉及的知识要点

用户要增加一条家庭收支项目记录，实现整块数据的文件随机读写操作，这涉及随机读函数 fread()、随机写函数 fwrite() 与移动文件内部位置指针的函数 rewind()。用其来读写一组数据，如一个数组元素，一个结构变量的值等。

1) 随机读函数 fread()

格式：

```
int fread(void *buf,int size,int count,FILE *fp)
```

功能：fread() 函数从 fp 所联系的文件中读取 count*size 字节的数据(count 个数据段，每个数据段的长度是 size 字节)，并将它们存放于 buf 所指的连续内存区域中。函数返回实际从文件中读到的数据项个数。

例如：

```
fread(fa,4,5,fp);
```

意义：从 fp 所指的文件中，每次读 4 字节(一个实数)送入实数组 fa 中，连续读 5 次，即读 5 个实数到 fa 中。

2) 随机写函数 fwrite()

格式：

```
int fwrite(void *buf,int size,int count,FILE *fp)
```

功能：fwrite() 函数将 buf 所指的连续内存区域中 count*size 字节的数据(count 个数据段，每个数据段的长度是 size 字节)写入 fp 所联系的文件中。函数返回实际写入文件中的数据项个数。

需要注意，在以上两个函数的读写操作中，记录指针随着它们读写的字节总数自动地向文件尾方向移动同样多的字节总数。往往用这两个函数配合 fseek() 函数实现对二进制文件的处理。

其中，buf 是一个指针，在 fread 函数中，它表示存放输入数据的首地址。size 表示数据块的字节数。count 表示要读写的数据块块数。fp 表示文件指针。

3) 移动文件内部位置指针的函数 rewind()

实现随机读写的关键是按要求移动位置指针，这称为文件的定位。

格式：

```
int rewind(FILE *fp)
```

功能：用于将记录指针所指位置移到文件开头，操作成功时返回 0，失败则返回一个非 0 值。

3. 任务分析与实现

首先输入一条新的家庭收支项目记录：日期、备注信息、收入支出说明、收支钱数(正数代表收入，负数代表支出)，然后调用统计所有收支项目记录总数函数 item_count()，如果所有收支项目记录总数大于 0，表示文件中有收支项目记录，则读出最后一条收支项目记录，计算收支结余(最后收支结余=最后一个项目的收支结余+新收支项目的收支钱数)，修改收支编号(新收支项目的收支编号=最后一个收支项目的收支编号+1)；若文件中没有收支项目记录，即第一次写入收支项目记录数据，则不用读取文件中最后一条家庭收支项目记录数据，直接计算收支结余(最后收支结余=新收支项目记录的收支钱数)，修改收支编号(新收支项目记录的收支编号=1)。然后显示修改后的增加的详细收支项目记录数据，最后将记录写入文件。

源程序：

```c
void add_item(FILE *fp)
{
    struct item it,l_it;
    long count;
    printf("Input date(format:2018-01-01):");
    scanf("%s",it.date);
    printf("Input note:");
    scanf("%s",it.meno);
    printf("Input inout(Income + and expand -):");
    scanf("%lf",&it.inout);
    count=item_count(fp);
    if(count>0)
    {
        fseek(fp,sizeof(struct item)*(count-1),SEEK_SET);
        fread(&l_it,sizeof(struct item),1,fp);
        it.id=l_it.id+1;
        it.total=it.total+l_it.total;
    }
    else
    {
        it.id=1;
        it.total=it.inout;
    }
    rewind(fp);
    printf("item_id=%ld\n",it.id);
    fwrite(&it,sizeof(struct item),1,fp);
}
```

8.4.2 随机读写函数

C 语言提供了用于整块数据的随机读写函数，可用来读写一组数据，如一个数组元素，一个结构变量的值等。

【例 8-5】将 26 个英文字母按逆序方式写入文件 file1 中再读出来。

源程序：

```c
#include <stdio.h>
#include <stdlib.h>
#include <memory.h>
void main()
{
    FILE *fp;
    char list[30];
    int i,num_r,num_w;
    memset(list,0,30);    //数组初始化
    if((fp=fopen("c:\\file1.txt","w"))!=NULL)
```

```
    {
        for(i=0;i<26;i++)
            list[i]=(char)('z'-i);    //26个英文字母倒序写入数组list
        num_w=fwrite(list,sizeof(char),26,fp);//将数组内容写入文件
        printf("write %d items\n",num_w);
        fclose(fp);
    }
    else
    {
        printf("can not create the file\n");
        exit(1);
    }
    if((fp=fopen("c:\\file1.txt","r"))!=NULL)
    {
        num_r=fread(list,sizeof(char),26,fp);//从文件中读出数据
        printf("number of items read=%d\n",num_r);
        printf("contents of buffer=%s\n",list);
        fclose(fp);
    }
    else
    {
        printf("can not open the file\n");
        exit(1);
    }
}
```

运行结果:

例 8-5 的运行结果如图 8-7 所示。

图 8-7 例 8-5 的运行结果

结果分析:

先将字母逆序写入数组 list,然后将数组的内容写入文件,再从文件中读取数据并在屏幕上显示出来。

任务 8.5 显示家庭所有收支项目记录

 任务实施

8.5.1 读取文件显示家庭收支项目记录

1. 任务描述

实现主界面菜单功能 2,若用户输入 2 并按 Enter 键,表示用户要显示家庭所有收支项

目记录。

2. 任务涉及的知识要点

该任务涉及逐条读出文件中的所有收支项目记录，并在屏幕上显示相应信息。在读取时需判断文件是否结束，这会使用到文件结束检测函数。

3. 任务分析与实现

首先将文件指针定位到文件首，逐条读取每条家庭收支项目记录数据，读取时判断文件是否结束，这会使用到文件结束检测函数 feof()，若文件未结束，继续读取记录并在屏幕上显示输出相应信息，若文件结束，结束程序。

源程序：

```
void all_item(FILE * fp)
{
    struct item it;
    fseek(fp,0L,SEEK_SET);
    fread(&it,sizeof(struct item),1,fp);
    printf("*****************************\n");
    printf("id\tdate\t\tnote\t\tinout\t\ttotal\n");
    while(!feof(fp))
    {

    printf("%-8ld%-16s%-24s\%-16.2lf%-12.2lf\n",it.id,it.date,it.meno,it
.inout,it.total);
        fread(&it,sizeof(struct item),1,fp);
    }
    printf("*****************************\n\n");
}
```

8.5.2 文件操作的辅助函数

1. 获取当前位置指针函数 ftell()

格式：

```
long ftell(FILE *fp)
```

功能：ftell()函数返回记录指针所指位置的当前值，这个值是以文件开头为起点开始计算的字节数。返回值为-1 时则失败。通过这个函数，可以知道记录指针所指的当前位置。

2. 文件结束检测函数 feof()

格式：

```
int feof(FILE *fp)
```

功能：当记录指针所指位置在文件尾上时，feof()函数返回一个非 0 值，若在文件开头和文件尾之间则返回 0 值。

需要注意：在二进制文件操作中，应当用 feof()函数判别文件是否结束，而文本文件操作中，可用所读的字节是否等于 EOF 来判别文件结束，也可用 feof()函数来判别。

例如：下列语句用来实现对文件读取过程的自动判别。

```
while(!feof(fp))   //文件没有结束，则读取1字节
fgetc(fp);
```

【例 8-6】有一个文本文件 file1，第一次使它显示在屏幕上，第二次把它复制到另外一个文件 file2 中。

源程序：

```
#include <stdio.h>
void main()
{
    FILE *fp1,*fp2;
    fp1=fopen("c:\\file1.txt","r");   //打开文件
    fp2=fopen("c:\\file2.txt","w");
    //从文件 file1 读出，写向屏幕
    while(!feof(fp1))
        putchar(getc(fp1));
    rewind(fp1);      //重返文件头
    //从文件 file1 读出，写向文件 file2.txt
    while(!feof(fp1))
        putc(getc(fp1),fp2);
    fcloseall();   //关闭文件
}
```

运行结果：

例 8-6 的运行结果如图 8-8 所示。

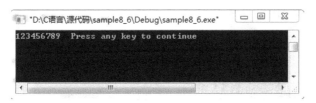

图 8-8　例 8-6 的运行结果

结果分析：

以读方式打开文件 file1，以写方式打开文件 file2，从 file1 中读出数据，写向屏幕，重返文件头，再次从 file1 中读出数据写向文件 file2，把所有文件都关闭。

【例 8-7】将一个浮点数组的数据依次写入二进制文件 abc.dat 中，然后从二进制文件 abc.dat 中读出所有的浮点数据并求和。

源程序：

```
#include <stdio.h>
#include <stdlib.h>
void main()
{
    FILE *fp;
    int k=0;
    float temp,sum=0;
    float t[]={34.6,876.9,-3.9,92.1,65.5,-38.2};
    fp=fopen("c:\\abc.dat","wb");
    if(fp==NULL)
```

```
    {
        printf("file create error\n");
        exit(1);
    }
    fwrite(t,sizeof(float),5,fp);
    //一次写入 5 个浮点数据，相当于 20 字节的信息量
    fclose(fp);
    fp=fopen("c:\\abc.dat","rb");
    if(fp==NULL)
    {
        printf("file read error\n");
        exit(1);
    }
    while(!feof(fp))
    {
        fseek(fp,k,SEEK_SET);
        fread(&temp,sizeof(float),1,fp);
        sum=sum+temp;
        k=k+4;
    }
    printf("sum=%.2f\n",sum);
    fclose(fp);
}
```

运行结果:

例 8-7 的运行结果如图 8-9 所示。

图 8-9　例 8-7 的运行结果

结果分析:

使用 feof()函数控制读取的过程。每次定位后，读取 1 个浮点数据，注意随机定位函数 fseek()的使用。也可直接定义 float temp[6]并一次读取，但如果预先不知道文件中到底有多少个浮点数，就只能采用此方法。

任务 8.6　查询最后一次家庭收支项目记录

 任务实施

1. 任务描述

实现主界面菜单功能 3，若用户输入 3 并按 Enter 键，表示用户要查询最后一次家庭收支项目记录。

2. 任务涉及的知识要点

本任务涉及随机定位函数 fseek()和随机读函数 fread()。

3. 任务分析与实现

首先调用统计所有收支项目记录总数函数 item_count()，确定文件中是否有记录，若有记录，则使用随机定位函数 fseek()将文件指针定位到文件最后一条记录，然后使用随机读函数 fread()从文件中读取该记录，并在屏幕上显示最后一次家庭收支项目记录数据信息。若文件中没有记录，输出错误提示信息"no items in file!"。

源程序:

```
void last_item(FILE * fp)
{
    struct item it;
    long count;
    count=item_count(fp);
    if(count>0)
    {
        fseek(fp,sizeof(struct item)*(count-1),SEEK_SET);
        fread(&it,sizeof(struct item),1,fp);
        printf("The last item is:\n");
        printf("********************************");
        printf("\titem_id:%ld\n\tdate:%s\n\tnote:%s\n",it.id,it.date,it.meno);
        printf("\tinout:%.2lf\n\ttotal:%.2lf\n",it.inout,it.total);
        printf("********************************");
    }
    else
    {
        printf("no item in file!\n");
    }
}
```

任务 8.7   编写主函数

 # 任务实施

8.7.1   实现系统功能

1. 任务描述

按一定顺序调用各功能函数，串起整个程序，实现系统的所有功能。

2. 任务涉及的知识要点

文件在使用前需要将文件打开，一般可以使用文件的打开函数 fopen()来完成。在文件操作结束时，需要用 fclose()函数及时关闭，文件在关闭时，必须是已经打开的文件。若是计算机系统自动打开的文件，无须用户人为关闭，系统会自动处理。

3. 任务分析与实现

首先打开文件，若打开出错，给出错误提示信息。正常打开文件后，若用户未选择退出功能，循环使用开关语句，根据用户选择，调用相应函数，实现系统相应功能。若用户选择退出系统，退出循环，关闭文件，结束程序。这将使用到文件打开函数 fopen()、文件关闭函数 fclose()。

源程序：

```
void main()
{
    FILE *fp;
    int n;
    if((fp=fopen("notebook.dat","ab+"))==NULL)
    {
        printf("Can not open file notebook.dat!\n");
        exit(1);
    }
    while((n=menu())!=0)
    {
        switch(n)
        {
        case 1: add_item(fp);break;
        case 2:  all_item(fp);break;
        case 3: last_item(fp);break;
        default: printf("Input Error!\n");break;
        }
    }
    fclose(fp);
}
```

8.7.2 文件的打开与关闭

不管是操作文件还是建立文件，首先必须打开文件。打开文件通过函数 fopen()来完成。在使用结束后应及时关闭文件。关闭文件通过函数 fclose()来完成。

1. 文件的打开函数 fopen()

fopen()函数用来打开一个文件，其调用的一般形式为

```
文件指针名=fopen(文件名,使用文件方式);
```

说明：

(1) "文件指针名"必须是被说明为 FILE 类型的指针变量；

(2) "文件名"是被打开文件的文件名；

(3) "使用文件方式"是指文件的类型和操作要求；

(4) "文件名"是字符串常量或字符串数组。

例如：

```
FILE *fp;
```

```
fp=("file.txt","r");
```

意义是在当前目录下打开文件 file.txt，只允许进行"读"操作并使 fp 指向该文件。

又如：

```
FILE *fp;
fp=("f:\\file.txt","rb");
```

意义是打开 f 驱动器磁盘根目录下的文件 abc，这是一个二进制数文件，只允许按二进制方式进行读操作。两个反斜线"\\"中的第一个表示转义字符，第二个表示根目录。使用文件的方式见表 8-3。

表 8-3　操作方式及其含义

打开方式	含　义	指定文件不存在时	指定文件已存在时	从文件中读	向文件中写	文件记录指针或位置指针
"r"	打开文件用于读	出错	正常打开	行	不行	指向文件开头
"w"	打开文件用于写	建立新文件	清除原内容	不行	行	指向文件开头
"a"	打开文件用于添加	建立新文件	在文件原有内容后面写	不行	行	指向文件尾
"r+"	打开文件用于读写	出错	正常打开	行	行	指向文件开头
"w+"	打开文件用于读写	建立新文件	清除原内容	行	行	指向文件开头
"a+"	打开文件用于读写	建立新文件	正常打开	行	行	指向文件尾

对于文件使用方式有以下几点说明。

(1)　文件使用方式由 r,w,a,t,b,+ 6 个字符组成，各字符的含义是：

r(read)：　　　读

w(write)：　　写

a(append)：　　追加

t(text)：　　　文本文件，可省略不写

b(binary)：　　二进制文件

+：　　　　　读和写

(2)　凡用"r"打开一个文件时，该文件必须已经存在，且只能从该文件读出。

(3)　用"w"打开的文件只能向该文件写入。若打开的文件不存在，则以指定的文件名建立该文件，若打开的文件已经存在，则将该文件删去，重建一个新文件。

(4)　若要向一个已存在的文件追加新的信息，只能用"a"方式打开文件。

(5)　在打开一个文件时，如果出错，函数 fopen()将返回一个空指针值 NULL。在程序中可以用这一信息来判别是否完成打开文件的工作，并作相应的处理。因此常用以下程序段打开文件：

```
if(fp=fopen("c:\\abc.txt","rb")==NULL)
{
    printf("\n can not open file abc.txt!");
    getch();    //等待用户输入任意字符，程序才继续执行
    exit(1);
}
```

文件打开的实质是把磁盘文件和文件缓冲区对应起来，这样后面的文件读写操作只需使用文件指针即可。如果函数 fopen()返回空值 NULL，这表明文件 abc.txt 无法正常打开，其原因可能是文件 abc.txt 在当前目录不存在或文件已经被别的程序打开使用，也可能是文件存储有问题。为保证文件操作的可靠性，调用函数 fopen()时最好做一个判断，以确保文件正常打开后再进行读写。

　　exit()是系统标准函数，其作用是关闭所有打开的文件，同时终止程序的运行。参数是 1 表示不正常的程序结束，0 表示程序正常结束。

　　(6) 把一个文本文件读入内存时，要将 ACII 码转换成二进制码，而把文件以文本方式写入磁盘时，也要把二进制码转换成 ASCII 码，因此文本文件的读写要花费较多的转换时间。而对二进制文件的读写不存在这种转换。

　　(7) 标准输入文件(键盘)、标准输出文件(显示器)和标准出错输出(出错信息)是由系统打开的，可直接使用。

2. 文件的关闭函数 fclose()

格式：

```
fclose(文件指针);
```

功能：关闭用 fopen()函数打开的文件。

说明：fclose(文件指针)中的文件指针应当是某一已用 fopen()函数打开的文件指针。

例如：

```
void main()
{
    FILE *fp;
    fp=fopen("c:\\abc.txt","w");
    …
    if(fclose(fp))
    {
        printf("Can not close the file!\n");
        exit(1);
    }
}
```

【例 8-8】调用函数 fopen()和 fclose()打开和关闭文件。

分析：

(1) 打开文件之前，需要先定义文件。

(2) 文件打开后，要及时关闭。

(3) 若文件关闭发生错误，则调用 exit()函数退出。

源程序：

```
#include <stdio.h>
#include <stdlib.h>
void main()
{
    FILE *fp1,*fp2;  //定义文件指针变量 fp1、fp2
    if((fp1=fopen("c:\\f1.txt","r"))==NULL)  //打开文本文件 f1.txt
```

```
    {
        printf("can not open file f1.txt\n");
        exit(1);
    }
    if((fp2=fopen("c:\\f2.txt","wb+"))==NULL)
    {
        printf("can not open file f2.txt\n");
        exit(1);   //若打开文件操作发生错误，则调用函数 exit()退出
    }
    if(fclose(fp1))   //关闭文件指针 fp1 所指向的文件
    {
        printf("can not close file f1.txt\n");
        exit(1);      //若关闭操作发生错误，则调用函数 exit()退出
    }
    if(fclose(fp2))    //关闭文件指针 fp2 所指向的文件
    {
        printf("can not close file f2.txt\n");
        exit(1);   //若关闭操作发生错误，则调用函数 exit()退出
    }
}
```

运行结果：

例 8-8 的运行结果如图 8-10 所示。

图 8-10　例 8-8 的运行结果

结果分析：

在文件操作结束时，必须用函数 fclose()及时关闭，否则会有意想不到的损失。程序中无论打开了多少个文件，最后都必须关闭这些文件。对于计算机系统自动打开的设备文件，则无须用户关闭，系统会自行关闭。

正常完成关闭文件操作时，fclose()函数返回值为 0。如返回非零值则表示有错误发生。

8.8　上 机 实 训

8.8.1　使用文件读写学生数据

1. 训练内容

从键盘输入表 8-4 中的 3 个学生数据，写入文件 stu.dat 中，再从文件中读出这些数据显示在屏幕上。

表 8-4 学生数据

学　号	姓　名	年　龄	住　址
18301101	王帅	18	绿地剑桥小区
18301102	李想	19	御府龙湾小区
18301103	张扬	17	尚林苑小区

分析：

文件的读写操作实质是从文件中读出数据和向文件中写入数据，可以按照字符、字符串、格式化、数据块等方式进行读写操作。当对目标文件进行读操作时，从文件指针指向的地址开始读取数据；当对目标文件进行写操作时，向文件中写入数据的位置与文件的打开模式有关，如果是"w+"，则是从文件指针指向的地址开始写，并替换之后的内容，文件的长度可以不变，文件指针的位置随着数据的写入而向后移动；如果是"a+"，则从文件的末尾开始添加，文件长度加大。

2. 源程序

根据上面的训练内容分析，可以用如下源程序实现。

```c
#include <stdio.h>
#include <stdlib.h>
#define SIZE 3
typedef struct    //说明结构类型
{
    int num;
    char name[10];
    int age;
    char addr[20];
}STUDENT;

STUDENT s[SIZE];    //定义结构变量存储学生信息

void in_write()     //自定义函数：输入学生信息并写入文件 stu.dat 中
{
    FILE *fp;
    int i;
    if((fp=fopen("c:\\stu.dat","w"))==NULL)   //打开文件
    {
        printf("打开文件失败.\n");
        exit(0);   //退出
    }
    for(i=0;i<SIZE;i++)     //输入学生信息并写入文件
    {
        scanf("%d%s%d%s",&s[i].num,&s[i].name,&s[i].age,&s[i].addr);
        fprintf(fp,"%d %s %d %s\n",s[i].num,s[i].name,s[i].age,s[i].addr);
    }
    fclose(fp);
}
```

```
void read_out()    //自定义函数，从文件 stu.dat 中读取学生信息并显示
{
    FILE *fp;
    int i;
    if((fp=fopen("c:\\stu.dat","r"))==NULL)   //打开文件
    {
        printf("打开文件失败.\n");
        exit(0);    //退出
    }
    for(i=0;i<SIZE;i++)    //输入学生信息并写入文件
    {
        fscanf(fp,"%d%s%d%s",&s[i].num,&s[i].name,&s[i].age,&s[i].addr);
        printf("%d %s %d %s\n",s[i].num,s[i].name,s[i].age,s[i].addr);
    }
    fclose(fp);
}
void main()
{
    printf("\n 请输入学生信息：\n");
    printf("学号  姓名   年龄  住址\n");
    in_write();
    printf("\n 文件中的学生信息为：\n");
    printf("学号  姓名   年龄  住址\n");
    read_out();
}
```

8.8.2 使用文件统计学生成绩

1. 训练内容

有 5 个学生，每个学生有 3 门课程的成绩，从键盘输入以上数据(包括学号，姓名，3 门课程成绩)，计算出平均成绩，将原有的数据和计算出的平均分数存放在磁盘文件"stud"中。

分析：

利用 fwrite()函数向文件写入数据，要注意函数 fwrite()向文件输出数据时不是按 ASCII 码方式输出的，而是按内存中存储数据的方式输出的,因此不能用 type 查看该文件中的数据。

2. 源程序

根据上面的训练内容分析，可以用如下源程序实现。

```
#include <stdio.h>
#include <stdlib.h>
struct student
{
    char num[6];
    char name[8];
    int  score[3];
    float avr;
}stu[5];
void main()
```

```
{
    int i,j,sum;
    FILE *fp;
    for(i=0;i<5;i++)
    {
        printf("please input scores of student %d:\n",i+1);
        printf("stuNO:");
        scanf("%s",stu[i].num);
        printf("name:");
        scanf("%s",stu[i].name);
        sum=0;
        for(j=0;j<3;j++)
        {
            printf("score %d:",j+1);
            scanf("%d",&stu[i].score[j]);
            sum+=stu[i].score[j];
        }
        stu[i].avr=(float)((float)sum/3.0);
    }
    fp=fopen("c:\\stud","w");
    for(i=0;i<5;i++)
        if(fwrite(&stu[i],sizeof(struct student),1,fp)!=1)
            printf("file write error\n");
    fclose(fp);
    fp=fopen("c:\\stud","r");
    printf("No name score1  score2   score3  average\n");
    for(i=0;i<5;i++)
    {
        fread(&stu[i],sizeof(struct student),1,fp);
        printf("%6s%8s%8d%8d%8d%10.2f",stu[i].num,stu[i].name,stu[i].score[0],
stu[i].score[1],stu[i].score[2],stu[i].avr);
    }
}
```

项 目 小 结

　　文件是信息的集合,驻留在外存。C 语言编译系统处理的文件类型按文件数据结构的特点来分,有二进制文件和文本文件两种,这两种文件在存储方式和表现形式上明显不同;按文件记录指针移动的规律,C 语言编译系统处理文件的方式有顺序移动指针方式和随机移动指针方式。无论处理哪一类文件,都可采用这两种方式。

　　文件的打开与关闭。不管是操作文件还是建立文件,首先必须打开文件。打开文件通过函数 fopen()完成。在使用结束后应及时关闭文件。关闭文件通过函数 fclose()完成。

　　对文件的读和写是最常用的文件操作。在 C 语言中提供了多种文件读写的函数。字符读写函数:fgetc()和 fputc(),表示从文件中读出一个字符和向文件中写入一个字符;字符串读写函数 fgets()和 fputs(),表示从文件中读出一个字符串和向文件中写入一个字符串;数据块读写函数 fread()和 fwrite(),表示从文件中读出整块数据和向文件中写入整块数据;格式化读写函数 fscanf()和 fprintf(),表示从内存向文件中写入任意数据和将任意数据写到内存中以备处理。使用以上函数都要求包含头文件 stdio.h。

文件的定位。对文件的读写可以顺序读写，也可以随机读写。

(1) 文件顺序读写：从文件的开头开始，依次读写数据(从文件头读写到文件尾部)。

(2) 文件随机读写(文件定位读写)：从文件的指定位置读写数据。

(3) 文件位置指针：在文件的读写过程中，文件位置指针指出了文件的当前读写位置(实际上是下一步读写位置)。注意区分文件位置指针和文件指针。

可以通过文件位置指针函数实现文件的定位读写。文件位置指针函数有：rewind()重返文件头函数；fseek()位置指针移动函数；ftell()获取当前位置指针函数。

 知识补充

8.9　云计算与大数据

近几年，云计算技术受到学术界、IT 界、商界，甚至政府部门的热捧，一时间云计算无处不在，这真让同时代的其他 IT 技术相形见绌，无地自容。

那么什么是"云计算"？本质上云计算作为信息技术应用的新阶段，是信息技术应用模式和服务模式创新的集中体现。云计算(cloud computing)是基于互联网的相关服务的增加、使用和交付模式，通常涉及通过互联网提供动态易扩展且经常是虚拟化的资源。对云的主流理解大多建立在"软件即服务、平台即服务、基础设施即服务"这三个层次上，云计算的创新之处在于将软件、硬件、存储空间、网络宽带等各类 IT 资源转化为服务，使用户的各种需求能够被更好地满足，像人们今天用水、电、煤气一样。实际上，云是网络、互联网的一种比喻说法。过去在图中往往用云表示电信网，后来也用来表示互联网和底层基础设施的抽象。因此，云计算甚至可以让用户体验每秒 10 万亿次的运算能力，拥有这么强大的计算能力可以模拟核爆炸、预测气候变化和商品市场发展趋势。用户通过计算机、手机等方式接入数据中心，按自己的需求进行运算。

当云计算被炒得火热之时，另一个名词也随之而来，那就是"大数据"(big data)。大家对于大数据的感受应该是实实在在的，最典型的感觉是数据增加速度之快。数据产生方式现在已经被极大地改变，以前数据的生产都是由专业团体、专业人士，或者是专业公司完成，而现在数据的产生更多的是个体行为，每个人都可以使用自己所采集的终端产生大量的数据。有数据甚至显示，在不远的将来，人们在 3 分钟内上传到网络上的视频，如果 1 个人不眠不休的花时间把它看完的话，将耗去 34 年时间。伴随着 IT 时代的到来，人们积累了海量的数据，这些数据不断急剧增加，给信息产业带来了巨大变化：一方面，在过去没有数据积累的时代无法实现的应用现在终于可以实现了；另一方面，从数据匮乏时代到数据泛滥时代的转变，给数据的应用带来新的挑战和困扰，简单地通过搜索引擎获取数据的方式已经不能满足人们千变万化、层出不穷的应用需求。如何从海量数据中高效地获取数据，有效地挖掘数据，并最终得到感兴趣的数据变得异常困难。大数据时代已经到来，很多人已经身处其中。

云计算和大数据是 IT 新时代的两个王者，那么它们到底是什么关系？

本质上，云计算与大数据的关系是静与动的关系。云计算关注的是计算，这是动的概

C语言程序设计(项目教学版)

念；大数据则是计算的对象，是静的概念。结合实际应用来说，云计算强调的是计算能力，而大数据看重的是存储能力。其实大数据的战略意义并不在于存储了多么庞大的数据，而在于是否能够挖掘数据意义，并对数据进行专业化处理。云计算则是由易于使用的虚拟资源构成的一个巨大资源池，包括硬件资源、部署平台以及相应的服务。根据不同的负载，这些资源可以动态地重新配置，以达到一个最理想的资源使用状态。所以云计算关注的是IT 的基础架构与计算能力。从这个意义上来讲，没有大数据的信息积淀，云计算的计算能力再强大，也没有用武之地；没有云计算的处理能力，大数据的信息积淀再丰富也终究是镜花水月。亚马逊云计算 AWS 首席数据科学家 Matt Wood 这样来形容云计算和大数据的关系：大数据和云计算是天作之合，云计算平台海量低成本的数据存储与处理资源为大数据分享提供了可能。

云计算已成为当今 IT 领域中一个不可或缺的元素，成为各大 IT 巨头竞相角逐的必争之地。与此同时，人们对大数据的重视度也愈发高涨。这是一个大数据、云计算的时代，这也必将是一个逐步彻底改变人们生活的时代。

 项目任务拓展

(1) 编写一个程序，由键盘输入一个文件名，然后把从键盘输入的字符依次存放到该文件中，用'#'作为结束输入的标志。

(2) 编写一个程序，建立一个 abc 文本文件，向其中写入 "this is a test" 字符串，并显示该文件的内容。

(3) 编写一个程序，查找指定的文本文件中某个行号及该行的内容。

(4) 编写一个程序 fact.c，把命令行中指定的多个文本文件连接成一个文件。

```
fact file1 file2 file3
```

(5) 编写一个程序，将指定的文本文件中某单词替换成另一个单词。

项目 9 通讯录管理程序

(一)项目导入

通讯录一般指在日常生活中用笔记录，在手机、计算机、电子字典等电子产品中也拥有这一功能。当今的通讯录可以涵盖多项内容。移动通讯录是一种利用互联网或移动互联网实现通讯录信息同步更新和备份的应用/服务。

(二)项目分析

编写一个个人通讯录管理程序。要求对通讯录的内容进行增加、修改、删除、保存到文件、读取指定条件的记录等操作，并能够按照姓名进行查找、排序和显示通讯录的全部内容。

通讯录记录结构：姓名、单位和电话。采用结构体数组来存放记录，利用菜单分别调用各功能模块。

(三)项目目标

1. 知识目标

加强对理论知识的认识，掌握程序设计的基本语法、步骤和方法。

2. 能力目标

培养学生使用集成开发环境进行软件开发、调试的综合能力。

3. 素质目标

使学生养成良好的编程习惯，具有团队协作的精神，具备岗位需要的职业能力。

(四)项目任务

通讯录管理程序主要划分为如表 9-1 所示的几个模块：包括主模块功能；显示系统菜单。

表 9-1 通讯录管理程序项目任务分解表

序 号	名 称	功 能
1	输入记录	输入若干条记录
2	显示记录	按一定格式一次显示 10 条记录
3	查找记录	按姓名查找记录，找到后按一定格式显示出来
4	删除记录	按姓名删除一条记录
5	插入记录	在按姓名找到的记录前插入一条记录
6	保存文件	将若干条记录格式写入文件
7	从文件中读记录	从文件格式读入记录
8	按序号显示记录	按序号从文件中读取某记录，并按格式显示

序 号	名 称	功 能
9	按姓名排序	将记录按姓名进行排序
10	快速查找记录	用二分查找法按姓名快速查找记录并显示
11	复制文件	将记录文件复制给目标文件
12	程序结束	结束整个程序的运行

任务 9.1　主函数

 任务实施

源程序:

```c
#include <stdio.h>        //I/O()函数
#include <stdlib.h>       //标准库函数
#include <string.h>       //字符串函数
#include <ctype.h>        //字符操作函数
#define M 50              //定义常数 M 表示记录数
typedef struct            //定义数据结构
{
    char name[20];        //姓名
    char units[30];       //单位
    char tele[10];        //电话
}ADDRESS;
/************以下是函数原型*****************/
int enter(ADDRESS t[]);                    //输入记录
void list(ADDRESS t[],int n);              //显示记录
void search(ADDRESS t[],int n);            //按姓名查找显示记录
int del(ADDRESS t[],int n);                //删除记录
int add(ADDRESS t[],int n);                //插入记录
void save(ADDRESS t[],int n);              //记录保存为文件
int load(ADDRESS t[]);                     //从文件中读记录
void display(ADDRESS t[]);                 //按序号查找显示记录
void sort(ADDRESS t[],int n);              //按姓名排序
void qseek(ADDRESS t[],int n);             //快速查找记录
void copy();                               //文件复制
void print(ADDRESS temp);                  //显示单条记录
int find(ADDRESS t[],int n,char *s);       //查找函数
int menu_select();                         //主菜单函数
/*********主函数开始*****************/
void main()
{
    ADDRESS adr[M];                        //定义结构体数组
    int length;                            //保存记录长度
    for(;;)                                //无限循环
    {
        switch(menu_select())              //调用主菜单函数，返回值整数作开关语句的条件
```

```
    {
    case 0:length=enter(adr);break;              //输入记录
    case 1:list(adr,length); break;              //显示全部记录
    case 2:search(adr,length);break;             //查找记录
    case 3:length=del(adr,length);break;         //删除记录
    case 4:length=add(adr,length);break;         //插入记录
    case 5:save(adr,length);break;               //保存文件
    case 6:length=load(adr);break;               //读文件
    case 7:display(adr);break;                   //按序号显示记录
    case 8:sort(adr,length);break;               //按姓名排序
    case 9:qseek(adr,length);break;              //快速查找记录
    case 10:copy();break;                        //复制文件
    case 11:exit(0);                             //程序结束
    }
  }
}
```

任务 9.2　菜单函数

 任务实施

源程序：

```
/*菜单函数，函数返回值为整数，代表所选的菜单项*/
menu_select()
{
    char s[80];
    int c;
    printf("press any key enter menu......\n");    //提示按任意键继续
    printf("*****************************\n");
    printf("0. Enter record\n");
    printf("1. list the file\n");
    printf("2. Search record on name\n");
    printf("3. Delete a record\n");
    printf("4. add record\n");
    printf("5. Save the file\n");
    printf("6. Load the file\n");
    printf("7. display record on order\n");
    printf("8. sort to make new file\n");
    printf("9. Quick seek record\n");
    printf("10. copy the file to new file\n");
    printf("11. Quit\n");
    printf("*****************************\n");
    do
    {
        printf("\n Enter you choice(0~11):");        //提示输入选项
        scanf("%s",s);                               //输入选择项
        c=atoi(s);                  // 将输入的字符串转化为整型数
    }while (c<0||c>11);             //选择项不在 0~11 之间重输
    return c;                       //返回选择项，主程序根据该数调用相应的函数
}
```

任务 9.3 输入记录函数

 任务实施

源程序:

```
/*输入记录,形式参数为结构体数组,函数值返回类型为整型表示记录长度*/
int enter(ADDRESS t[])
{
    int i,n;
    printf("\n please input num \n");    //提示信息
    scanf("%d",&n);                       //输入记录数
    printf("please input record \n");    //提示输入记录
    printf("name unit telephone \n");
    printf("---------------------------\n");
    for(i=0;i<n;i++)
    {
        scanf("%s%s%s",t[i].name,t[i].units,t[i].tele);//输入记录
      printf("---------------------------\n");
    }
    return n;   //返回记录条数
}
```

任务 9.4 显示记录函数

 任务实施

源程序:

```
/*显示记录,参数为记录数组和记录条数*/
void list(ADDRESS t[], int n)
{
    int i;
    printf("\n\n***************************\n");
    printf("name  unit  telephone\n");
    printf("---------------------------\n");
    for(i=0;i<n;i++)
        printf("%-20s%-30s%-10s\n",t[i].name,t[i].units,t[i].tele);
    if((i+1)%10==0)              //判断输出是否达到10条记录
    {
        printf("Press any key continue...\n");   //提示信息
    }
    printf("*******************end***************\n");
}
```

任务 9.5   查找记录函数

 任务实施

源程序:

```
/*查找记录*/
void search(ADDRESS t[],int n)
{
    char s[20];                      //保存待查找姓名字符串
    int i;                           //保存查找到结点的序号
    printf("please search name\n");
    scanf("%s",s);                   //输入待查找姓名
    i=find(t,n,s);                   //调用find()函数，得到一个整数
    if(i>n-1)                        //如果整数i值大于n-1，说明没找到
        printf("not found\n");
    else
        print(t[i]);                 //找到，调用显示函数显示记录
}
```

任务 9.6   显示指定记录函数

 任务实施

源程序:

```
/*显示指定的一条记录*/
void print(ADDRESS temp)
{
    printf("\n\n*************************************\n");
    printf("name unit  telephone\n");
    printf("-----------------------------------------\n");
    printf("%-20s%-30s%-10s\n",temp.name,temp.units,temp.tele);
    printf("********************end*****************\n");
}
```

任务 9.7   查 找 函 数

 任务实施

源程序:

```
/*查找函数，参数为记录数组和记录条数以及姓名s*/
int find(ADDRESS t[],int n,char *s)
{
```

C 语言程序设计(项目教学版)

```
    int i;
    for(i=0;i<n;i++)                      //从第一条记录开始，直到最后一条
    {
        if(strcmp(s,t[i].name)==0)   //记录中的姓名和待比较的姓名是否相等
            return i;                     //相等，则返回该记录的下标号，程序提前结束
    }
    return i;                             //返回 i 值
}
```

任务 9.8　删除函数

 任务实施

源程序：

```
/*删除函数，参数为记录数组和记录条数*/
int del(ADDRESS t[], int n)
{
    char s[20];                                  //要删除记录的姓名
    int ch=0;
    int i,j;
    printf("please deleted name\n");             //提示信息
    scanf("%s",s);                               //输入姓名
    i=find(t,n,s);                               //调用 find()函数
    if(i>n-1)                                    //如果 i>n-1 超过了数组的长度
        printf("no found not deleted \n");       //显示没找到要删除的记录
    else
    {
        print(t[i]);                             //调用输出函数显示该条记录信息
        printf("Are you sure delete in(1/0)\n"); //确认是否删除
        scanf("%d",&ch);                         //输入一个整数 0 或 1
        if(ch==1)                                //如果确认删除整数为 1
        {
            for(j=i+1;j<n;j++)                   //删除该记录，实际后续记录前移
            {
                strcpy(t[j-1].name,t[j].name);//将后一条记录的姓名复制到前一条
                strcpy(t[j-1].units,t[j].units);//将后一条记录的单位复制到前一条
                strcpy(t[j-1].tele,t[j].tele);//将后一条记录的电话号码复制到前
                                              //一条
            }
            n--;                                 //记录数减 1
        }
    }
    return n;                                     //返回记录数
}
```

任务 9.9　插入记录函数

 任务实施

源程序：

```
/*插入记录函数，参数为结构体数组和记录数*/
int add(ADDRESS t[], int n)        //插入函数，参数为结构体数组和记录数
{
    ADDRESS temp;                  //新插入记录信息
    int i,j;
    char s[20];                    //确定插入在哪个记录之前
    printf("please input record\n");
    printf("**************************************");
    printf("name unit telephone\n");
    printf("-------------------------------------\n");
    scanf("%s%s%s",temp.name,temp.units,temp.tele);     //输入插入信息
    printf("-------------------------------------\n");
    printf("please input locate name \n");
    scanf("%s",s);                          //输入插入位置的姓名
    i=find(t,n,s);                          //调用 find()函数确定插入位置
    for(j=n-1;j>=i;j--)                      //从最后一个结点开始向后移动一条
    {
        strcpy(t[j+1].name,t[j].name);      //当前记录的姓名复制到后一条
        strcpy(t[j+1].units,t[j].units);    //当前记录的单位复制到后一条
        strcpy(t[j+1].tele,t[j].tele);      //当前记录的电话复制到后一条
    }
    strcpy(t[i].name,temp.name);            //将新插入记录的姓名复制到第 i 个位置
    strcpy(t[i].units,temp.units);          //将新插入记录的单位复制到第 i 个位置
    strcpy(t[i].tele,temp.tele);            //将新插入记录的电话复制到第 i 个位置
    n++;                                    //记录数加 1
    return n;                               //返回记录数
}
```

任务 9.10　保存函数

 任务实施

源程序：

```
/*保存函数，参数为结构体数组和记录数*/
void save(ADDRESS t[],int n)
{
    int i;
    FILE *fp;                       //指向文件的指针
    if((fp=fopen("c:\\record.txt","wb"))==NULL) //打开文件，并判断打开是否正常
    {
        printf("can not open file\n"); //没打开
```

```
        exit(1);                              //退出
    }
    printf("\nsaving file\n");                //输出提示信息
    fprintf(fp,"%d",n);                       //将记录数写入文件
    fprintf(fp,"\r\n");                       //将换行符号写入文件
    for(i=0;i<n;i++)
    {
        fprintf(fp,"%-20s%-30s%-10s",t[i].name,t[i].units,t[i].tele);
//按格式写入记录
        fprintf(fp,"\r\n");                   //将换行符写入文件
    }
    fclose(fp);                               //关闭文件
    printf("****save success****\n");         //显示保存成功
}
```

任务 9.11 读入函数

 任务实施

源程序:

```
/*读入函数，参数为结构体数组*/
int load(ADDRESS t[])
{
    int i,n;
    FILE *fp;                              //指向文件的指针
    if((fp=fopen("c:\\record.txt","rb"))==NULL)  //打开文件
    {
        printf("can not open file\n");     //不能打开文件
        exit(1);                           //退出
    }
    fscanf(fp,"%d",&n);                    //读入记录数
    for(i=0;i<n;i++)
            //按格式读入记录
            fscanf(fp,"%20s%30s%%10s",t[i].name,t[i].units,t[i].tele);
    fclose(fp);                            //关闭文件
    printf("You have success read data from file!!!\n");  //显示保存成功
    return n;                              //返回记录数
}
```

任务 9.12 按序号显示记录函数

 任务实施

源程序:

```
/*按序号显示记录函数*/
void display(ADDRESS t[])
{
```

```
    int id,n;
    FILE *fp;                                  //指向文件的指针
    if((fp=fopen("c:\\record.txt","rb"))==NULL)//打开文件
    {
        printf("can not open file\n");          //不能打开文件
        exit(1);                                //退出
    }
    printf("Enter order number...");            //显示信息
    scanf("%d",&id);                            //输入序号
    fscanf(fp,"%d",&n);                         //从文件读入记录数
    if(id>=0&&id<n)                             //判断序号是否在记录范围内
    {
        fseek(fp,(id-1)*sizeof(ADDRESS),1);     //移动文件指针到该记录位置
        print(t[id]);                           //调用输出函数显示该记录
        printf("\r\n");
    }
    else
        printf("no %d number record!!!\n",id);  //如果序号不合理显示信息
    fclose(fp);                                 //关闭文件
}
```

任务 9.13　排序函数

 ## 任务实施

源程序：

```
/*排序函数，参数为结构体数组和记录数*/
void sort(ADDRESS t[],int n)
{
    int i,j,flag;
    ADDRESS temp;                    //临时变量做交换数据用
    for(i=0;i<n;i++)
    {
        flag=0;                      //设标志判断是否发生过交换
        for(j=0;j<n-1;j++)
            if((strcmp(t[j].name,t[j+1].name))>0)  //比较大小
            {
                flag=1;
                strcpy(temp.name,t[j].name);       //交换记录
                strcpy(temp.units,t[j].units);
                strcpy(temp.tele,t[j].tele);
                strcpy(t[j].name,t[j+1].name);
                strcpy(t[j].units,t[j+1].units);
                strcpy(t[j].tele,t[j+1].tele);
                strcpy(t[j+1].name,temp.name);
                strcpy(t[j+1].units,temp.units);
                strcpy(t[j+1].tele,temp.tele);
            }
```

```
        if(flag==0) break;          //如果标志为0，说明没有发生过交换，循环结束
    }
    printf("sort success!!!\n");    //显示排序成功
}
```

任务 9.14　快速查找函数

 任务实施

源程序：

```
/*快速查找，参数为结构体数组和记录数*/
void qseek(ADDRESS t[],int n)
{
    char s[20];
    int l,r,m;
    printf("\nplease sort before qseek!\n");//提示确认在查找之前，记录是否已排序
    printf("please enter name for qseek\n");//提示输入
    scanf("%s",s);                           //输入待查找的姓名
    l=0;r=n-1;                                //设置左边界与右边界的初值
    while(l<=r)                               //当左边界<=右边界时
    {
        m=(l+r)/2;                           //计算中间位置
        if(strcmp(t[m].name,s)==0)           //与中间结点姓名字段做比较判断是否相等
        {
            print(t[m]);                     //如果相等，则调用print()函数显示记录信息
            return;                          //返回
        }
        if(strcmp(t[m].name,s)<0)            //如果中间结点小
            l=m+1;                           //修改左边界
        else                                 
            r=m-1;                           //否则，中间结点大，修改右边界
    }
    if(l>r)                                   //如果左边界大于右边界
        printf("not found\n");               //显示没找到
}
```

任务 9.15　复制文件函数

 任务实施

源程序：

```
/*复制文件*/
void copy()
{
    char outfile[20];              //目标文件名
```

```
    int i,n;
    ADDRESS temp[M];                        //定义临时变量
    FILE *sfp,*tfp;                         //定义指向文件的指针
    if((sfp=fopen("c:\\record.txt","rb"))==NULL)   //打开文件记录
    {
        printf("can not open file\n");      //显示不能打开文件信息
        exit(1);                            //退出
    }
    printf("Enter outfile name,for example c:\\f1\\te.txt:\n");  //提示信息
    scanf("%s",outfile);                    //输入目标文件名
    if((tfp=fopen(outfile,"wb"))==NULL)     //打开目标文件
    {
        printf("can not open file\n");      //显示不能打开文件信息
        exit(1);                            //退出
    }
    fscanf(sfp,"%d",&n);                    //读出文件记录数
    fprintf(tfp,"%d",n);                    //输入目标文件数
    fprintf(tfp,"\r\n");                    //输入换行符
    for(i=0;i<n;i++)
    {
        fscanf(sfp,"%20s%30s%10s\n",temp[i].name,temp[i].units,temp[i].tele);
                                            //读入记录
        fprintf(tfp,"%-20s%-30s%-10s\n",temp[i].name,temp[i].units,temp[i].tele);
                                            //写入记录
        fprintf(tfp,"\r\n");                //输入换行符
    }
    fclose(sfp);                            //关闭源文件
    fclose(tfp);                            //关闭目标文件
    printf("you have success copy file!!!\n");//显示复制成功
}
```

项目 10　学生成绩管理系统程序

(一)项目导入

为提高学生成绩管理的工作效率，将管理人员从乏味的数据登记和统计工作中解脱出来，保证工作的准确率，学生成绩管理系统为老师和学生提供了充足的信息和快捷的查询手段。管理员可通过本系统对学生成绩等相关信息进行录入、修改、删除和查询，同时也可以对学生成绩进行求平均值和排序等的相关操作。

(二)项目分析

要求能够对学生成绩进行管理，包括计算学生的总成绩、平均成绩，并根据学生成绩进行排序显示，还可对学生信息进行增加、修改和删除等操作。

学生成绩管理包括的信息有学号、姓名、成绩等，均保存在二进制数文件中。由于学生的人数不确定，采用单链表记录，以便随时进行动态增加。

(三)项目目标

1. 知识目标

加强对理论知识的认识，掌握程序设计的基本语法、步骤和方法。

2. 能力目标

培养学生使用集成开发环境进行软件开发、调试的综合能力。

3. 素质目标

使学生养成良好的编程习惯，具有团队协作精神，具备岗位需要的职业能力。

(四)项目任务

将学生成绩管理系统程序划分为如表 10-1 所示的几个模块，包括主模块功能：显示系统菜单等。

表 10-1　学生成绩管理系统程序项目任务分解表

序　号	名　　称	功　　能
1	初始化模块	初始化单链表为空指针
2	输入记录	连续添加学生信息，当输入学号的第一个字符为@时结束输入
3	从表中删除记录	从单链表中删除一条指定学号的学生信息
4	显示所有记录	显示当前链表中的所有记录
5	按照姓名查找	查找指定姓名的学生信息
6	保存记录到文件	把当前单链表中的内容保存到指定文件中
7	从文件中读入记录	从指定文件中读取记录到单链表

序 号	名 称	功 能
8	计算所有学生的总分和平均分	计算当前单链表中学生的总分和平均成绩
9	插入记录到表中	插入一条记录到单链表中
10	复制文件	复制文件备份
11	排序	按学生成绩从高到低进行排序
12	追加记录到文件中	将当前单链表中的记录追加到指定文件中
13	索引	按照学号从小到大的顺序进行排序
14	分类合计	按班统计学生成绩

任务 10.1 主 函 数

 ## 任务实施

源程序:

```
#include <stdio.h>          //I/O()函数
#include <stdlib.h>         //标准库函数
#include <string.h>         //字符串函数
#include <conio.h>          //屏幕操作函数
#include <ctype.h>          //字符操作函数
#include <malloc.h>         //动态地址分配函数
#define N 3                 //定义常数
typedef struct z1           //定义数据结构
{
    char no[11];
    char name[15];
    int score[N];
    float sum;
    float average;
    int order;
    struct z1 *next;
}STUDENT;

STUDENT *init();                  //初始化函数
STUDENT *create();                //创建链表
STUDENT *del(STUDENT *h);         //删除记录
void print(STUDENT *h);           //显示所有记录
void search(STUDENT *h);          //查找
void save(STUDENT *h);            //保存
STUDENT *load();                  //读入记录
void computer(STUDENT *h);        //计算总分和平均分
STUDENT *insert(STUDENT *h);      //插入记录
void append();                    //追加记录
void copy();                      //复制文件
```

```
STUDENT *sort(STUDENT *h);   //排序
STUDENT *index(STUDENT *h);  //索引
void total(STUDENT *h);       //分类合计
int menu_select();            //菜单函数
/*********主函数开始***********/
void main()
{
    STUDENT *head;                  //链表定义头指针
    head=init();                    //初始化链表
    system("CLS");                  //清屏
    for(;;)                         //无限循环
    {
        switch(menu_select())       //调用主菜单函数，返回值整数作开关语句的条件
        {                           //值不同，执行的函数不同，break 不能省略
        case 0:head=init();break;       //执行初始化
        case 1:head=create();break;     //创建链表
        case 2:head=del(head);break;    //删除记录
        case 3:print(head);break;       //显示全部记录
        case 4:search(head);break;      //查找记录
        case 5:save(head);break;        //保存文件
        case 6:head=load();break;       //读文件
        case 7:computer(head);break;    //计算总分和平均分
        case 8:head=insert(head);break; //插入记录
        case 9:copy();break;            //复制文件
        case 10:head=sort(head);break;  //排序
        case 11:append();break;         //追加记录
        case 12:head=index(head);break; //索引
        case 13:total(head);break;      //分类合计
        case 14:exit(0);                //如菜单返回值为 14，程序结束
        }
    }
}
```

任务 10.2　菜单函数

 任务实施

源程序：

```
/*菜单函数，返回值为整数*/
menu_select()
{
    char *menu[]={"*****************MENU******************",//定义菜单字符
                                                            //串数组
        " 0. init  list",               //初始化
        " 1 Enter  list",               //输入记录
        " 2 Delete a record from list", //从表中删除记录
        " 3 print  list",               //显示单链表中所有记录
        " 4 Search record on name",     //按照姓名查找记录
```

```
        " 5 Save the file",            //将单链表中记录保存到文件中
        " 6 Load the file",            //从文件中读入记录
        " 7 computer the score",       //计算所有学生的总分和平均分
        " 8 insert record to list",    //插入记录到表中
        " 9 copy the file to new file",//复制文件
        "10 sort to make new file",    //排序
        "11 append record to file",    //追加记录到文件中
        "12 index on number",          //索引
        "13 total on number",          //分类合计
        "14 Quit"};                    //退出
    char s[3];                         //以字符形式保存选择号
    int c,i;                           //定义整型变量
    for(i=0;i<16;i++)                  //输出主菜单数组
        printf("%s\n",menu[i]);
    do{
        printf("\n Enter you choice(0~14):");//在菜单窗口外显示提示信息
        scanf("%s",s);                 //输入选择项
        c=atoi(s);                     //将输入的字符串转化为整型数
    }while (c<0||c>14);                //选择项不在 0~14 之间重输
    return c;                          //返回选择项，主程序根据该数调用相应的函数
}
```

任务 10.3   创建链表函数

 ## 任务实施

源程序：

```
STUDENT *init()
{
    return NULL;
}
/*创建链表*/
STUDENT *create()
{
    int i;int s;
    STUDENT *h=NULL,*info;                          //STUDENT 指向结构体的指针
    int inputs(char *prompt,char *s,int count);
    for(;;)
    {
        info=(STUDENT *)malloc(sizeof(STUDENT));    //申请空间
        if(!info)                                   //如果指针 info 为空
        {
            printf("\n out of memory");             //输出内存溢出
            return NULL;                            //返回空指针
        }
        inputs("enter no:",info->no,11);            //输入学号并校验
        if(info->no[0]=='@') break;                 //如果学号首字符为@则结束输入
        inputs("enter name:",info->name,15);        //输入姓名，并进行校验
        printf("please input %d score \n",N);       //提示开始输入成绩
```

```
        s=0;                                    //计算每个学生的总分，初值为 0
        for(i=0;i<N;i++)                        //N 门课程循环 N 次
        {
            do{
                printf("score%d:",i+1);         //提示输入第几门课程
                scanf("%d",&info->score[i]);    //输入成绩
                if(info->score[i]>100||info->score[i]<0)//确保成绩为 0～100
                    printf("bad data,input again");//出错信息提示
            }while (info->score[i]>100||info->score[i]<0);
            s=s+info->score[i];                 //累加各门课程成绩
        }
        info->sum=s;                            //将总分保存
        info->average=(float)s/N;               //求出平均值
        info->order=0;                          //未排序前此值为 0
        info->next=h;                           //将头结点作为新输入结点的后继结点
        h=info;                                 //新输入结点为新的头结点
    }
    return h;                                    //返回头指针
}
```

任务 10.4　输入字符串函数

 任务实施

源程序：

```
/*输入字符串，并进行长度验证*/
int inputs(char *prompt,char *s,int count)
{
    char p[255];
    do{
        printf(prompt);                     //显示提示信息
        scanf("%s",p);                      //输入字符串
        if(strlen(p)>count)
            printf("\n too long !\n");      //长度校验，超过 count 重输
    }while (strlen(p)>count);
    strcpy(s,p);                            //将输入的字符串拷贝到字符串 s 中
    return 0;
}
```

任务 10.5　输出链表函数

 任务实施

源程序：

```
/*输出链表中结点信息*/
void print(STUDENT *h)
```

```
{
    int i=0;                        //统计记录条数
    STUDENT *p;                     //移动指针
    system("CLS");                  //清屏
    p=h;                            //初值为头指针
    printf("\n\n\n********************STUDENT********************\n");
    printf("|rec|no | name |sc1 |sc2 |sc3 | sum | ave |order  |\n");
    printf("|------|-------|----|----|----|-----|-----|-------|--|\n");
    while(p!=NULL)
    {
        i++;
        printf("|%3d  |%-10s|%-15s|%4d|%4d|%4d|  %4.2f  |  %4.2f  |  %3d
|\n",i,p->no,
            p->name,p->score[0],p->score[1],p->score[2],p->sum,p->average,p->
order);
        p=p->next;
    }
    printf("********************end********************\n");
}
```

任务 10.6　删除记录函数

 ## 任务实施

源程序：

```
/*删除记录*/
STUDENT *del(STUDENT *h)
{
    STUDENT *p,*q;                      //p 为查找到要删除的结点指针，q 为其前驱指针
    char s[11];                         //存放学号
    system("CLS");                      //清屏
    printf("please deleted no\n");      //显示提示信息
    scanf("%s",s);                      //输入要删除记录的学号
    q=p=h;                              //给 q 和 p 赋初值头指针
    while(strcmp(p->no,s)&&p!=NULL)     //当记录的学号不是要找的，或指针不为空时
    {
        q=p;                            //将 p 指针值赋给 q 作为 p 的前驱指针
        p=p->next;                      //将 p 指针指向下一条记录
    }
    if(p==NULL)                         //如果 p 为空，说明链表中没有该结点
        printf("\nlist  no  %s  student\n",s);
    else                                //p 不为空，显示找到的记录信息
    {
        printf("********************have
found********************\n");
```

```
    printf("|-----|----|------|---|--|----|------|-------|----|\n");
    printf("| %3d |%-10s|%-15s|%4d|%4d|%4d| %4.2f | %4.2f | %3d |\n",p->no,
p->name,p->score[0],p->score[1],p->score[2],p->sum,p->average,p->order);
    printf("***************************end*********************************\n");
    getch();                        //按任一键后，开始删除
     if(p==h)                       //如果p==h，说明被删结点是头结点
        h=p->next;                  //修改头指针指向下一条记录
     else
        q->next=p->next;            //不是头指针，将p的后继结点作为q的后继结点
     free(p);                       //释放p所指结点空间
     printf("\n have deleted No %s student\n",s);
     printf("Don't forget save\n");//提示删除后不要忘记保存文件
    }
    return h;                       //返回头指针
}
```

任务 10.7   查找记录函数

 任务实施

源程序：

```
/*查找记录*/
void search(STUDENT *h)
{
    STUDENT *p;                 //移动指针
    char s[15];                 //存放姓名的字符数组
    system("CLS");
    printf("please enter name for search\n");
    scanf("%s",s);
    p=h;
    while(strcmp(p->name,s)&&p!=NULL)
        p=p->next;
    if(p==NULL)
        printf("\nlist no  %s  student\n",s);
    else
    {
printf("*********************have found*********************\n");
printf("|no |name  |sc1  |sc2   |sc3  |sum   |average   |order   |\n");
    printf ("|----|-----|---|---|---|-----|----|---|\n");
printf("|%-10s|%-15s|%4d|%4d|%4d|%4.2f|%4.2f|%3d|\n",p->no,
        p->name,p->score[0],p->score[1],p->score[2],p->sum,p->average,p->
order);
    printf("***************************end*********************************\n");
    }
}
```

任务 10.8　插入记录函数

 任务实施

源程序：

```
/*插入记录*/
STUDENT *insert(STUDENT *h)
{
    STUDENT *p,*q,*info;            //p 指向插入位置，q 是其前驱，info 指新插入记录
    char s[11];                     //保存插入点位置的学号
    int s1,i;
    printf("please enter location before the no\n");
    scanf("%s",s);                  //输入插入点学号
    printf("\n please new record\n");        //提示输入记录信息
    info=(STUDENT *)malloc(sizeof(STUDENT));  //申请空间
    if(!info)
    {
        printf("\n out of memory");         //如没有申请到，内存溢出
        return NULL;                        //返回空指针
    }
    inputs("enter no:",info->no,11);        //输入学号
    inputs("enter name:",info->name,15);    //输入姓名
    printf("please input %d score \n",N);   //提示输入分数
    s1=0;                                   //保存新记录的总分，初值为 0
    for(i=0;i<N;i++)                        //N 门课程循环 N 次输入成绩
    {
        do
        {                                   //对数据进行验证，保证为 0～100
            printf("score%d:",i+1);
            scanf("%d",&info->score[i]);
            if(info->score[i]>100||info->score[i]<0)
                printf("bad data,input again\n");
        }while(info->score[i]>100||info->score[i]<0);
        s1=s1+info->score[i];          //计算总分
    }
    info->sum=s1;                      //将总分存入新记录中
    info->average=(float)s1/N;         //计算平均分
    info->order=0;                     //名次赋值
    info->next=NULL;                   //设后继指针为空
    p=h;                               //将指针赋值给 p
    q=h;                               //将指针赋值给 q
    while(strcmp(p->no,s)&&p!=NULL)    //查找插入位置
    {
        q=p;                           //保存指针 p，作为下一个 p 的前驱
        p=p->next;                     //将指针 p 后移
    }
    if(p==NULL)                        //如果 p 指针为空，说明没有指定结点
```

```
        if(p==h)                    //同时 p 等于 h，说明链表为空
            h=info;                 //新记录则为头结点
        else
            q->next=info;           //p 为空，但 p 不等于 h，将新结点插在表尾
        else
            if(p==h)                //p 不为空，则找到了指定结点
            {
                info->next=p;       //如果 p 等于 h，则新结点插入在第一个结点之前
                h=info;             //新结点为新的头结点
            }
            else
            {
                info->next=p;  //不是头结点，则是中间某个位置，新结点的后继为 p
                q->next=info;  //新结点作为 q 的后继结点
            }
    printf("\n ----have inserted %s student ----\n",info->name);
    printf("---Don't forget save---\n");  //提示存盘
    return h;                       //返回头指针
}
```

任务 10.9　保存数据到文件函数

 任务实施

源程序：

```
/*保存数据到文件*/
void save(STUDENT *h)
{
    FILE *fp;       /*定义指向文件的指针*/
    STUDENT *p;     /*定义移动指针*/
    char outfile[10];    /*保存输出文件名*/
    printf("Enter outfile name,for example c:\\f1\\te.txt:\n");   /*提示文件
名格式信息*/
    scanf("%s",outfile);
    if((fp=fopen(outfile,"wb"))==NULL) /*为输出打开一个二进制文件，如没有则建立*/
    {
        printf("can not open file\n");
        exit(1);
    }
    printf("\nSaving file......\n");  /*打开文件，提示正在保存*/
    p=h;                             /*移动指针从头指针开始*/
    while(p!=NULL)
    {
        fwrite(p,sizeof(STUDENT),1,fp);  /*写入一条记录*/
        p=p->next;                       /*指针后移*/
    }
    fclose(fp);                          /*关闭文件*/
```

```
    printf("------save success-------\n");        /*提示保存成功*/
}
```

任务 10.10 从文件读数据函数

 任务实施

源程序:

```
/*从文件读数据*/
STUDENT *load()
{
    STUDENT *p,*q,*h=NULL;        /*定义记录指针变量*/
    FILE *fp;                     /*定义指向文件的指针*/
    char infile[10];              /*保存文件名*/
    printf("Enter infile name,for example c:\\f1\\te.txt:\n");
    scanf("%s",infile);    /*输入文件名*/
    if((fp=fopen(infile,"rb"))==NULL)          /*打开一个二进制文件,为读方式*/
    {
        printf("can not open file\n");         /*如不能打开,则结束程序*/
        exit(1);
    }
    printf("\n------Loading file!-------");
    p=(STUDENT*)malloc(sizeof(STUDENT));       /*申请空间*/
    if(!p)
    {
        printf("out of memory\n");             /*如没有申请到,则内存溢出*/
        return h;                              /*返回空头指针*/
    }
    h=p;            /*申请到空间,将其作为头指针*/
    while(!feof(fp))                 /*循环读数据直到文件尾结束*/
    {
        if(1!=fread(p,sizeof(STUDENT),1,fp))
            break;                   /*如果没读到数据,跳出循环*/
        p->next=(STUDENT*)malloc(sizeof(STUDENT));   /*为下一个节点申请空间*/
        if(!p->next)
        {
            printf("out of memory!\n");        /*如果没申请到,则内存溢出*/
            return h;
        }
        q=p;        /*保存当前节点的指针,作为下一节点的前驱*/
        p=p->next;  /*指针后移,新读入数据链到当前表尾*/
    }
    q->next=NULL;       /*最后一个节点的后续指针为空*/
    fclose(fp);     /*关闭文件*/
    printf("----You have success read data from file!!!----\n");
    return h;   /*返回头指针*/
}
```

任务 10.11 追加记录到文件函数

 任务实施

源程序：

```c
/*追加记录到文件*/
void append()
{
    FILE *fp;    /*定义指向文件的指针*/
    STUDENT *info;    /*新记录指针*/
    int s1,i;
    char infile[10]; /*保存文件名*/
    printf("\nplease new record\n");
    info=(STUDENT*)malloc(sizeof(STUDENT));    /*申请空间*/
    if(!info)
    {
        printf("\nout of memory");    /*没有申请到，内存溢出本函数结束*/
        return;
    }
    inputs("enter no:",info->no,11);    /*调用 inputs 输入学号*/
    inputs("enter name:",info->name,15);    /*调用 inputs 输入姓名*/
    printf("please input $%d score \n",N);    /*提示输入成绩*/
    s1=0;
    for(i=0;i<N;i++)
    {
        do{
            printf("score%d:",i+1);
            scanf("%d",&info->score[i]);    /*输入成绩*/
            if(info->score[i]>100||info->score[i]<0)
                printf("bad data,repeat input\n");
        }while(info->score[i]>100||info->score[i]<0); /*成绩数据验证*/
        s1=s1+info->score[i];    /*求总分*/
    }
    info->sum=(float)s1;  /*保存总分*/
    info->average=(float)s1/N;    /*求平均分*/
    info->order=0;    /*名次初始值为 0*/
    info->next=NULL;    /*将新记录后继指针赋值为空*/
    printf("Enter infile name,for example c:\\f1\\te.txt:\n");
    scanf("%s",infile);    /*输入文件名*/
    if((fp=fopen(infile,"ab"))==NULL)    /*向二进制文件尾增加数据方式打开文件*/
    {
        printf("can not open file\n");    /*显示不能打开*/
        exit(1);    /*退出程序*/
    }
    printf("\n----Appending record!-----\n");
```

```
    if(1!=fwrite(info,sizeof(STUDENT),1,fp))    /*写文件操作*/
    {
        printf("------file write error!-------\n");
        return;   /*返回*/
    }
    printf("------append success!!-------\n");
    fclose(fp);   /*关闭文件*/
}
```

任务 10.12　文件拷贝函数

 任务实施

源程序：

```
/*文件拷贝*/
void copy()
{
    char outfile[10],infile[10];
    FILE *sfp,*tfp;       /*源文件和目标文件指针*/
    STUDENT p;   /*移动指针*/
    system("CLS");  /*清屏*/
    printf("Enter infile name,for example c:\\f1\\te.txt:\n");
    scanf("%s",infile);   /*输入源文件名*/
    if((sfp=fopen(infile,"rb"))==NULL)    /*二进制读方式打开源文件*/
    {
        printf("can not open file\n");
        exit(0);
    }
    printf("Enter outfile name,for example c:\\f1\\te.txt:\n");
    scanf("%s",outfile);    /*输入目标文件名*/
    if((tfp=fopen(outfile,"wb"))==NULL)   /*二进制写方式打开目标文件*/
    {
        printf("can not open output file\n");
        exit(0);
    }
    while(!feof(sfp))    /*读文件直到文件尾*/
    {
        if(1!=fread(&p,sizeof(STUDENT),1,sfp))
            break;   /*块读*/
        fwrite(&p,sizeof(STUDENT),1,tfp);   /*块写*/
    }
    fclose(sfp);    /*关闭源文件*/
    fclose(tfp);    /*关闭目标文件*/
    printf("you have success copy file!!!\n"); /*显示成功拷贝*/
}
```

任务 10.13　排序函数

 任务实施

源程序：

```
/*排序*/
STUDENT *sort(STUDENT *h)
{
    int i=0;    /*保存名次*/
    STUDENT *p,*q,*t,*h1;    /*定义临时指针*/
    h1=h->next;    /*将原表的头指针所指的下一个结点作头指针*/
    h->next=NULL;    /*第一个结点为新表的头结点*/
    while(h1!=NULL)    /*当原表不为空时，进行排序*/
    {
        t=h1;    /*取原表的头结点*/
        h1=h1->next;    /*原表头结点后移*/
        p=h;    /*设定移动指针p，脉冲头指针开始*/
        q=h;    /*设定移动指针作为p的前驱，初值为头指针*/
        while(t->sum<p->sum&&p!=NULL)    /*做总分比较*/
        {
            q=p;    /*待排序点值小，则新表指针后移*/
            p=p->next;
        }
        if(p==q)    /*p==q，说明待排序点值大，应排在首位*/
        {
            t->next=p;    /*待排序点的后继为p*/
            h=t;    /*新头结点为待排序点*/
        }
        else    /*待排序点应插入在中间某个位置q和p之间，如p为空则是尾部*/
        {
            t->next=p;    /*t的后继是p*/
            q->next=t;    /*q的后继是t*/
        }
    }
    p=h;    /*已排好序的头指针赋给p，准备填写名次*/
    while(p!=NULL)    /*当p不为空时，进行下列操作*/
    {
        i++;    /*结点序号*/
        p->order=i;    /*将名称赋值*/
        p=p->next;    /*指针后移*/
    }
    printf("sort success!!!\n");    /*排序成功*/
    return h;    /*返回头指针*/
}
```

任务 10.14　计算总分和均值函数

 任务实施

源程序：

```
/*计算总分和均值*/
void computer(STUDENT *h)
{
    STUDENT *p;    /*定义移动指针*/
    int i=0;    /*保存记录条数初值为 0*/
    long s=0;    /*总分初值为 0*/
    float average=0;  /*均分初值为 0*/
    p=h;    /*从头指针开始*/
    while(p!=NULL)    /*当 p 不为空时处理*/
    {
        s+=p->sum;    /*累加总分*/
        i++;    /*统计记录条数*/
        p=p->next;    /*指针后移*/
    }
    average=(float)s/i;  /*求均分，均分为浮点数，总分为整数，所以做类型转换*/
    printf("\n--All students sum score is:%ld average is %5.2f\n",s,average);
}
```

任务 10.15　索引函数

 任务实施

源程序：

```
/*索引*/
STUDENT *index(STUDENT *h)
{
    STUDENT *p,*q,*t,*h1;  /*定义临时指针*/
    h1=h->next;    /*将原表的头指针所指的下一个结点作头指针*/
    h->next=NULL;  /*第一个结点为新表的头结点*/
    while(h1!=NULL)/*当原表不为空时，进行排序*/
    {
        t=h1;    /*取原表的头结点*/
        h1=h1->next;  /*原表头结点指针后移*/
        p=h;    /*设定移动指针 p，从头指针开始*/
        q=h;    /*设定移动指针 q 作为 p 的前驱，初值为头指针*/
        while(strcmp(t->no,p->no)>0&&p!=NULL)  /*做学号比较*/
        {
            q=p;  /*待排序点值大，应往后插，所以新表指针后移*/
            p=p->next;
```

```
    }
    if(p==q)   /*p==q,说明待排序点值小，应排在首位*/
    {
        t->next=p;   /*待排序点的后继为p*/
        h=t;   /*新头结点为待排序点*/
    }
    else   /*待排序点应插入在中间某个位置q和p之间，如p为空则是尾部*/
    {
        t->next=p;   /*t的后继是p*/
        q->next=t;   /*q的后继是t*/
    }
    }
    printf("index success!!!\n");   /*索引排序成功*/
    return h;   /*返回头指针*/
}
```

任务 10.16　分类合计函数

 任务实施

源程序：

```
/*分类合计*/
void total(STUDENT *h)
{
    STUDENT *p,*q;   /*定义临时指针变量*/
    char sno[9],qno[9],*ptr;   /*保存班级号*/
    float s1,ave;   /*保存总分和均分*/
    int i;   /*保存班级人数*/
    system("CLS");   /*清屏*/
    printf("---class-------sum---------average-----\n");
    p=h;   /*从头指针开始*/
    while(p!=NULL)   /*当p不为空时做下面的处理*/
    {
    memcpy(sno,p->no,8);   /*从学号中取出班级号*/
    sno[8]='\0';   /*做字符串结束标记*/
    q=p->next;   /*将指针指向待比较的记录*/
    s1=p->sum;   /*当班级的总分初值为该班级的第一天记录总分*/
    ave=p->average;/*当班级的平均分初值为该班级的第一天记录均分*/
    i=1;   /*统计当前班级人数*/
    while(q!=NULL)   /*内循环开始*/
    {
        memcpy(qno,q->no,8);   /*读取班级号*/
        qno[8]='\0';   /*做字符串结束标记*/
        if(strcmp(qno,sno)==0)   /*比较班级号*/
        {
            s1+=q->sum;   /*累加总分*/
            ave+=q->average;   /*累加均分*/
            i++;   /*累加班级人数*/
```

```
            q=q->next;  /*指针指向下一条记录*/
        }
        else
          break;  /*不是一个班级的结束本次内循环*/
    }
    printf("%s  %10.2f    %5.2\n",sno,s1,ave/i);
    if(q==NULL)
        break;    /*如果当前指针为空，外循环结束，程序结束*/
    else
        p=q;  /*否则，将当前记录作为新的班级的第一条记录开始新的比较*/
    }
    printf("------------------------------------------\n");
}
```

附录 A 标准 ASCII 码表

ASCII(American Standard Code for Information Interchange，美国信息互换标准代码)是基于拉丁字母的一套电脑编码系统，主要用于显示现代英语和其他西欧语言。它是现今最通用的单字节编码系统，并等同于国际标准 ISO/IEC 646。

ASCII 第一次以规范标准的形态发表是在 1967 年，最后一次更新则是在 1986 年，至今共定义了 128 个字符，其中 33 个字符无法显示(这是以现今操作系统为依归，但在 DOS 模式下可显示出一些诸如笑脸、扑克牌花式等 8-bit 符号)，且多数都已是作废的控制字符，控制字符的用途主要是用来操控已经处理过的文字，在 33 个字符之外的是 95 个可显示的字符，包括用键盘按下空白键所产生的空白字符，也算 1 个可显示字符(显示为空白)。

ASCII 控制字符

二进制	十进制	十六进制	缩写	可以显示的表示法	名称/意义
0000 0000	0	00	NUL	$^N_U{}_L$	空字符(Null)
0000 0001	1	01	SOH	$^S_O{}_H$	标题开始
0000 0010	2	02	STX	$^S_T{}_X$	本文开始
0000 0011	3	03	ETX	$^E_T{}_X$	本文结束
0000 0100	4	04	EOT	$^E_O{}_T$	传输结束
0000 0101	5	05	ENQ	$^E_N{}_Q$	请求
0000 0110	6	06	ACK	$^A_C{}_K$	确认回应
0000 0111	7	07	BEL	$^B_E{}_L$	响铃
0000 1000	8	08	BS	^B_S	退格
0000 1001	9	09	HT	^H_T	水平定位符号
0000 1010	10	0A	LF	^L_F	换行键
0000 1011	11	0B	VT	^V_T	垂直定位符号
0000 1100	12	0C	FF	^F_F	换页键
0000 1101	13	0D	CR	^C_R	归位键
0000 1110	14	0E	SO	^S_O	取消变换(Shift out)
0000 1111	15	0F	SI	^S_I	启用变换(Shift in)
0001 0000	16	10	DLE	$^D_L{}_E$	跳出数据通信
0001 0001	17	11	DC1	$^D_C{}_1$	设备控制一(XON 启用软件速度控制)
0001 0010	18	12	DC2	$^D_C{}_2$	设备控制二

续表

二进制	十进制	十六进制	缩写	可以显示的表示法	名称/意义
0001 0011	19	13	DC3	$^{D}C_3$	设备控制三(XOFF 停用软件速度控制)
0001 0100	20	14	DC4	$^{D}C_4$	设备控制四
0001 0101	21	15	NAK	$^{N}A_K$	确认失败回应
0001 0110	22	16	SYN	$^{S}Y_N$	同步用暂停
0001 0111	23	17	ETB	$^{E}T_B$	区块传输结束
0001 1000	24	18	CAN	$^{C}A_N$	取消
0001 1001	25	19	EM	$^{E}_M$	连接介质中断
0001 1010	26	1A	SUB	$^{S}U_B$	替换
0001 1011	27	1B	ESC	$^{E}S_C$	跳出
0001 1100	28	1C	FS	$^{F}_S$	文件分割符
0001 1101	29	1D	GS	$^{G}_S$	组群分隔符
0001 1110	30	1E	RS	$^{R}_S$	记录分隔符
0001 1111	31	1F	US	$^{U}_S$	单元分隔符
0111 1111	127	7F	DEL	$^{D}E_L$	删除

ASCII 可显示字符(1)

二进制	十进制	十六进制	图形	二进制	十进制	十六进制	图形
0010 0000	32	20	(空格)('')	0011 0001	49	31	1
0010 0001	33	21	!	0011 0010	50	32	2
0010 0010	34	22	"	0011 0011	51	33	3
0010 0011	35	23	#	0011 0100	52	34	4
0010 0100	36	24	$	0011 0101	53	35	5
0010 0101	37	25	%	0011 0110	54	36	6
0010 0110	38	26	&	0011 0111	55	37	7
0010 0111	39	27	'	0011 1000	56	38	8
0010 1000	40	28	(	0011 1001	57	39	9
0010 1001	41	29	)	0011 1010	58	3A	:
0010 1010	42	2A	*	0011 1011	59	3B	;
0010 1011	43	2B	+	0011 1100	60	3C	<
0010 1100	44	2C	,	0011 1101	61	3D	=
0010 1101	45	2D	-	0011 1110	62	3E	>
0010 1110	46	2E	.	0011 1111	63	3F	?
0010 1111	47	2F	/	0100 0000	64	40	@
0011 0000	48	30	0	0100 0001	65	41	A

C 语言程序设计(项目教学版)

ASCII 可显示字符(2)

二进制	十进制	十六进制	图形	二进制	十进制	十六进制	图形
0100 0010	66	42	B	0110 0001	97	61	a
0100 0011	67	43	C	0110 0010	98	62	b
0100 0100	68	44	D	0110 0011	99	63	c
0100 0101	69	45	E	0110 0100	100	64	d
0100 0110	70	46	F	0110 0101	101	65	e
0100 0111	71	47	G	0110 0110	102	66	f
0100 1000	72	48	H	0110 0111	103	67	g
0100 1001	73	49	I	0110 1000	104	68	h
0100 1010	74	4A	J	0110 1001	105	69	i
0100 1011	75	4B	K	0110 1010	106	6A	j
0100 1100	76	4C	L	0110 1011	107	6B	k
0100 1101	77	4D	M	0110 1100	108	6C	l
0100 1110	78	4E	N	0110 1101	109	6D	m
0100 1111	79	4F	O	0110 1110	110	6E	n
0101 0000	80	50	P	0110 1111	111	6F	o
0101 0001	81	51	Q	0111 0000	112	70	p
0101 0010	82	52	R	0111 0001	113	71	q
0101 0011	83	53	S	0111 0010	114	72	r
0101 0100	84	54	T	0111 0011	115	73	s
0101 0101	85	55	U	0111 0100	116	74	t
0101 0110	86	56	V	0111 0101	117	75	u
0101 0111	87	57	W	0111 0110	118	76	v
0101 1000	88	58	X	0111 0111	119	77	w
0101 1001	89	59	Y	0111 1000	120	78	x
0101 1010	90	5A	Z	0111 1001	121	79	y
0101 1011	91	5B	[	0111 1010	122	7A	z
0101 1100	92	5C	\	0111 1011	123	7B	{
0101 1101	93	5D	]	0111 1100	124	7C	|
0101 1110	94	5E	^	0111 1101	125	7D	}
0101 1111	95	5F	_	0111 1110	126	7E	~
0110 0000	96	60	`				

附录 B 运算符的优先级和结合性

优先级	运算符	名称或含义	使用形式	结合方向	说明
1	[]	数组下标	数组名[常量表达式]	左到右	
	()	圆括号	(表达式)		
			函数名(形式参数表)		
	.	成员选择(对象)	对象.成员名		
	->	成员选择(指针)	对象指针->成员名		
2	-	负号运算符	-表达式	右到左	单目运算符
	(类型)	强制类型转换	(数据类型)表达式		
	++	自增运算符	++变量名		单目运算符
			变量名++		
	--	自减运算符	--变量名		单目运算符
			变量名--		
	*	取值运算符	*指针变量		单目运算符
	&	取地址运算符	&变量名		单目运算符
	!	逻辑非运算符	!表达式		单目运算符
	~	按位取反运算符	~表达式		单目运算符
	sizeof	长度运算符	sizeof(表达式)		
3	/	除	表达式 / 表达式	左到右	双目运算符
	*	乘	表达式*表达式		双目运算符
	%	余数(取模)	整型表达式%整型表达式		双目运算符
4	+	加	表达式+表达式	左到右	双目运算符
	-	减	表达式-表达式		双目运算符
5	<<	左移	变量<<表达式	左到右	双目运算符
	>>	右移	变量>>表达式		双目运算符
6	>	大于	表达式>表达式	左到右	双目运算符
	>=	大于等于	表达式>=表达式		双目运算符
	<	小于	表达式<表达式		双目运算符
	<=	小于等于	表达式<=表达式		双目运算符
7	==	等于	表达式==表达式	左到右	双目运算符
	!=	不等于	表达式!= 表达式		双目运算符
8	&	按位与	表达式&表达式	左到右	双目运算符
9	^	按位异或	表达式^表达式	左到右	双目运算符

优先级	运算符	名称或含义	使用形式	结合方向	说明
10	|	按位或	表达式|表达式	左到右	双目运算符
11	&&	逻辑与	表达式&&表达式	左到右	双目运算符
12	||	逻辑或	表达式||表达式	左到右	双目运算符
13	?:	条件运算符	表达式 1? 表达式 2: 表达式 3	右到左	三目运算符
14	=	赋值运算符	变量=表达式	右到左	
	/=	除后赋值	变量/=表达式		
	*=	乘后赋值	变量*=表达式		
	%=	取模后赋值	变量%=表达式		
	+=	加后赋值	变量+=表达式		
	-=	减后赋值	变量-=表达式		
	<<=	左移后赋值	变量<<=表达式		
	>>=	右移后赋值	变量>>=表达式		
	&=	按位与后赋值	变量&=表达式		
	^=	按位异或后赋值	变量^=表达式		
	|=	按位或后赋值	变量|=表达式		
15	,	逗号运算符	表达式,表达式,…	左到右	

上表可以总结出如下规律:

(1) 结合方向只有三个是从右往左,其余都是从左往右。

(2) 所有双目运算符中只有赋值运算符的结合方向是从右往左。

(3) 另外两个从右往左结合的运算符也很好记,因为它们很特殊:一个是单目运算符,一个是三目运算符。

(4) C 语言中有且只有一个三目运算符。

(5) 逗号运算符的优先级最低,要记住。

(6) 此外要记住,对于优先级:算术运算符 > 关系运算符 > 逻辑运算符 > 赋值运算符。逻辑运算符中"逻辑非 !"除外。

附录 C　C 语言的库函数

C 语言中的库函数主要分为五类，分别介绍如下。

1. 数学函数

调用数学函数时，要求在源文件中包含以下命令行：

```
#include <math.h>
```

函数原型说明	功　能	返回值	说　明
int abs(int x)	求整数 x 的绝对值	计算结果	
double fabs(double x)	求双精度实数 x 的绝对值	计算结果	
double acos(double x)	计算 $\cos^{-1}(x)$ 的值	计算结果	x 在 -1～1 范围内
double asin(double x)	计算 $\sin^{-1}(x)$ 的值	计算结果	x 在 -1～1 范围内
double atan(double x)	计算 $\tan^{-1}(x)$ 的值	计算结果	
double atan2(double x)	计算 $\tan^{-1}(x/y)$ 的值	计算结果	
double cos(double x)	计算 $\cos(x)$ 的值	计算结果	x 的单位为弧度
double cosh(double x)	计算双曲余弦 $\cosh(x)$ 的值	计算结果	
double exp(double x)	求 e^x 的值	计算结果	
double fabs(double x)	求双精度实数 x 的绝对值	计算结果	
double floor(double x)	求不大于双精度实数 x 的最大整数	计算结果	
double fmod(double x,double y)	求 x/y 整除后的双精度余数		
double frexp(double val,int *exp)	把双精度 val 分解为尾数和以 2 为底的指数 n，即 $val=x*2^n$，n 存放在 exp 所指的变量中	返回位数 x $0.5 \leq x < 1$	
double log(double x)	求 ln x	计算结果	x>0
double $\log_{10}$(double x)	求 $\log_{10}x$	计算结果	x>0
double modf(double val,double *ip)	把双精度 val 分解成整数部分和小数部分，整数部分存放在 ip 所指的变量中	返回小数部分	
double pow(double x,double y)	计算 x^y 的值	计算结果	
double sin(double x)	计算 $\sin(x)$ 的值	计算结果	x 的单位为弧度
double sinh(double x)	计算 x 的双曲正弦函数 $\sinh(x)$ 的值	计算结果	
double sqrt(double x)	计算 x 的开方	计算结果	$x \geq 0$
double tan(double x)	计算 $\tan(x)$	计算结果	
double tanh(double x)	计算 x 的双曲正切函数 $\tanh(x)$ 的值	计算结果	

2. 字符函数

调用字符函数时，要求在源文件中包含以下命令行：

```
#include <ctype.h>
```

函数原型说明	功　能	返　回　值
int isalnum(int ch)	检查 ch 是否为字母或数字	是，返回 1；否则返回 0
int isalpha(int ch)	检查 ch 是否为字母	是，返回 1；否则返回 0
int iscntrl(int ch)	检查 ch 是否为控制字符	是，返回 1；否则返回 0
int isdigit(int ch)	检查 ch 是否为数字	是，返回 1；否则返回 0
int isgraph(int ch)	检查 ch 是否为 ASCII 码值在 ox21 到 ox7e 的可打印字符(即不包含空格字符)	是，返回 1；否则返回 0
int islower(int ch)	检查 ch 是否为小写字母	是，返回 1；否则返回 0
int isprint(int ch)	检查 ch 是否为包含空格符在内的可打印字符	是，返回 1；否则返回 0
int ispunct(int ch)	检查 ch 是否为除了空格、字母、数字之外的可打印字符	是，返回 1；否则返回 0
int isspace(int ch)	检查 ch 是否为空格、制表或换行符	是，返回 1；否则返回 0
int isupper(int ch)	检查 ch 是否为大写字母	是，返回 1；否则返回 0
int isxdigit(int ch)	检查 ch 是否为 16 进制数	是，返回 1；否则返回 0
int tolower(int ch)	把 ch 中的字母转换成小写字母	返回对应的小写字母
int toupper(int ch)	把 ch 中的字母转换成大写字母	返回对应的大写字母

3. 字符串函数

调用字符串函数时，要求在源文件中包括以下命令行：

```
#include <string.h>
```

函数原型说明	功　能	返　回　值
char *strcat(char *s1,char *s2)	把字符串 s2 接到 s1 后面	s1 所指地址
char *strchr(char *s,int ch)	在 s 所指字符串中，找出第一次出现字符 ch 的位置	返回找到的字符的地址，找不到返回 NULL
int strcmp(char *s1,char *s2)	对 s1 和 s2 所指字符串进行比较	s1<s2，返回负数；s1==s2，返回 0；s1>s2，返回正数
char *strcpy(char *s1,char *s2)	把 s2 指向的串复制到 s1 指向的空间	s1 所指地址
unsigned strlen(char *s)	求字符串 s 的长度	返回串中字符(不计最后的'\0')个数
char *strstr(char *s1,char *s2)	在 s1 所指字符串中，找出字符串 s2 第一次出现的位置	返回找到的字符串的地址,找不到返回 NULL

4. 输入输出函数

调用输入输出函数时，要求在源文件中包括以下命令行：

```
#include <stdio.h>
```

函数原型说明	功　　能	返　回　值
void clearer(FILE *fp)	清除与文件指针 fp 有关的所有出错信息	无
int fclose(FILE *fp)	关闭 fp 所指的文件，释放文件缓冲区	出错返回非 0，否则返回 0
int feof (FILE *fp)	检查文件是否结束	遇文件结束返回非 0，否则返回 0
int fgetc (FILE *fp)	从 fp 所指的文件中取得下一个字符	出错返回 EOF，否则返回所读字符
char *fgets(char *buf,int n, FILE *fp)	从 fp 所指的文件中读取一个长度为 n-1 的字符串，将其存入 buf 所指存储区	返回 buf 所指地址，若遇文件结束或出错返回 NULL
FILE *fopen(char *filename, char *mode)	以 mode 指定的方式打开名为 filename 的文件	成功，返回文件指针(文件信息区的起始地址)，否则返回 NULL
int fprintf(FILE *fp, char *format, args,…)	把 args,…的值以 format 指定的格式输出到 fp 指定的文件中	实际输出的字符数
int fputc(char ch, FILE *fp)	把 ch 中的字符输出到 fp 指定的文件中	成功返回该字符，否则返回 EOF
int fputs(char *str, FILE *fp)	把 str 所指字符串输出到 fp 所指的文件中	成功返回非负整数，否则返回 -1(EOF)
int fread(char *pt,unsigned size,unsigned n, FILE *fp)	从 fp 所指文件中读取长度 size 为 n 个数据项存到 pt 所指的文件中	读取的数据项个数
int fscanf (FILE *fp, char *format,args,…)	从 fp 所指的文件中按 format 指定的格式把输入数据存入到 args,…所指的内存中	已输入的数据个数，遇文件结束或出错返回 0
int fseek (FILE *fp,long offer,int base)	移动 fp 所指文件的位置指针	成功返回当前位置，否则返回非 0
long ftell (FILE *fp)	求出 fp 所指文件当前的读写位置	读写位置，出错返回 -1L
int fwrite(char *pt,unsigned size,unsigned n, FILE *fp)	把 pt 所指向的 n*size 个字节输入到 fp 所指文件	输出的数据项个数
int getc (FILE *fp)	从 fp 所指文件中读取一个字符	返回所读字符，若出错或文件结束，返回 EOF
int getchar(void)	从标准输入设备读取下一个字符	返回所读字符，若出错或文件结束，返回-1
char *gets(char *s)	从标准设备读取一行字符串放入 s 所指存储区，用'\0'替换读入的换行符	返回 s，出错返回 NULL
int printf(char *format,args,…)	把 args,…的值以 format 指定的格式输出到标准输出设备	输出字符的个数

续表

函数原型说明	功　能	返　回　值
int putc (int ch, FILE *fp)	同 fputc	同 fputc
int putchar(char ch)	把 ch 输出到标准输出设备	返回输出的字符，若出错，返回 EOF
int puts(char *str)	把 str 所指字符串输出到标准设备，将 '\0'转成回车换行符	返回换行符,若出错,返回 EOF
int rename(char *oldname, char *newname)	把 oldname 所指文件名改为 newname 所指文件名	成功返回 0，出错返回-1
void rewind(FILE *fp)	将文件位置指针置于文件开头	无
int scanf(char *format, args,…)	从标准输入设备按 format 指定的格式把输入数据存入到 args,…所指的内存中	已输入的数据个数

5. 动态分配函数和随机函数

调用动态分配函数和随机函数时，要求在源文件中包含以下命令行：

```
#include <stdlib.h>
```

函数原型说明	功　能	返　回　值
void *calloc(unsigned n, unsigned size)	分配 n 个数据项的内存空间，每个数据项的大小为 size 个字节	分配内存单元的起始地址；如不成功，返回 0
void *free(void *p)	释放 p 所指的内存区	无
void *malloc(unsigned size)	分配 size 个字节的存储空间	分配内存空间的地址；如不成功，返回 0
void *realloc(void *p, unsigned size)	把 p 所指内存区的大小改为 size 个字节	新分配内存空间的地址；如不成功，返回 0
int rand(void)	产生 0~32767 的随机整数	返回一个随机整数
void exit(int state)	程序终止执行，返回调用过程，state 为 0 正常终止，非 0 非正常终止	无

参 考 文 献

[1] 王仕勋，佘凤. C 语言程序设计项目教程[M]. 北京：科学出版社，2017.

[2] 苏小红，王甜甜，车万翔. C 语言程序设计学习指导[M]. 北京：高等教育出版社，2015.

[3] 衡军山，马晓晨. C 语言程序设计[M]. 北京：高等教育出版社，2016.

[4] 孙家启，万家华. 新编 C 语言程序设计教程[M]. 北京：中国水利水电出版社，2017.

[5] 郭有强，王磊，姚保峰，等. C 语言程序设计[M]. 北京：人民邮电出版社，2017.

[6] 谭浩强. C 语言程序设计[M]. 3 版. 北京：清华大学出版社，2014.

[7] 朱立华，郭剑. C 语言程序设计[M]. 2 版. 北京：人民邮电出版社，2014.

[8] 张磊. C 语言程序设计[M]. 3 版. 北京：清华大学出版社，2012.

[9] 何钦铭，颜晖. C 语言程序设计[M]. 2 版. 北京：高等教育出版社，2012.

[10] 黄维通. C 语言程序设计[M]. 2 版. 北京：清华大学出版社，2011.

[11] 刘玉英. C 语言程序设计——案例驱动教程[M]. 北京：清华大学出版社，2011.

[12] 葛素娟，胡建宏. C 语言程序设计教程[M]. 北京：机械工业出版社，2014.

[13] 黄成兵，谢慧. C 语言项目开发教程[M]. 北京：电子工业出版社，2013.